高等学校生物工程专业教材

生物工程分析与检验
（第二版）

王福荣　主编

中国轻工业出版社

图书在版编目（CIP）数据

生物工程分析与检验/王福荣主编．—2 版．—北京：中国轻工业出版社，2024.1

普通高等教育“十三五”规划教材

ISBN 978－7－5184－1759－9

Ⅰ．①生…　Ⅱ．①王…　Ⅲ．①生物工程—化学分析—高等学校—教材　Ⅳ．①Q81

中国版本图书馆 CIP 数据核字（2017）第 306206 号

责任编辑：江　娟　　策划编辑：江　娟　　责任终审：唐是雯

文字编辑：狄宇航　　整体设计：锋尚设计　　责任监印：张　可

出版发行：中国轻工业出版社（北京鲁谷东街5号，邮编：100040）

印　　刷：河北鑫兆源印刷有限公司

经　　销：各地新华书店

版　　次：2024 年 1 月第 2 版第 6 次印刷

开　　本：787×1092　1/16　印张：13.75

字　　数：300　千字

书　　号：ISBN 978－7－5184－1759－9　定价：46.00 元

邮购电话：010-85119873

发行电话：010-85119832　010-85119912

网　　址：http：//www.chlip.com.cn

Email：club@chlip.com.cn

240169J1C206ZBQ

前　言

本教材是在2005年出版的《生物工程分析与检验》的基础上修订而成，除了对生物工程分析检测技术进行了系统的阐述外，还特别详细深入地介绍了现代分析仪器的联用技术，如气质联用、液质联用及气相—气相、液相—液相二维联用技术，并对相关的典型应用实验做了介绍。为不失教材的完整性，还收集了2005年出版的《生物工程分析与检验》中的部分实验以供参考。

本教材由天津科技大学组织编写。第一篇理论部分的第一章、第二章、第三章、第四章由张燕编写，第五章由尹婉嫱编写，第六章由张朝正、王家明与北京市牛栏山酒厂李艳敏编写，第七章、第八章、第九章由张朝正编写。第二篇实验部分由张燕、张朝正、黄琳、尹婉嫱及北京牛栏山酒厂李艳敏编写。全书由王福荣主编，张燕副主编。

在教学过程中，各院校可以根据专业的特点与方向进行选择性的教学。

由于编者水平有限，在编写中难免有不妥之处，望读者批评指正。

编者

目　录

第一篇 理论部分

第一章 比色分析与分光光度分析

比色分析是将被测组分转变为有色化合物，并比较其颜色的深浅，以确定被测组分含量的分析方法。比色分析的定量关系是在 1852 年由德国物理学家比尔（Beer）确定的，即比尔定律。1887 年光电效应得到发现，进而产生了光电比色计和分光光度计。随着有机试剂的不断发现与广泛应用、仪器的不断更新，比色分析已成为重要的分析手段之一。

比色分析与分光光度分析都以比尔定律为定量基础，其不同点是比色分析是在可见光范围，用滤色片获得一定波长范围的单色光，而分光光度分析具有单色器，利用棱镜或光栅获得比较纯的单色光，因此，分光光度分析的测定范围可扩展到紫外或红外光区，测定溶液不限于有色溶液。

比色分析与分光光度分析的特点主要有以下三方面：

（1）应用广 不仅所有的金属都能用比色分析测定，而且能广泛应用于阴离子、非金属离子和许多有机化合物的分析中。

（2）简单、快速 在许多场合下，一个组分的存在不妨碍另一组分的测定。

（3）灵敏度高 比色分析测定浓度下限可达 $10^{-6} \sim 10^{-5}$ mol/L，而化学分析仅达 10^{-2} mol/L。比色分析通常误差约 5%，在微量成分的测定中，其结果的准确度已是令人满意的。

第一节 光的吸收定律

物质的颜色是由对光的选择吸收所引起的。若物质对于通过它的光线（可见光）在全部波长范围的吸收程度相同，则物质呈现白色。若物质对于通过它的光线全部吸收，则物质呈现黑色。

当光线照射到物质上，一般能产生反射、吸收、透射三种情况。透明物质以吸收和透射为主，如红色玻璃能透过红光，并吸收其他颜色的光而呈现红色。不透明物质以反射和吸收为主，如红纸能反射红光，并吸收其他颜色的光而呈现红色。

光是一种电磁波，光量子的能量正比于光的频率，即服从于普朗克（Planck）定律：

$$E = h\upsilon$$

式中 E——光量子能量

h——普朗克常数（6.63×10^{-34} J · s/mol）

υ——频率，Hz

实际工作中频率很少测量，而常用波长（λ）和波数（ω）表示，其关系为：

$$\lambda = c/\upsilon$$

式中　c——光速（3×10^{10}cm/s）

λ——波长，nm

注：1m = 10dm（10^{-1}m）= 100cm（10^{-2}m）= 1000mm（10^{-3}m）= 100 0000μm（10^{-6}m）= 10 0000 0000nm（10^{-9}m）= 100 0000 0000Å（10^{-10}m）

电磁波波长在 400 ~ 750nm 称为可见光区，200 ~ 400nm 称为紫外区，其中 100 ~ 200nm 称远紫外区，又称真空紫外区，200 ~ 400nm 称近紫外区，750nm 以上称为红外区。

波长与波数关系为：

$$\omega = 1/\lambda = \upsilon/c$$

光的吸收定律用于表明入射光强度和通过介质后的透射光强度间的关系，它是比色分析与分光光度分析的定量基础。

当一束强度为 I_o 的单色光通过吸收介质时，光的一部分被物质表面所反射（I_r），一部分被吸收（I_a），还有一部分透过了介质（I），其关系为：

$$I_o = I_r + I_a + I$$

但对光滑的表面而言，光的反射仅占入射光的很小部分，如果用同样的液槽，则由于反射所引起的误差可以相互抵消。

$$I_o = I_a + I$$

光的吸收与介质的厚度的关系，首先由布格和朗伯分别提出，后由比尔完善，故称朗伯—比尔定律。其内容为：当强度为 I_o 的光束透过一厚度为 dL 的吸收介质时，透射光强度的减弱 dI 与入射光强度及介质厚度成正比。

$$-\mathrm{d}I = \mu I\,\mathrm{d}L$$

式中　μ——吸收系数，负号表示减弱。

将上式改写后再积分：

$$\mathrm{d}I/I = -\mu\mathrm{d}L$$

$$\int_{I_0}^{I}\mathrm{d}I/I = -\mu\int_0^L\mathrm{d}L$$

$$\ln I/I_0 = -\mu L$$

$$I/I_0 = e^{-\mu L}$$

将自然对数改成常用对数

$$\lg I/I_0 = -0.4343\mu L = -kL$$

或

$$I/I_0 = 10^{-kL} = T$$

式中　k——消光系数

T——透光比

将 $I/I_0 = 10^{-kL}$ 改写成 $\lg I_0/I = kL = E$

式中　E——消光值

这就是布格—朗伯定律。

叙述消光值与浓度间关系的定律称为比尔定律，这是比尔根据各种水溶液对红光的吸收研究中得到，它表明光的消光值与光路中的吸收分子数目有关，即与溶液浓度成正比。经同样推导，可以得到：

$$I / I_o = 10^{-kc}\text{（设液槽厚度一定）}$$

此定律与朗伯—比尔定律合并得：

$$I / I_o = 10^{-kcL}$$

即，
$$E = \lg I_o / I = kcL$$

这就是比尔定律的数学表达式。式中 k 称为比消光系数，定义为单位浓度的消光系数，它与入射光波长和被测物质有关。E 为消光值，其等值符号有 O. D（光密度）与 A（吸收值或吸光度）。

如果溶液浓度以物质的量浓度 mol/L 表示，液层厚度以 cm 表示，则此常数称为摩尔消光系数，用 ε 表示，它的物理意义是：浓度为 1mol/L 的溶液，放在 1cm 的比色皿中，在一定的波长下测得的消光值。

表 1－1　　比色分析的浓度极限与 ε 关系

有色物质	ε	浓度下限/(mol/L)	浓度上限/(mol/L)
硫氰化铁	1 000	0.2×10^{-4}	4×10^{-4}
钛与变色酸络合物	5 000	0.4×10^{-5}	8×10^{-5}
金属的双硫腙盐	50 000	4×10^{-7}	8×10^{-6}
花色素苷染料	100 000	2×10^{-7}	4×10^{-6}

ε 是溶液吸收光能力的量度。ε 越大，单位摩尔浓度的有色化合物的颜色越深，测定灵敏度越高，即可测定的浓度越低。因此，ε 值是判断有色物质能否作为比色分析的重要数据。同时，对每种化合物来讲，在一定波长下的 ε 值又是一个特征常数，故又可作为物质定性的重要数据，往往在药物分析中被采用（表 1－1）。

第二节　影响比尔定律的因素及消除方法

一、显色反应及显色剂

比色分析首先要将被测组分与显色剂作用，通过显色反应转变为有色化合物，而显色反应主要有氧化还原反应及络合物形成反应两大类。

（一）氧化还原反应显色

这类反应是完全反应，所生成的有色化合物几乎不解离。

例如测定锰时，氧化剂可将二价锰氧化为紫红色高锰酸根离子。测定铬时，可将三价铬氧化为黄色的铬酸根（CrO_4^{2-}）或重铬酸根（$Cr_2O_7^{2-}$）离子。又如蛋白酶活力测定时蛋白酶将酪蛋白分解生成酪氨酸，其中酪氨酸中酚基又能将黄色的磷钼酸与磷钨酸中六价钼与六价钨还原生成深蓝色的五价的钼蓝与钨蓝，使溶液颜色明显加深，不但能测定酶活力，而且还能提高测定灵敏度。

（二）络合反应显色

这类反应在比色分析中应用最多，通过使被测物质与试剂生成络合物或螯合物（内络合物），而显示较深的颜色。

例如，浅蓝色的二价铜离子在氨水溶液中生成铜氨络离子而呈现深蓝色。二价镍与乙二酰二肟（丁二肟）生成红色螯合物。

（三）显色剂

可分为无机显色剂与有机显色剂两大类。

1. 无机显色剂

最常用的无机显色剂有硫氰酸盐（可测定铁、钼、钴等）、过氧化氢（可测定钛、钒等）、钼酸铵（可测定磷、硅等）。由于无机显色剂的选择性与灵敏度不高，故应用不广泛。

2. 有机显色剂

有机显色剂在比色分析中应用极为广泛，大部分元素的比色分析测定都应用有机显色剂，它与金属离子一般能生成比较稳定的螯合物，而且具有特征颜色，选择性与灵敏度都较高。不少螯合物又易溶于有机溶剂，它们在有机溶剂中的溶解度往往比在水中大得多，而离解度比在水中小得多，故用有机溶剂萃取后颜色加深，可使测定灵敏度提高，同时还可分离干扰离子，提高比色分析的选择性。这种通过有机溶剂萃取进行比色分析的方法称为萃取比色法。

有机显色剂种类很多，现已应用于比色分析中的有 600 多种，其结构大致可分为三类。

（1）含羟基（—OH）的有机酸或染料　它们能与金属离子形成稳定的螯合物，如水杨酸、磺基水杨酸测定铁，茜素测定铝等。

（2）含巯基（—SH）的有机试剂　它们能与许多金属形成络合物，如双硫腙测定白酒中铅、锌。

（3）含氮（═NH，—NOH，—NO，—N ═N—）的有机试剂　如 8 - 羟基喹啉测定铝、铁等。

二、影响显色反应的因素及消除方法

比尔定律仅回答吸光度与浓度的关系，它不能回答形成有色物质的条件，能影响显色反应的因素很多，主要有以下几方面：

（一）络合物解离度的影响

设 XR 为有色络合物，X 为被测物质，R 为显色剂，则 XR 的解离平衡为：

$$XR \rightleftharpoons X + R$$

对 AB 型有色络合物而言，设络合物浓度为 C，离解度为 α，

$$XR \rightleftharpoons X + R$$

$$(1-\alpha)\ C \qquad \alpha C \quad \alpha C$$

$$K = (\alpha C)^2 / (1-\alpha)\ C$$

式中 XR 浓度（$1-\alpha$）C 近似 C，即解离的浓度对络合物的影响较小，则

$$K = (\alpha C)^2 / C = \alpha^2 C$$

$$\alpha = \sqrt{K/C}$$

式中　K——有色络合物解离常数，为一固定值，故有色溶液在进行稀释时 α 就增大，有色络合物分子数就减少，测得吸光度 A 就低，从而产生误差（Δ）。

$$\Delta = (A_0 - A_n) / A_0$$

式中　A_0——稀释前有色物质吸光度

A_n——稀释 n 倍后有色物质吸光度。可以推导：

$$\Delta = \alpha_n - \alpha_0$$

式中　α_0——稀释前有色络合物解离度

α_n——稀释 n 倍后有色络合物解离度

从上式可知，稀释能使有色络合物解离度增大，因此，稀释度越大，测定误差越大。为减小有色络合物解离度的影响，应注意以下几点：

（1）选择有色络合物解离度应越小越好，即 XR 应很稳定。

（2）若有色络合物解离度较大，可采用有机溶剂萃取入有机层进行比色。

（3）形成有色络合物后，最好不稀释而直接进行比色测定。

（二）试剂浓度影响

试剂浓度主要影响有色络合物的解离度。一般来讲，试剂需过量，但大量过量时应考虑到络合物配位数的改变和别的组分是否也能形成有色络合物，故在每次测量时的试剂浓度应为一个定值，以减少误差。

例如，铁与硫氰酸根形成硫氰酸铁络合物时生成 $Fe(CNS)^{2+}$，当试剂过量 10 倍时影响不大，但过量 100 倍时，由于形成较多的配位数的络合物，如 $Fe(CNS)_2^{+}$、$Fe(CNS)_3$等，而使颜色逐渐加深。当稀释时，由于溶液中硫氰酸根离子的绝对浓度减小，配位又向少的方向移动，色泽变浅。但当溶液中 CNS^- 浓度控制在 0.025mol/L 时，吸光度保持不变。

（三）氢离子浓度影响

氢离子浓度对氧化还原反应和络合物形成显色反应都有影响，这里仅对络合物形成显色反应加以讨论。

1. 酸度不同，能形成不同配位数的有色络合物。

例如，水杨酸与铁形成络合物时：

pH <4　　生成 $Fe(C_7H_4O_3)^{2+}$　呈紫色

pH 4～9　　生成 $Fe(C_7H_4O_3)_2^{+}$　呈红色

pH 9～11.5　生成 $Fe(C_7H_4O_3)_3$　呈黄色

2. 酸度降低，能引起金属离子水解。

上例中，当 pH $>$ 12 时，Fe^{3+} 水解生成 $Fe(OH)_3$沉淀，无法进行比色测定。

3. 酸度升高，能使有色络合物分离，特别是金属与弱酸阴离子所形成的有色络合物。

所以，酸度在比色分析中一定要严格控制。

（四）放置时间影响

被测物质与显色剂的显色反应，一般来讲并不是立即完成。若将显色时间与有色络合物的吸光度作图，此曲线称为发色曲线。发色曲线一般有下列三种类型（图 1－1）。

图 1－1（1）表示，当加入显色剂后立即显色而且色泽很稳定。这种情况下可在加入显色剂后立即进行比色测定，但在 120min 后颜色渐渐褪去。因此，比色分析需在 120min 内完成。

图 1－1（2）表示，当显色剂加入后，颜色随时间延长而加深，至 15min 后，色泽才

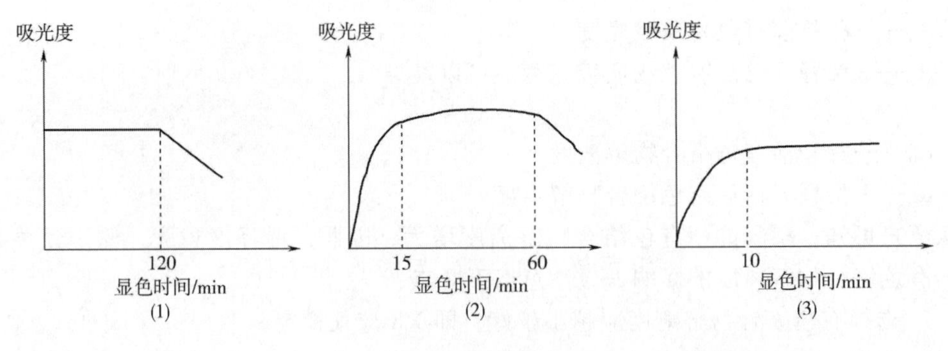

图 1－1　三种典型发色曲线

趋于稳定，直至 60min 后，颜色渐褪，故比色分析应在加入显色剂后 15min 至 60min 之间完成。

图 1－1（3）表示，当加入显色剂后，颜色需 10min 后才稳定，而且稳定时间很长。

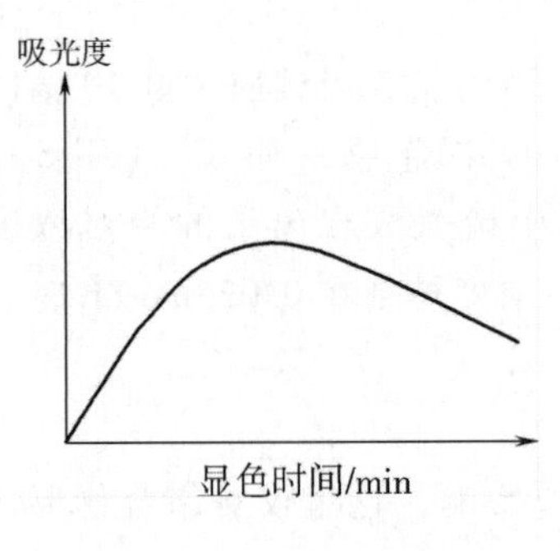

图 1－2　特殊发色曲线

另一种情况是发色曲线上无明显稳定段（图 1－2），这种情况一般不宜用于比色分析。若需进行比色测定，则标准样与试样应在同一时间内尽快完成，该情况实例为白酒中甲醇亚硫酸品红比色测定的吸收曲线。

（五）温度影响

温度对有色络合物的发色曲线影响最大。一般来讲，提高显色温度，能加快色泽达到稳定的速度。

例如，蛋白酶活力测定时，钼蓝与钨蓝的显色需在 40℃水浴中，经 20min 后色泽稳定。

但甲醇与亚硫酸品红的显色反应若超过 40℃，则色泽很快褪去。

（六）干扰离子影响

干扰离子的影响归纳起来可分为以下几个方面。

（1）干扰离子与显色剂也能形成有色络合物　如水杨酸测定铁时与铜离子也能形成有色络合物而干扰测定。这种情况下可采用控制显色剂用量来解决，但前提是水杨酸铁比水杨酸铜络合物更稳定。若显色剂是弱酸阴离子，则可控制溶液酸度（pH）来解决。

（2）干扰离子与显色试剂结合，妨碍与被测组分形成有色络合物　如水杨酸测铁时，铝离子能与水杨酸形成无色络合物，从而妨碍了水杨酸与铁形成有色络合物，这种情况下可采用过量显色剂来解决。

（3）干扰离子本身具有颜色　这种情况下可将被测组分的有色络合物萃取入有机层中比色。若干扰离子的颜色与被测组分的有色络合物颜色不一样时，可选择合适波长，以消除干扰离子的色泽影响。

（4）干扰离子是一种阴离子，它能与被测组分形成稳定的难解离的化合物　这种情况下可采用在标准溶液中加入相同量的阴离子，但一般来讲，阴离子的干扰较小。

若通过上述办法仍未能消除干扰离子的影响，则只能通过试样前处理，使用消化（湿法或干法）、沉淀、共沉淀、萃取、蒸馏、层析、离子交换树脂等办法消除干扰离子的影响。

第三节　比色分析与分光光度分析

一、单色光的必要性与波长的选择

比尔定律仅适用于单色光，在入射光为单色光的条件下，吸光度与浓度呈线性关系，图 1－3 所示为高锰酸钾水溶液的吸收曲线。

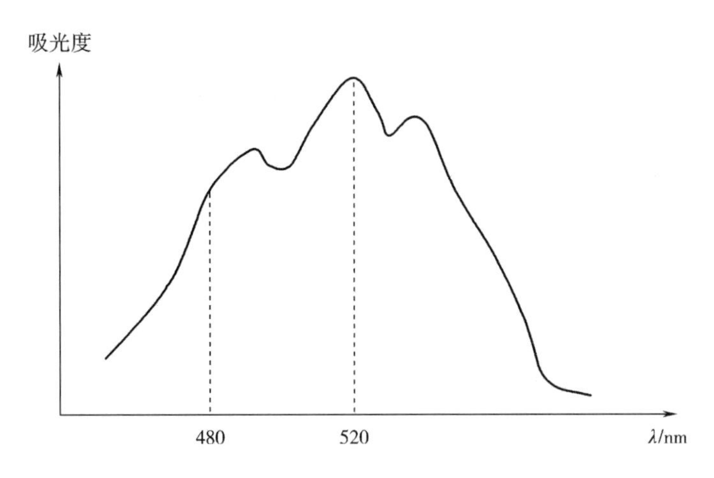

图 1－3　高锰酸钾水溶液的吸收曲线

合适的单色光选择可以提高比色分析的灵敏度，并扩大比色分析的可能性。一般来讲，比色分析能适用于任何一定波长的单色光，但不同波长的单色光所测得的吸光度都不相同，且相差很大。图 1－3 中，用 480nm 测得的吸光度较 520nm 测得的吸光度值要小得多。因此，在 480nm 的工作曲线斜率比 520nm 的工作曲线斜率要小，也就是说，在 480nm 波长进行高锰酸钾溶液的比色测定，其灵敏度较 520nm 波长处低得多。因此，为提高测定灵敏度，单色光的波长选择应是吸收曲线中吸光度最大处的波长。

纯粹的单色光仅是理想状况，很难得到。比色分析与分光光度分析中所用的滤色片、棱镜、光栅等获得的单色光都是具有一定波长范围的“波带”，若在此“波带”范围内，有色物质的吸光系数相差不大，则仍能符合比尔定律。

二、定性分析

溶液的吸光度随波长变化的曲线称为吸收曲线。物质的吸收曲线可以有一个吸收峰，也可有多个吸收峰。在一定条件下，物质的吸收曲线是一定的，它可作为物质定性分析的依据，即具有相似吸收曲线的物质可以初步视为同一物质。

对具有多个吸收峰的吸收曲线来讲，吸收峰下的吸收系数之比可作为该物质的定性指标。如维生素 B_{12} 水溶液具有三个吸收峰，分别为 278nm、361nm 和 550nm，它们相应的

1% 吸收系数之比是定值，这可以作为定性维生素 B_{12} 依据。不同波长下的 1% 吸收系数：278nm 时为 119，361nm 时为 207，550nm 时为 63。药典规定鉴别条件为：361nm/278nm 下 1% 吸收系数比值为 1.70 ~ 1.88，361nm/550nm 下 1% 吸收系数比值为 3.15 ~ 3.45，即可确定为维生素 B_{12}。

三、定量分析

1. 工作曲线

对单一物质的比色分析或分光光度分析的定量一般采用标准曲线法。配制一系列浓度梯度的标准溶液，并按一定条件显色，测得相应的吸光度，绘制标准溶液浓度对吸光度的曲线，即为标准曲线。试样也在相同条件下显色，并测定吸光度，从标准曲线中可以求得试样组分浓度，也可用标准曲线的回归方程求得试样组分浓度。

理想的工作曲线应是通过原点的直线。但在实际工作中，工作曲线往往发生弯曲，不通过原点，甚至重现性差。这些偏差的原因主要有入射光不是单色光、溶液浓度过大或过小、有色络合物质的组成改变或发生解离、仪器的重现性差等。

常见偏离比尔定律的工作曲线有以下几种（图 1 - 4）：

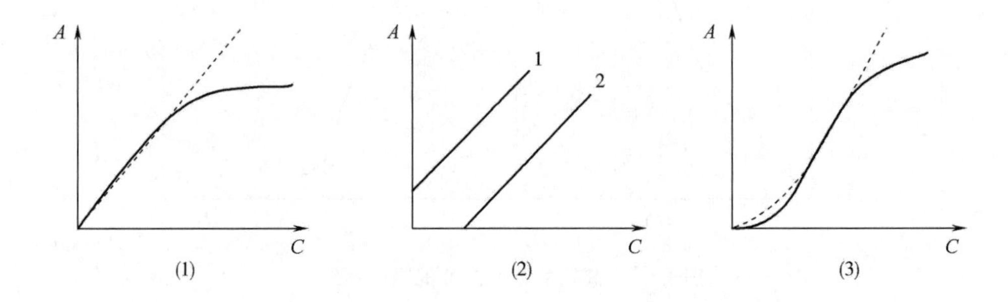

图 1 - 4　常见偏离比尔定律的工作曲线

工作曲线（1）：当浓度高时，工作曲线发生弯曲。其原因是单色光不纯、被测物浓度太高使有色化合物发生解离、缔合和形成新的有色化合物等。如定磷法测定核酸时，工作曲线似（1），拐点处磷的浓度为 10μg/mL。对于这类工作曲线，其被测物质浓度一定要在拐点以下，否则测定结果偏低。

工作曲线（2）：工作曲线不通过原点。其中曲线 1 可能是由于空白溶液的选择不当引起。这种情况可通过试剂空白加以克服，即空白溶液中除被测组分外，应加入同样量的各种试剂。曲线 2 可能是由于被测物浓度太低，显色反应灵敏度不够，这种情况下应提高被测物质浓度的测量范围，或寻找更灵敏的显色剂。

工作曲线（3）：在低浓度与高浓度下都偏离比尔定律，仅在一定浓度范围内符合比尔定律。亚硫酸品红测定白酒中甲醇的工作曲线形状如工作曲线（3）所示，二个拐点处甲醇浓度分别为 0.06% 和 0.12%，这种情况只能采用直线段测定甲醇含量。然而白酒中甲醇含量甚低，其要求是落在下段弯曲处，故白酒中甲醇亚硫酸品红法测定工作曲线为下段弯曲线。

以上讨论仅是初步的，实际工作中，要求工作曲线斜率大、重现性好，否则应从试剂、温度、酸度、操作技术、仪器性能等检查原因。

2. 吸收系数或摩尔吸收系数定量

当物质的浓度为1%，比色皿厚度约为1cm时，在一定波长下测得的物质吸光度值称为1%吸收系数，又称比吸收系数，用 $A_{1cm}^{1\%}\lambda$ 表示。同样当物质的浓度为1mol/L时，比色皿厚度为1cm，此时的吸光度称为摩尔吸收系数，用 ε 表示。两者的关系为：

$$A_{1cm}^{1\%}\lambda = \varepsilon \times \frac{10}{M}$$

式中　M——该物质的摩尔质量

知道了物质的比吸收系数或摩尔吸收系数，就可直接通过计算求得被测物质的含量。

$$C(g/100mL) = \frac{A_{1cm}^{C}}{A_{1cm}^{1\%}}$$

式中　$A_{1cm}^{1\%}\lambda$——物质的比吸收系数

　　A_{1cm}^{C}——被测物质在相同条件下的吸光度

或

$$C(g/L) = \frac{A_{1cm}^{C} \times M \times 1(\%)}{\varepsilon}$$

式中　A_{1cm}^{C}——被测物质在相同条件下的吸光度

　　M——被测物质的摩尔质量（g/mol）

　　ε——被测物质的摩尔吸收系数

例，AMP（腺嘌呤核苷5′-单磷酸）溶液，在260nm处测得的吸光度为0.300，已知AMP摩尔质量为347.22g，ε 为14200，求AMP溶液浓度。

$$C(g/L) = \frac{A_{1cm}^{C} \times M \times 1}{\varepsilon} = \frac{0.300 \times 347.22 \times 1}{14200} = 7.34 \times 10^{-3}$$

若以比吸收系数计算：

$$C(g/100mL) = \frac{A_{1cm}^{C}}{A_{1cm}^{1\%}} = \frac{A_{1cm}^{C}}{\varepsilon \times \frac{10}{M}} = \frac{0.300}{14200 \times \frac{10}{347.22}} = 7.34 \times 10^{-4}$$

3. 多波长定量方法

（1）解联立方程法，又称二点法

使用该方法作为混合物测定时必须知道每组分纯品在一定波长下的比吸收系数或摩尔吸收系数。图1-5是二组分的吸收曲线，它们相互重叠，用单一波长测定其中某一组分含量时，另一组分明显有干扰。但可根据吸光度的加和原则，在a和b两条吸收曲线的最大吸收波长 λ_1 和 λ_2 处分别测定混合物的吸光度 $A_{\lambda_1}^{a+b}$ 和 $A_{\lambda_2}^{a+b}$ 。

根据比尔定律建立联立方程：

$$A_{\lambda_1}^{a+b} = A_{\lambda_1}^{a} + A_{\lambda_1}^{b} = [A_{1cm}^{1\%}]_{\lambda_1}^{a} \times C_a + [A_{1cm}^{1\%}]_{\lambda_1}^{b} \times C_b$$

$$A_{\lambda_2}^{a+b} = A_{\lambda_2}^{a} + A_{\lambda_2}^{b} = [A_{1cm}^{1\%}]_{\lambda_2}^{a} \times C_a + [A_{1cm}^{1\%}]_{\lambda_2}^{b} \times C_b$$

解联立方程得

$$C_a = \frac{A_{\lambda_1}^{a+b} \times [A_{1cm}^{1\%}]_{\lambda_2}^{b} - A_{\lambda_2}^{a+b} \times [A_{1cm}^{1\%}]_{\lambda_1}^{b}}{[A_{1cm}^{1\%}]_{\lambda_1}^{a} \times [A_{1cm}^{1\%}]_{\lambda_2}^{b} - [A_{1cm}^{1\%}]_{\lambda_2}^{a} \times [A_{1cm}^{1\%}]_{\lambda_1}^{b}}$$

$$C_b = \frac{A_{\lambda_2}^{a+b} \times [A_{1cm}^{1\%}]_{\lambda_1}^{b} - A_{\lambda_1}^{a+b} \times [A_{1cm}^{1\%}]_{\lambda_2}^{b}}{[A_{1cm}^{1\%}]_{\lambda_1}^{a} \times [A_{1cm}^{1\%}]_{\lambda_2}^{b} - [A_{1cm}^{1\%}]_{\lambda_2}^{a} \times [A_{1cm}^{1\%}]_{\lambda_1}^{b}}$$

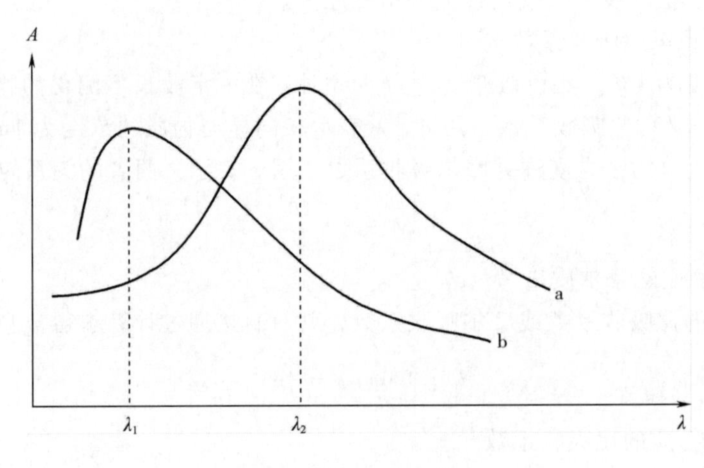

图 1－5　吸收曲线

例，高锰酸钾和重铬酸钾混合溶液的分析

先分别在波长 λ_{450nm} 和 λ_{520nm} 测定高锰酸钾和重铬酸钾的 1% 比吸收系数，然后，测定两个波长下的未知混合溶液的吸光度，进而分别求得混合液中高锰酸钾与重铬酸钾的含量。

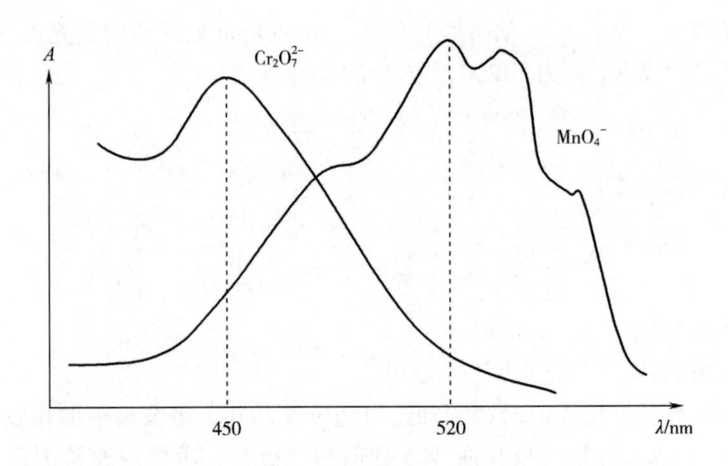

图 1－6　高锰酸钾与重铬酸钾水溶液吸收曲线

（2）四波长分析法

例：高粱中直链淀粉与支链淀粉的测定

高粱经脱脂后，用氢氧化钾于沸水浴中提取淀粉，在 pH3.5 下用碘显色，其中直链淀粉呈蓝色，支链淀粉呈橙色。直链淀粉与支链淀粉吸收曲线见图 1－7 所示。

从图 1－7 可以看出，取 λ_1 与 λ_2 时吸光度值差，反映出支链淀粉（1）的吸光度差值，而 λ_4 与 λ_3 时吸光度值差，反映出直链淀粉（2）的吸光度差值。故可用标准支链淀粉和直链淀粉经碘显色后分别用 $A_{\lambda_1}-A_{\lambda_2}$ 及 $A_{\lambda_4}-A_{\lambda_3}$ 作支链淀粉与直链淀粉标准曲线，然后将高粱淀粉的 $A_{\lambda_1}-A_{\lambda_2}$ 及 $A_{\lambda_4}-A_{\lambda_3}$ 值，分别从标准曲线中求得高粱淀粉中支链淀粉和直链淀粉含量。

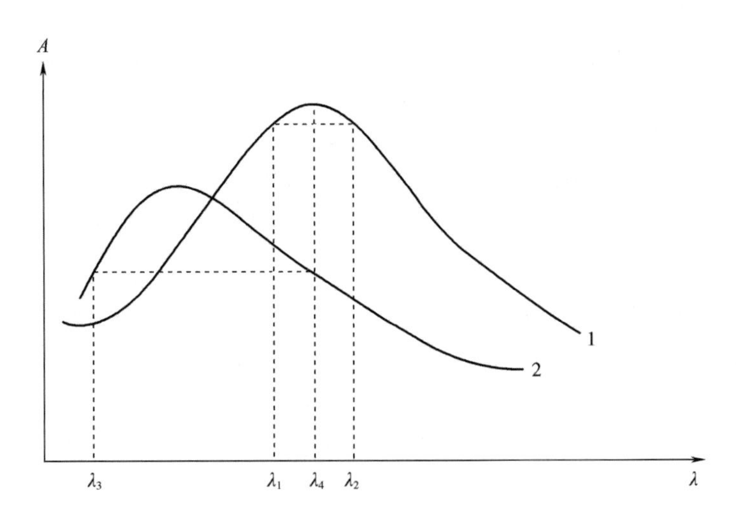

图 1－7　直链淀粉吸收曲线（1），支链淀粉吸收曲线（2）

第四节　可见光分光光度计

典型的可见光分光光度计为国产 72 型分光光度计，其光学图见图 1－8。

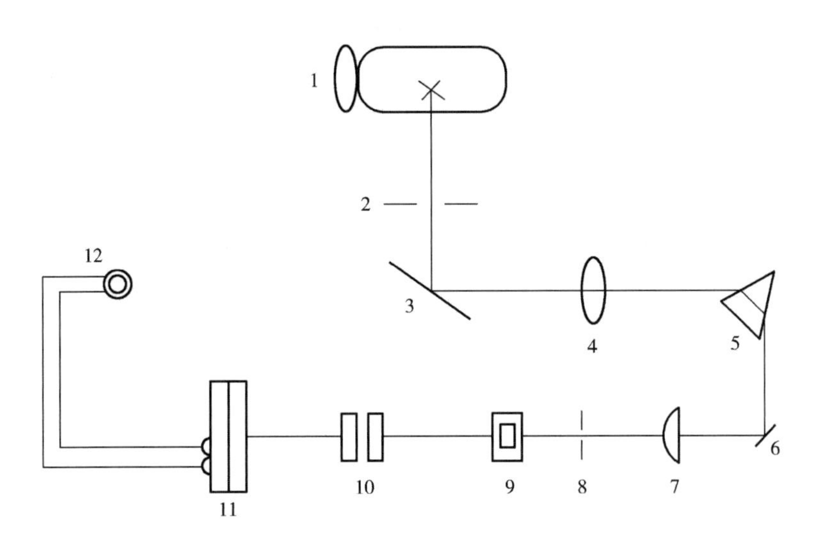

图 1－8　72 型分光光度计光路图

1—光源　2—进光狭缝　3—反射镜　4—透镜　5—棱镜　6—反射镜　7—透镜
8—分光狭缝　9—比色皿　10—光量调节器　11—光电池　12—微电流计

可见光分光光度计主要部件为：光源、单色器、吸收池（比色皿）、光电转换器和检测装置等。

光源一般使用钨灯，单色器常用棱镜，入射光经棱镜色散获得单色光，吸收池用玻璃材质制成，透过吸收池中溶液的光线经光电转换器转换成电流，光电转换器常用光电管，产生电流用检流计测量。

检流计标尺上有透光率（T）和吸光度（A）二种刻度，其关系为

$$A = -\lg T$$

$T = 100\%$ 时	$A = 0$
$T = 50\%$ 时	$A = -\lg {}^{50}/_{100} = 0.301$
$T = 10\%$ 时	$A = -\lg {}^{10}/_{100} = 1.0$
$T = 0\%$ 时	$A = \infty$

可见光分光光度计误差来源主要有：电源电压不稳定，引起光强度不稳定；光电转换器疲劳，引起测定结果非线性变化；单色器质量差及狭缝宽度有误；比色皿厚度不完全一致等。

在比色测定时，溶液浓度过大或过小时，都能使测定结果的准确度变差。吸光度太大（>1.0）或太小（<0.1）时，读数误差大。可以通过计算得出，当吸光度在一定范围内误差最小。

根据比尔定律，

$$A = -\lg T = KCL$$

即

$$\lg T = \frac{1}{2.303}\ln T = 0.4343\ln T$$

当液层厚度（L）为定值时，对 T 微分

$$KL\mathrm{d}C = -0.4343\frac{\mathrm{d}T}{T}$$

因

$$KL = \frac{A}{C}$$

故

$$\frac{A}{C}\cdot\frac{\mathrm{d}C}{\mathrm{d}T} = -0.4343\times\frac{1}{T}$$

$$\frac{1}{C}\cdot\frac{\mathrm{d}C}{\mathrm{d}T} = -0.4343\times\frac{1}{AT} = 0.4343\times\frac{1}{T\lg T}$$

式中 $\frac{1}{C}\cdot\frac{\mathrm{d}C}{\mathrm{d}T}$ 表示透光率的误差引起浓度测定误差的大小，现以 Y 表示，将 Y 对 T 作图，见图 1-9。

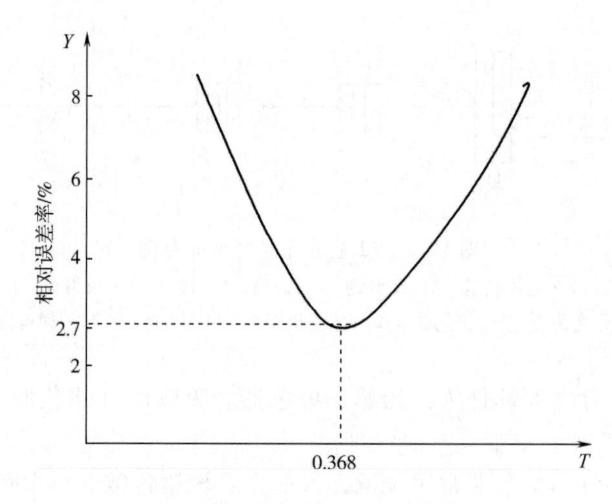

图 1-9　相对误差与透光率关系

当 T 为何值时 Y 最小，即测量误差最小呢？为此进行微分：

$$\frac{\mathrm{d}Y}{\mathrm{d}T} = 0 \text{ 此时测量误差最小}$$

$$\frac{\mathrm{d}Y}{\mathrm{d}T} = \mathrm{d}\frac{0.4343}{T\lg T}$$

化简后得：

$$\lg T = -0.4343$$

即

$$T = 0.368\ (\text{即 } 36.8\%)$$

所以当 T 为 0.368（或 $A = 0.4343$）时，透光率测量的误差引起的浓度测量误差最小。此时相对误差为 2.7%，这就是可见光分光光度法中最低测量误差。当吸光度为 0.1 ~ 1.0 时（即透光率为 10% ~80% 时），测定的准确度还是较好的，超过这一范围时，相对误差就较大。

表 1－2　　透光率与吸光度换算表

T/%	A	T/%	A	T/%	A	T/%	A
100	0	74	0.1308	49	0.3098	24	0.6198
99	0.0043	73	0.1367	48	0.3188	23	0.6383
98	0.0088	72	0.1427	47	0.3279	22	0.6576
97	0.0132	71	0.1487	46	0.3372	21	0.6778
96	0.0177	70	0.1549	45	0.3468	20	0.6990
95	0.0223						
94	0.0269	69	0.1612	44	0.3565	19	0.7212
93	0.0315	68	0.1675	43	0.3665	18	0.7447
92	0.0362	67	0.1739	42	0.3768	17	0.7696
91	0.0410	66	0.1805	41	0.3872	16	0.7959
90	0.0458	65	0.1871	40	0.3978	15	0.8239
89	0.0506	64	0.1938	39	0.4089	14	0.8539
88	0.0555	63	0.2007	38	0.4202	13	0.8861
87	0.0605	62	0.2076	37	0.4318	12	0.9208
86	0.0655	61	0.2147	36	0.4437	11	0.9586
85	0.0706	60	0.2218	35	0.4559	10	1.000
84	0.0757	59	0.2291	34	0.4685	9	1.046
83	0.0809	58	0.2366	33	0.4815	8	1.097
82	0.0862	57	0.2441	32	0.4949	7	1.155
81	0.0915	56	0.2518	31	0.5086	6	1.222
80	0.0969	55	0.2596	30	0.5229	5	1.301

续表

T/%	A	T/%	A	T/%	A	T/%	A
79	0. 1024	54	0. 2676	29	0. 5376	4	1. 398
78	0. 1079	53	0. 2757	28	0. 5528	3	1. 523
77	0. 1135	52	0. 2840	27	0. 5686	2	1. 699
76	0. 1192	51	0. 2924	26	0. 5850	1	2. 000
75	0. 1249	50	0. 3010	25	0. 6021		

第五节　紫外光分光光度分析

一、物质的紫外吸收光谱

（一）分子的吸收光谱

光是一种电磁波，具有一定的能量。物质经光照射后，吸收了光量子能量，使物质分子产生内部运动。由于吸收能量不同，可使分子产生三种不同形式的运动，即分子中的电子跃迁、分子中原子的振动和分子的旋转运动。

1. 转动

能引起分子转动的能量较小，所吸收的电磁波的波长较长，为 0. 01 ~ 10cm，它属于远红外区辐射，在化学上很少应用。

2. 振动

引起分子中原子振动发生改变所需的能量比前者多约为 100 倍，它能使分子中原子间发生前后左右剧烈振动。分子中原子的振动能改变时，同时又有转动能的改变。在化学上应用较多的是波长 2 ~ 15μm，相当于近红外区，产生的红外光谱称为近红外吸收光谱。

3. 电子跃迁

使分子中的电子由一个能级跃迁到较高能级，所需能量比引起分子中原子振动的能量又要多 10 ~ 100 倍。在分子中，电子跃迁的同时，能伴随发生分子的振动与转动。可见光和紫外光的波长较短，能量较高，能够激发分子中电子的跃迁，在可见光区产生的吸收称为可见光吸收光谱。

由此可见，物质的吸收光谱的产生是由于各种物质的分子、原子和电子在运动时受不同波长（不同能量）的光作用，而表现出不同强度的吸收结果。

（二）电子跃迁与紫外吸收光谱

分子的紫外吸收光谱是由于电子的跃迁而产生的。有机化合物的紫外吸收光谱取决于组成化学键或有可能组成化学键的价电子的性质（金属化合物是例外）。与紫外吸收光谱有关的电子有三种，即形成单链的 σ 电子、形成双链的 π 电子和分子中的未成键电子，称为 n 电子。下面以甲醛分子中电子为例说明。

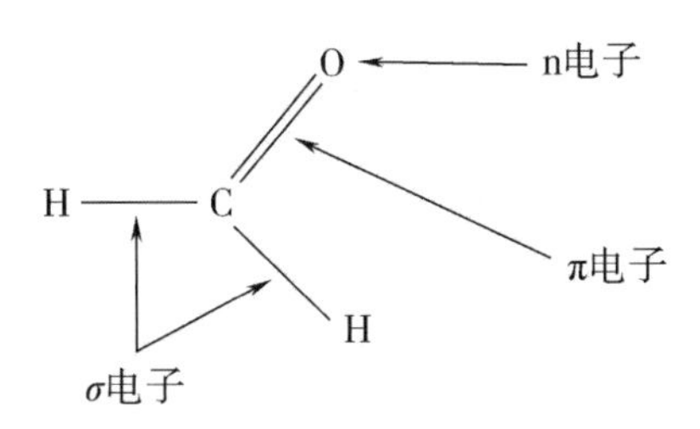

有机化合物吸收可见光或紫外光时，σ、π 和 n 电子跃迁到高能量状态（即激发态），此时的轨道称为 σ^*、π^* 反键轨道。在紫外吸收光谱中，电子跃迁有下列几种类型，即 $\sigma\rightarrow\sigma^*$、$n\rightarrow\sigma^*$、$\pi\rightarrow\pi^*$、$n\rightarrow\pi^*$，所需能量依次减少：

$$\sigma\rightarrow\sigma^* > n\rightarrow\sigma^* > \pi\rightarrow\pi^* > n\rightarrow\pi^*$$

电子能级位能的相对大小如图 1－10 所示：

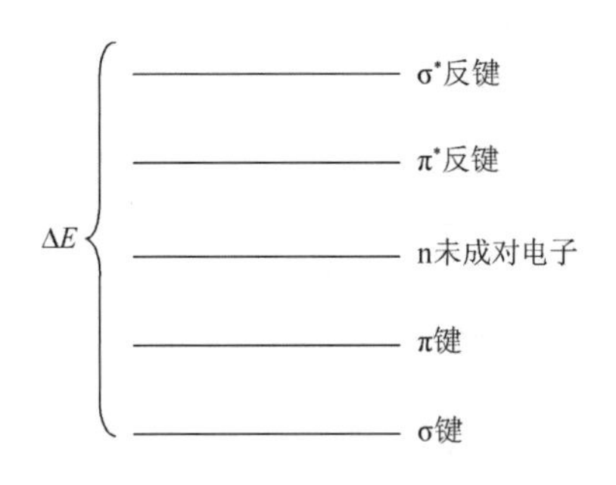

图 1－10　电子能级位能大小图

1. $\sigma\rightarrow\sigma^*$ 跃迁

有机化合物中形成单键的电子为 σ 电子，由单键构成的化合物（如饱和烷烃）有 $\sigma\rightarrow\sigma^*$ 跃迁，即由基态跃迁到较高能级的轨道（反键轨道），所需能量很高，故吸收峰出现在远紫外区，如甲烷（CH_4）在 125nm 处有吸收峰，一般仪器不能测定。

2. $n\rightarrow\sigma^*$ 跃迁

氧、氮、卤素等含有未成对电子，这些电子称为 n 电子，$n\rightarrow\sigma^*$ 为未成键电子跃迁到较高能级的轨道（反键轨道），需较高能量，一般在远紫外区或紫外区出现吸收峰，例如氯仿（$CHCl_3$）在 173nm 有吸收峰，三甲胺［$(CH_3)_3N$］在 227nm 有吸收峰。

3. $\pi\rightarrow\pi^*$ 跃迁

含有双键的有机化合物，由于 π 电子跃迁需能量较小，故吸收峰出现在较长波段的近紫外区，例如，乙烯（$CH_2=CH_2$）在 180nm 有吸收峰，苯（ ）在 203nm 有吸收峰。

4. $n\rightarrow\pi^*$ 跃迁

分子中存在着具有未成键电子的原子以及 π 键时才有这种跃迁，跃迁能量较小，故吸收峰出现在较长波段，吸收强度一般较弱，例如丙酮（$H_3C-\overset{\overset{\displaystyle O}{\|}}{C}-CH_3$）在 277nm 有吸收峰。

（三）紫外吸收光谱与有机化合物分子结构的关系

在可见光和紫外光区（200～750nm）内能引起吸收的基团（或原子团）称为发色团。例如 $>C=C<$、$>C=O$、$>S=O$、$>C=N-$、$-N=N-$、$-N=O$ 等。

发色团中含有不饱和双键或未公用电子对时能产生 $\pi\rightarrow\pi^*$ 及 $n\rightarrow\pi^*$ 跃迁，由于跃迁能量较低，在可见光区及紫外光区出现吸收，常见的发色团有酮基、醛基、羧基、酰胺基、偶氮、硝基等。

不饱和键的存在是有机化合物发色（即在200～750nm波长的光谱内产生吸收峰）的主要条件。

某些基团本身不产生吸收峰，但与发色团相连常引起发色团的吸收峰和吸收强度的变化，这种基团称为助色团。助色团往往含有未成键电子，如—OH、—NH_2等。由于助色团的存在，发色团的吸收峰波长向长波长方向移动。这是因为苯中氢原子被卤素、羟基、氨基等取代后，这些原子的未成键电子使苯的$\pi \rightarrow \pi^*$跃迁的能量降低，从而使吸收波长向长波长方向移动，这种现象称为向红移动或深色移动。向红移动能使吸收强度增加。反之，向短波长方向移动的称为紫移动或浅色移动，其原因主要是由于溶剂极性影响的结果。

溶剂对紫外光吸收光谱的影响相当复杂，它对吸收峰的波长和吸收强度都有影响，尤其是对波长影响较大。含有极性基团的有机化合物，在不同极性溶剂中，吸收峰的位置有较大差异，因此，在测定一个有机化合物的紫外吸收光谱时，一定要注明在什么溶剂下测定。

二、紫外光分光光度计

紫外光分光光度计与可见分光光度计工作原理基本相同，主要部件为光源、单色器、吸收池、光电转换器及检测器。

（一）光源

紫外光分光光度计光源常用氢灯（氘灯），它能发射150～400nm波长的连续光谱。氢灯由石英玻璃制成，内充氢气，直接通电源后灯丝发热，并发射出热电子，由阳极吸收而产生电弧，管内氢气分子受电子冲激而被激发生成离子，形成氢光谱，通过石英玻璃放出来，作为紫外光光源。

（二）单色器

单色器是将复光按波长长短顺序分散成单色光的装置，其分散过程称为光的色散。色散后的单色光经反射、聚光、通过狭缝到达溶液。常用的单色器为棱镜和光栅。

1. 棱镜

棱镜由石英制成，棱镜形状不一，有30°直角棱镜，也有60°正三角形棱镜。当紫外光入射到棱镜后，由于不同波长的光传播速度不同，短波长的光在棱镜中传播速度比长波长的光慢，这样就可以将混合光中所包含的各个波长从长波到短波依次分散成一个由红到紫的连续光谱。

2. 光栅

光栅由光学玻璃制成，在玻璃表面每毫米刻有一定数量等宽度等间距的条痕，有的可多达1200多条。当复合光通过条痕狭缝或从条痕反射后，产生衍射与干涉作用，出现各级明暗条纹而形成光栅的各级衍射光谱，进而形成谱线间距离相等的连续光谱。光栅的最大优点是所产生的光谱中各条谱线间距离相等。

由棱镜或光栅处理后的光，经狭缝分离出宽度很小的单色光，用作被测物质的光源。

（三）吸收池

由于玻璃吸收紫外光，故紫外光分光光度计中吸收的材质应选用石英。但石英吸收池对光波也不是完全透明，如以空气为100%，则1cm厚的石英吸收池在220～270nm时相对透光率约为70%。在定量工作时所用吸收池一定要相互匹配，对用同一种溶液于不同波长下测得的透光度，误差应在0.2%～0.5%以内。

（四）光电转换器

光电转换器又称受光器、检测器。常用的光电转换器有光电管与光电倍增管。

光电管的构造是在一个石英玻璃管中封入一半圆金属筒，表面除有锑、铯等金属作阴极，另封入一金属网作阳极，管内抽真空或充入少量惰性气体，阳极接正电位，阴极接负电位。当光照射到阴极表面时，光能激发自由电子，并被阳极吸收，由管外电路回到阴极，产生电流。电流的大小与光线射入强度有关，在一定情况下，电流与光强呈线性关系。阴极表面材料不同，光电管对各波长的灵敏度也不一样。对红光敏感的光电管适用于波长625～1000nm，阴极表面活性物质为银氧化铯。对紫外线敏感的光电管适用于200～625nm，阴极表面活性物质是锑、铯。

光电倍增管和光电管一样，有一个涂有光敏金属的阴极和一个阳极，此外，还有几个倍增极（一般为九个）。当阴极遇光发射电子，此电子被电压高于阴极90V的第一倍增极加速吸引，当电子打击此倍增极时，每个电子使倍增发射极发射出好几个额外电子，然后，这些电子再被电压高于第一倍增极90V的第二倍增极加速吸引，每个电子又使此倍增极发射出好几个新的电子，这一过程重复到第九个倍增极，从第九个倍增极发射出的电子已比原光大量增加，每个光子可以放出10^6～10^7个电子，最后被阳极接受，产生较强的电流。为增加测量灵敏度，将此电流进一步放大，由指示器或记录器记录。

（五）检测器

常用检测器有电表指示器、图表记录器和数字显示器三种。

紫外光分光光度分析中定性分析与定量分析法参阅可见光分光光度分析。

第二章　荧光分光光度分析

在现代的光学仪器中，荧光分光光度计是一种历史较久的光学分析仪器。自 1575 年西班牙医生兼植物学家 Monardes 发现荧光现象以来，1852 年 Stokes 阐明了荧光的发射机制，1905 年 Wood 发现了共振荧光，1926 年 Gaviola 进行了荧光寿命的直接测定，直至 20 世纪 80 年代已能制造高级精密的、稳定性能较好的荧光分光光度计。由于荧光分光光度计所建立的荧光分析方法具有灵敏度高、取样量少、方法快速简便等优点，所以在当代各种分光光度计光学仪器中，仍然占有相当重要的位置。特别是由于荧光分光光度计对某些元素和化合物的分析具有独特的性能和较高的灵敏度，常被化学工作者用来完成其他光学仪器所难以完成的分析任务。

第一节　物质的荧光

一、荧光基本理论

物质分子具有一系列的能级，各能级之间相差不大。当分子自某一能级转移至能量较高的其他另一级能级时，它吸收的能量相当于这两个能级之差的能量。在光线照射下的一小部分分子，吸收了能量，跃迁到较高级而成为激发分子。激发分子并不久安于位，在很短暂的时间内（约 10^{-8}s），它们首先因撞击而以热的形式损失掉一部分能量，从所处的激发能级下降至第一电子激发态的最低振动能级，然后再从这一能级下降至基态的任何振动能级，并将吸收的能量以光的形式释放出来。根据能量的差异，能形成各种不同的光，如荧光、磷光、瑞利散光、拉曼光等。

当从第一电子激发态的最低振动能级下降至基态的任何振动能级时，在这一过程中激发分子以光的形式放出它所吸收的能量，所发出的光称为荧光。因为荧光所发出能量比入射光所吸收的能量略小些，所以荧光的波长比入射光的波长稍长些。在荧光分析中常采用汞弧灯或氙灯作为光源，以其所在近紫外光区及可见光区的射线作激发光，所发生的荧光多在可见光区。

二、荧光分光光度计简介

利用物质被紫外光照射后所发生的能够反映该物质特性的荧光，对该物质进行定性与定量分析的方法称为荧光分析，所使用的光学仪器称荧光分光光度计。

荧光分光光度计由光源、激发单色器、样品池、荧光单色器、放大器和记录仪等主要部件组成。图 2 - 1 为荧光分光光度计结构示意图。

由激发光源发出的光，经激发单色器分光后，照射到试样上，试样发出的荧光，经荧光单色器分光后，照射到光电倍增管上，光电倍增管将光讯号转变为电讯号，再经放大器

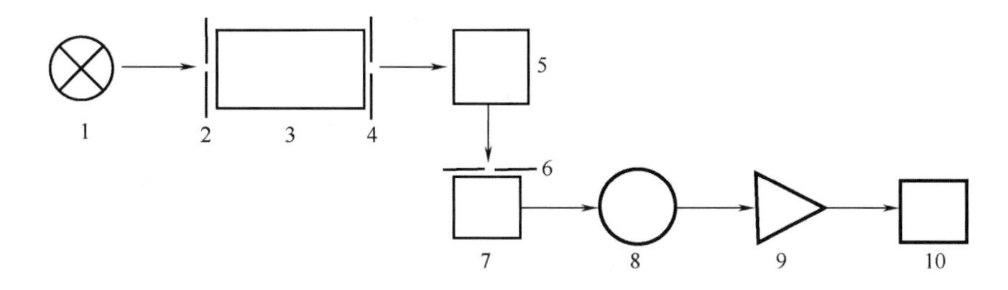

图2－1　荧光分光光度计结构示意图

1—光源　2—入射狭缝　3—激发单色器　4—出射狭缝　5—样品池　6—狭缝
7—荧光单色器　8—光电倍增管　9—放大器　10—记录仪

放大后，送到记录仪，记录仪记录的结果就是样品的荧光强度。

三、荧光激发光谱与荧光发射光谱

荧光激发光谱是将荧光单色器的波长固定在比激发单色器的波长长的某一任意波长上，以激发单色器扫描，得到不同波长的相应荧光强度即为该物质的荧光激发光谱。其荧光强度最大的波长，为该物质的最大吸收波长，可以作为激发荧光的最佳最灵敏的激发波长。如果激发波长不是最大的吸收波长，则仍可以得到相同的荧光发射光谱，但荧光强度减弱，灵敏度降低。不同荧光物质，荧光的激发波长不同。

若将激发单色器的波长，固定在最大吸收波长处，将荧光单色器在波长大于激发波长的范围内扫描，得到物质的荧光发射光谱中的最高峰波长，就是该荧光物质在激发波长激发下产生最强荧光的波长。荧光物质的最大激发波长和产生的最强荧光的发射波长，是荧光物质的定性基础，也是定量分析的最佳灵敏度条件。

第二节　荧光分光光度计主要部件及性能

一、激发光源

理想的激发光源应含有各种波长的紫外光和可见光，光的强度应足够大，而且在整个波段内的强度一致，但理想的光源不容易得到。现在应用最广的光源是高压汞灯和氙弧灯，这两种光源各有利弊。一般来讲，氙弧灯优点较多，是荧光分光光度计采用较多的光源。

氙弧灯所发出的射线强度大，且为连续谱线，这些谱线连续分布在250～700nm光域内，而且在300～400nm整个波段内，所有射线的强度几乎相等。但是大功率的氙弧灯在发射光的稳定性及热效应方面有一定缺陷。目前高压氙弧灯功率为75～500W，寿命为200～1000h。

激发光源还可采用氘灯和碘灯各一个，这两种光源均发射连续光谱，碘灯用于300～700nm波段的激发，氘灯用于220～450nm波段的激发，使激发波段相互补充。

二、单色器

单色器是荧光分光光度计的心脏，它的主要作用是把入射光色散为各种不同波长的单色光。目前常用的色散元件是棱镜和光栅。棱镜的色散率和分辨率在紫外区很大，但在可见光区较差。光栅的色散率基本上和波长无关，在其工作范围内可以认为是不变的，光谱的强度也较高。

用光栅作激发光色散元件时，为了消除光栅色散后的级次重叠现象，在光栅和液槽之间加一滤色片，将不需要的杂光滤去，让所选择的激发光透过而照射到荧光物质试样上，此滤色片称为激发滤光片或第一滤光片。同时，为了不让由激发光发生的反射光、瑞利散光和拉曼光以及由溶液中杂质所发生的荧光通过荧光单色器，在荧光单色器和检测器之间放一滤色片，将不需要的杂光滤去，让荧光物质所产生的荧光通过而照射到检测器上，此滤光片称为荧光滤光片或称第二滤光片。

三、样品室

样品室由样品池和样品转换器组成。样品池必须用低荧光材料制成，通常用石英制成四面抛光的方形池，如果作低温测试，在石英池外边还要加降温装置。为减少杂质和避免激发光进入单色器，一般要求入射到样品池的激发光方向和射向荧光转换器的荧光方向成90°角。荧光转换器内密封，防止污染以保持光学特性。

四、光接收器（检测器）

光接收器采用光电倍增管。它主要作用是将输入的光讯号变为电讯号，并放大一百万倍左右。用不同类型光电阴极的光电倍增管，可以得到不同波长响应的荧光光谱，光电倍增管的高压电源的电压稳定度要求在10^{-4}以上。

五、放大记录系统

将从光源发生的光调制成光脉冲，再由光电倍增管将光脉冲转变为电脉冲，送至前置放大器中放大，而后再通过一个可以调频的低通滤波器送入主放大器，放大后的讯号通过记录仪将由于荧光强度不同引起的变化描绘出来记录。这类荧光分光光度计属于单光束型仪器。

为进一步消除溶剂所产生的拉曼光、瑞利光和丁达尔散射等杂光以及溶剂和石英样品池本身产生的荧光，可在光学系统中引入一个置存参考试样的参比光束，在测量样品时，可同时对照参考试样，对样品的荧光光谱，给予补偿校正。其方法是在激发单色器和发射单色器之间，设一正方形样品室，在样品室的对角线上装一光调节器，在调节器两侧分别是待测样品和参考样品。光调节器是两侧镀有反射膜的双面反射镜，透明部分可以透过激发光和样品发射的荧光。测量器以每秒50～90周率旋转，使来自激发单色器的激发单色光交替进入样品池和参考池，同时由样品池和参考池发出的荧光轮流进入发射单色器，再分别进入检测器检测，因此能精确地测得样品和参考样品的荧光光谱值。

第三节　荧光分光光度分析应用

荧光分光光度分析与可见光、紫外光、红外光分光光度分析相比有以下优点：

（1）灵敏度高　一般荧光分光光度计的最小检测浓度可达 10^{-10}g/mL，比紫外光分光光度计灵敏度高 2～3 个数量级。

（2）选择性好　荧光分析可根据特征的荧光发射光谱和特征的吸收光谱或特征的激发光谱来鉴定物质。

（3）试样制备简易，固体、液体样品都可以进行分析。

（4）所需样品量少　如血液中葡萄糖含量的测定仅需 2μL 即可得到满意的结果。

（5）能测定试样中物质的多种物理参数，如吸收偏振、荧光寿命、磷光和低温荧光等。

一、无机化合物的荧光分析

在紫外光照射下能发生荧光的无机化合物很少，所以直接应用无机化合物自身的荧光进行测定的为数不多。无机化合物的荧光分析主要依赖于待测元素与有机试剂所生成的化合物在低压紫外光照射下发生各种不同波长的荧光，由荧光强度可以测定该元素的含量。现在可以采用有机试剂以进行荧光分析的元素已达六十余种，其中较为常用的元素有铍、铝、硼、硒、镁及某些稀土元素。

某些元素并不能与有机试剂结合生成会发生荧光的络合物，可用荧光熄灭法进行测定。这些元素的离子，可从发生荧光的其他金属与有机试剂的络合物中夺取金属离子，以组成更稳定的络合物或难溶化合物，从而导致溶液荧光强度的降低。由荧光降低程度来测量该元素的含量，称为荧光熄灭法。较常用本方法的元素有氟、硫、铁、银、钴、镍等。

固体荧光法在荧光分析中也占有重要位置，如用 NaF 熔珠来检测铀存在的方法，直至今天还在原子能工业中继续应用。此法灵敏度较高，可测定 10^{-10}g 铀。

二、有机化合物的荧光分析

有机化合物中脂肪族化合物、芳香族化合物、维生素、氨基酸以及农药等都可采用荧光分析法测定其含量。

脂肪族化合物本身会产生荧光的并不多，主要依赖于它们和某种有机试剂反应的产物。这些产物在紫外光照射下会发生各种不同波长的荧光，由荧光强度和波长可以定性和定量地测定含量。

芳香族化合物因具有共轭不饱和体系，易于吸光。其中分子庞大而结构复杂的化合物在紫外光照射下多数会发生荧光。

荧光分析方法具有灵敏度高、取样量少、方法快速简便等优点。生理科学研究工作及医疗工作具有取样量少、灵敏度高的要求，因此荧光分析成为这些科学领域中的一种重要工具。荧光分析还广泛应用于维生素及各种药品的分析。

在稠环芳香烃化合物中有八种具有致癌性质的物质，这些致癌物质各具有它们独特的发光峰和吸收峰，如 3，4－苯并芘的激发峰为 369nm、荧光峰为 405nm、检测最低浓度为

0.01μg/mL。

5－羟基色胺是色氨酸的代谢产物，受到生理学、药物学、生物化学工作者的密切关注。5－羟基色胺的中性或微酸性溶液在295nm射线照射下会发生紫外荧光，荧光峰为330nm；如酸度增加，则330nm处荧光强度会降低，而在550nm处呈现强荧光，这样，用可见光550nm测定荧光强度比330nm紫外光方便，故被广泛应用。

普遍存在于花生、牛乳、烟叶和其他农产品中的黄曲霉毒素 B_1、黄曲霉毒素 B_2、黄曲霉毒素 G_1、黄曲霉毒素 G_2，农药中的有机氯、有机磷等都可采用荧光分析法测定。

第三章　原子吸收光谱分析

原子吸收光谱法（Atomic Absorption Spectroscopy，AAS）又称原子吸收分光光度法或简称原子吸收法，是一种元素定量分析方法，通过测量试样所产生的原子蒸气对其特征谱线的吸收实现化学元素的定量测定。目前原子吸收光谱法广泛应用于冶金、地质、石油、轻工、农业、医药、卫生、食品和环境保护等方面。

原子吸收光谱法特点：

（1）灵敏度高　用火焰原子吸收光谱法可测到 10^{-9}g/mL 数量级，用无焰原子吸收光谱法可测到 10^{-12}g/mL，因而原子吸收光谱法特别适于微量及痕量元素分析。

（2）选择性好，准确度高　由于原子吸收谱线比较简单，谱线重叠干扰很少，因而分析的选择性好，大多数情况下共存元素不对原子吸收分析产生干扰，试样经处理后可直接进行分析，避免了繁杂的分离或富集手续，易于得到准确的分析结果。

（3）测定范围广　原子吸收光谱法可以直接测定 70 多种元素，若采用间接方法，还能测定某些非金属、阴离子和有机化合物。

（4）操作简便，分析速度快　但原子吸收光谱法尚有不足之处。例如，测定不同元素时需要更换元素灯，使用不太方便；同时进行多元素测定尚有困难；对大多数非金属元素还不能直接测定。下一章介绍的等离子发射光谱—质谱法就部分克服了原子吸收光谱法的不足。

第一节　原子吸收光谱分析的基础理论

一、原子吸收光谱基础知识

气态原子对于由同种原子发射的特征光谱辐射具有吸收能力的现象，称为原子吸收现象。利用物质的气态原子对特定波长光的吸收来进行分析的方法即为原子吸收光谱分析法。

（一）共振线和吸收线

原子受外界能量激发，其最外层电子可跃迁到不同能级，因此可能有不同的激发态。电子从基态跃迁到能量最低的激发态（称为最低激发态），为共振跃迁，所产生的谱线称为共振吸收线（简称共振线）。各种元素的原子结构和外层电子排布不同，导致不同元素的原子从基态激发至第一激发态（或由第一激发态跃迁回基态）时，吸收（或发射）的能量不同，因此各种元素的共振线不同且各有其特征性，这种共振线称为元素的特征谱线。从基态到第一激发态的跃迁最容易发生，因此对大多数元素来说，共振线是元素所有谱线中最灵敏的谱线。

原子吸收光谱法，就是利用待测元素原子蒸气中基态原子对光源发出的共振线的吸收来进行分析，并由辐射特征谱线光减弱的程度来测定试样中待测元素的含量。

（二）原子吸收光谱线的宽度

原子吸收线具有一定宽度，通常称为吸收线轮廓。在通常原子吸收光谱法条件下，吸收线轮廓主要受多普勒变宽和洛仑兹变宽的影响。当共存元素原子浓度很低时，吸收线变宽主要受多普勒变宽的影响。多普勒变宽是由于原子在空间内做无规则的热运动产生多普勒效应而引起的，又称热变宽。多普勒变宽 Δv_D 由下式（3－1）决定：

$$\Delta v_D = 7.162 \times 10^{-7} v_0 \sqrt{\frac{T}{A_r}} \tag{3-1}$$

式中　v_0——谱线的中心频率

T——热力学温度

A_r——相对原子质量

由式（3－1）可以看出，待测原子的相对原子质量越小，温度越高，则吸收线轮廓变宽越显著。

原子吸收光谱线并不是严格几何意义上的线，有相当窄的频率或波长范围，即有一定宽度。这种现象主要有两方面的因素：一类是由原子性质所决定的，例如自然宽度；另一类是外界影响所引起的，例如热变宽、碰撞变宽等。

1. 自然宽度

没有外界影响时，谱线仍有一定的宽度，称为自然宽度。它与激发态原子的平均寿命有关，平均寿命越长，谱线宽度越窄。不同谱线有不同的自然宽度，多数情况下约为 10^{-5} nm 数量级。

2. 多普勒变宽

由于辐射原子处于无规则的热运动状态，因此，辐射原子可以看作运动的波源。这一不规则的热运动与观测器形成相对位移运动，从而发生多普勒效应，使谱线变宽。这种谱线的变宽即多普勒变宽，是由于热运动产生的，所以又称为热变宽，一般可达 10^{-3}nm，是谱线变宽的主要因素。

3. 压力变宽

由于辐射原子与其他粒子（分子、原子、离子和电子等）间的相互作用而产生的谱线变宽，统称为压力变宽。压力变宽通常随压力增大而增大。在压力变宽中，凡是同种粒子碰撞引起的变宽称为 Holtzmark（赫尔兹马克）变宽，凡是由异种粒子碰撞引起的变宽称为 Lorentz（洛伦兹）变宽。此外，外电场或磁场作用能引起原子的电子能级的分裂，从而导致谱线变宽，这种变宽称为场致变宽，包括 Stark（斯塔克）变宽和 Zeeman（塞曼）变宽。

4. 自吸变宽

由自吸现象而引起的谱线变宽称为自吸变宽。空心阴极灯发射的共振线被灯内同种基态原子所吸收而产生自吸现象，从而使谱线变宽。灯电流越大，自吸变宽越严重。

二、原子吸收及其定量基础

一束不同频率强度为 I_0 的平行光通过厚度为 L 的原子蒸气，一部分光被吸收，透过光的强度 I_v 服从吸收定律：

$$I_\nu = I_0 \exp(-k_\nu L)$$

式中　k_ν——基态原子对频率为 ν 的光的吸收系数

不同元素的原子吸收不同频率的光，以透过光强度对吸收光频率作图，在频率 ν_0 处透过光强度最小，即吸收最大。

目前，一般采用锐线光源，以测量峰值吸收系数的方法来测量吸光度。锐线光源是发射线半宽度远小于吸收线半宽度的光源，如空心阴极灯。在使用锐线光源时，光源发射线半宽度很小，并且发射线与吸收线的中心频率一致。这时发射线的轮廓可看作一个很窄的矩形，即峰值吸收系数 k_ν 在此轮廓内不随频率而改变，吸收只限于发射线轮廓内。这样，一定的 k_ν 即可测出一定的原子浓度。

在实际工作中，对于原子吸收值的测量，是以一定光强的单色光 I_0 通过原子蒸气，然后测出被吸收后的光强 I，这一吸收过程符合朗伯－比耳定律，即

$$I = I_0 e^{-KNL}$$

式中　K——吸收系数

N——自由原子总数（基态原子数）

L——吸收层厚度

吸光度 A 可用下式表示：

$$A = \lg I_0 / I = 2.303KNL$$

在实际分析过程中，当实验条件一定时，N 正比于待测元素的浓度。

第二节　原子吸收光谱仪

原子吸收光谱仪主要由光源、原子化系统、分光系统及检测系统四个部分构成（图 3－1），下面分别介绍各部分功能及特点。

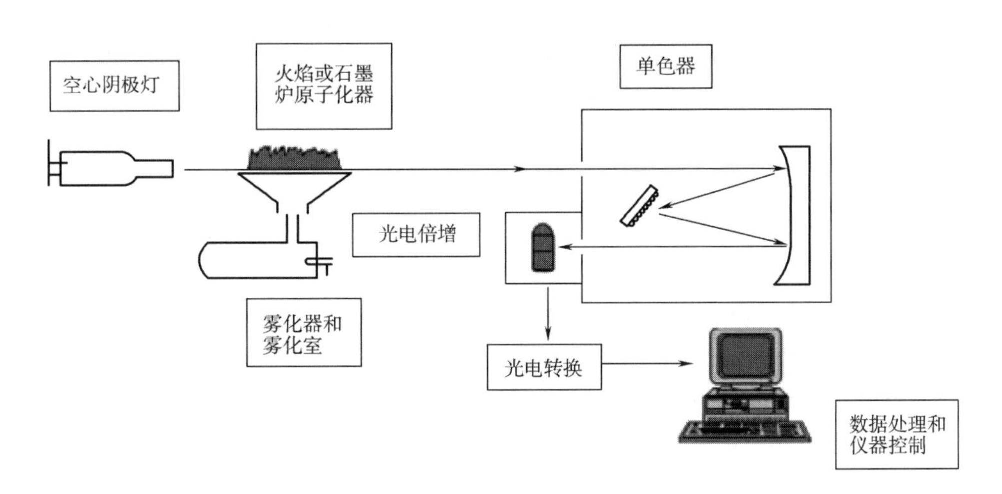

图 3－1　原子吸收光谱仪基本构造示意图

一、光源

光源的作用是发射待测元素的特征光谱，以供试样吸收用。为了获得较高的灵敏度和准确度，所使用的光源必须满足如下要求：

（1）能发射待测元素的共振线。

（2）能发射锐线，即发射线的半宽度比吸收线的半宽度窄得多。否则，测出的不是峰值吸收系数。

（3）发射光强度要足够大，稳定性要好，寿命长。

光源一般采用空心阴极灯和无电极放电灯。空心阴极灯是能满足这些要求的理想的锐线光源，应用最广泛。

（一）空心阴极灯

空心阴极灯由钨棒构成的阳极和一个圆柱形的空心阴极组成。空心阴极是由待测元素的纯金属或合金构成的，对于一些贵金属，则将其制成薄片衬在支持电极上。两电极密封于带有石英窗（或玻璃窗）的玻璃管中，管中充有低压惰性气体（氖或氩）。每一种元素有自己的专属空心阴极灯，也有几种元素混合的多元素灯。空心阴极灯的结构如图 3－2 所示。

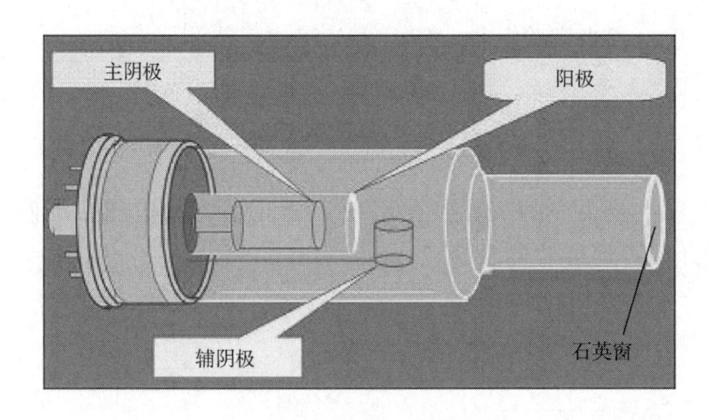

图 3－2　空心阴极灯结构示意图

空心阴极灯是一种特殊形式的低压气体放电光源，放电集中于阴极空腔内。当在两极之间施加 200～500V 电压时，便产生辉光放电。在电场作用下，电子在飞向阳极的途中，与载气原子碰撞并使之电离，放出二次电子，从而使电子与正离子数目增加，以维持放电。正离子从电场获得动能。如果正离子的动能足以克服金属阴极表面的晶格能，当其撞击在阴极表面时，就可以将原子从晶格中溅射出来。除溅射作用之外，阴极受热也要导致阴极表面元素的热蒸发。溅射与蒸发出来的原子进入空腔内，再与电子、原子、离子等发生第二类碰撞而受到激发，发射出相应元素特征的共振辐射。

空心阴极灯发射的光谱，主要是阴极物质的光谱，因此用不同的待测元素作为阴极材料，可制成各相应待测元素的空心阴极灯。若阴极物质只含一种元素，则可制成单元素灯；阴极物质含多种元素，则可制成多元素灯。为了避免发生光谱干扰，在制灯时，必须使用纯度较高的阴极材料和选择适当的内充气体，以使阴极元素的共振线附近没有杂质元素或内充气体的强谱线。

空心阴极灯发射的光谱强度与灯的工作电流有关。增大灯的工作电流，可以增加光谱线强度。但是工作电流过大，会导致灯本身发生自蚀现象而缩短灯的寿命，还会造成灯放电不正常，使发射光强度不稳定。工作电流过低，又会使灯发射光强度减弱，导致稳定性和信噪比下降。因此使用空心阴极灯时必须选择合适的灯电流。

空心阴极灯具有下列优点：只有一个操作参数（即电流）、发射光强度大且稳定、谱线宽度窄、灯容易更换。其缺点是每测一个元素均需要更换相应的待测元素的空心阴极灯，使用不太方便。

（二）无电极放电灯

无电极放电灯由石英玻璃圆管制成。管内装入数毫克待测元素或其挥发性盐类，如金属、金属氯化物或碘化物等，抽成真空并充入压力为67～200Pa的惰性气体氩或氖，制成放电管。将此管装在一个高频发生器的线圈内，并装在一个绝缘的外套里，然后放在一个微波发生器的同步空腔谐振器中。对于As、Se、Ca、Sn、Ti、Te、Zn、Sb等饱和蒸气压较高的元素，无电极放电灯具有更优良的光谱特性，如强度大、谱线纯度高、谱线锐等。但目前这种灯仅局限于有限的几种元素，因此，只能起着补充空心阴极灯不足的作用。

二、原子化系统

原子化系统是将样品中的待测组分转化为基态原子的装置。根据原子化原理不同分为两类：

（1）火焰原子化法　火焰原子化法是利用气体燃烧形成的火焰来进行原子化的。

（2）非火焰原子化法　常用的非火焰原子化法主要有电热高温石墨管原子化法和氢化物法。

火焰原子化器和石墨炉原子化器最为常见。

（一）火焰原子化器

火焰原子化器由雾化器、预混合室、燃烧器三部分组成，特点有操作简便、重现性好。

1. 雾化器

其作用是将试液雾化。雾化器是原子化系统的重要部件，其性能对测定的精密度和化学干扰等产生显著影响，因此要求雾化器喷雾稳定、雾滴细小、均匀和雾化效率高。目前普遍采用的是同心雾化器，图3－3是同心雾化器示意图。

在雾化器喷嘴口处，由于助燃气（空气、氧气或氧化亚氮）和燃气（乙炔、丙烯、氢气等）高速通过，形成负压区，从而将试液沿毛细管吸入，并被高速气流分散成气溶胶（即形成雾滴），喷出的雾滴再碰撞在撞击球上，进一步雾化成细雾。

2. 燃烧器

其作用是形成火焰，使进入火焰的试样微粒原子化。图3－3为预混合型燃烧器结构示意图。试液雾化后进入雾化室，与燃气在室内充分混合。其中较大的雾滴凝结在壁上形成液珠，从废液管排出，而细的雾滴则进入火焰中。

3. 火焰

在原子吸收光谱法中，火焰的作用是提供一定的能量，促使试样雾滴蒸发、干燥并经

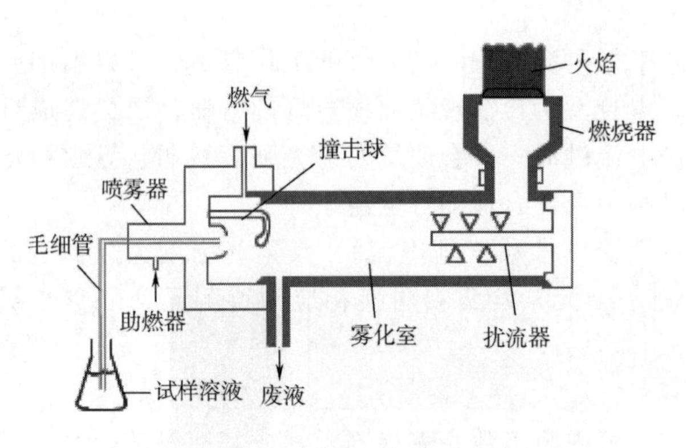

图 3-3　火焰原子化器示意图

过热离解或还原作用产生大量基态原子。因此，原子吸收法所使用的火焰，只要其温度能使待测元素离解成游离基态原子即可。

原子吸收法中应用最多的火焰有空气—乙炔、氧化亚氮—乙炔。燃气和助燃气的流量决定火焰的状态。下面以空气—乙炔为例，介绍火焰的三种状态。

（1）化学计量火焰（中性火焰）　燃气与助燃气比例与它们之间化学反应计量关系相近。它具有温度高、干扰少、稳定、背景低等特点。除碱金属和难离解氧化物的元素外，大多数常见元素均使用这种火焰。

（2）富燃火焰（还原性火焰）　燃气与助燃气比例大于化学计量关系。由于燃气过量，燃烧不完全，火焰中存在大量半分解产物，故火焰具有较强的还原性气氛。它适用于测定较易形成难熔氧化物的元素如 Mo、Cr、稀土元素等。

（3）贫燃火焰（氧化性火焰）　燃气与助燃气比例小于化学计量关系。由于助燃气过量，大量冷的助燃气带走火焰中的热量，故火焰温度较低。又由于燃气燃烧充分，火焰具有氧化性气氛，因此它适用于金属元素的测定。

空气—乙炔火焰：这是用途最广的一类火焰。最高温度约 2327℃，能测定 35 种以上的元素。它燃烧速度稳定，重复性好，噪声低，对多数元素有足够的灵敏度。调节乙炔和空气的流量，可方便地获得不同氧化还原特征的火焰，以适应不同元素的测定。但测定易形成难离解氧化物的元素时灵敏度较低，不宜使用。

氧化亚氮—乙炔火焰：火焰温度约 3027℃左右，不但温度较高，而且还可形成强还原气氛。使用这种火焰可以测定约 70 多种元素，特别能用于测定空气—乙炔火焰所不能分析的难离解元素，如 Al、B、Be、Ti、V、W 和 Si 等，并且可消除在其他火焰中可能存在的化学干扰现象。

火焰原子化系统结构简单、操作方便、准确度和重现性较好、能满足大多数元素的测定，因此在实际中应用广泛。其不足之处是原子化效率低，试样用量大。

（二）非火焰原子化器

有石墨炉原子化器和氢化物原子化器。

1. 石墨炉原子化器

石墨炉原子化器是应用最广泛的非火焰原子化装置，其结构如图 3-4 所示。它主要由电源、炉火和石墨管组成。

试样盛放在石墨管中，石墨管作为电阻发热体。电源提供原子化能量，通电后可使管内温度达到 2000～3000℃高温，使试样蒸发和原子化。炉内有保护气体控制系统，外气路中通 Ar 气沿石墨管外壁流动，保护石墨管不被烧坏；内气路中通 Ar 气从管两端流向管中心，由中心孔流出，排除干燥和灰化阶段产生的试样基本蒸气，同时保护待测元素的自由

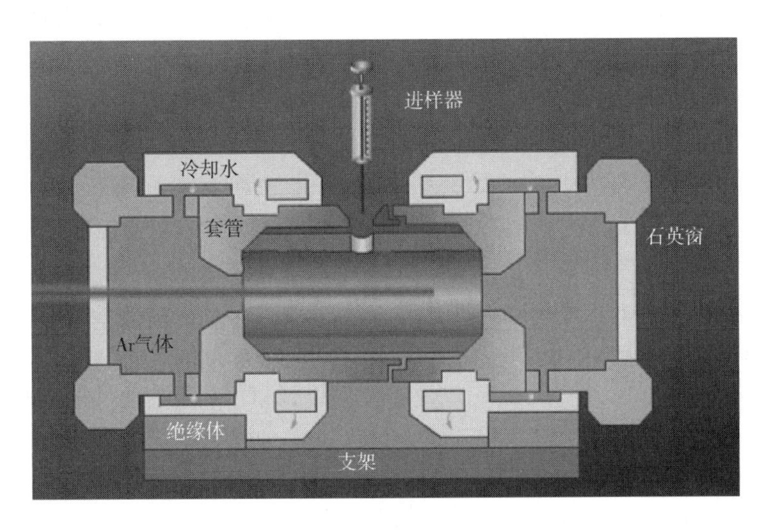

图 3－4　石墨炉原子化器结构示意图

原子不被氧化。

石墨炉测定一般分四个阶段。

（1）干燥阶段　蒸发试样中的溶剂，如水分、各种酸溶剂等。

（2）灰化阶段　破坏和蒸发除去试样中的基体，在原子化阶段前尽可能多地将共存组分与待测元素分离开，以减少共存物和背景吸收的干扰。

（3）原子化阶段　使待测元素转变为基态原子，供吸收测定。

（4）烧净阶段　净化除去残渣，消除石墨管记忆效应。

石墨炉原子化器的原子化效率和测定灵敏度都比火焰高得多，其检出极限可达 10^{-12}g 数量级。

石墨炉原子化器与火焰原子化器比较具有如下优点：

（1）原子化效率高，可达到 90% 以上，而后者只有 10% 左右。

（2）绝对灵敏度高（可达到 $10^{-14} \sim 10^{-12}$g），试样用量仅 1～100μL。特别适合试样量少，又需测定其中痕量元素的情况。

（3）温度高、在惰性气氛中进行且有还原性碳存在，有利于某些易形成难离解氧化物的元素的离解和原子化。

但石墨炉测定精密度不如火焰法，测定速度也较火焰法慢，此外装置较复杂、费用较高。

2. 氢化物原子化装置

As、Sb、Bi、Ge、Sn、Pb、Se、Te 和 Hg 等元素，在火焰原子吸收法测定中，由于火焰分子对其共振线的吸收，其灵敏度很低，不能满足测定要求。目前多采用氢化物法来测定这些元素。该法主要是利用这些元素或其氢化物在低温下易于挥发的特性，例如，用强还原剂（KBH_4或 $NaBH_4$）在酸性介质中与其作用，生成气态氢化物。

$$AsCl_3 + 4KBH_4 + HCl + 8H_2O = AsH_3\uparrow + 4KCl + 4HBO_2 + 13H_2\uparrow$$

生成的氢化物不稳定，在较低温度（几百度）下发生分解，产生出自由原子，完成原子化过程。该装置分为氢化物发生器和原子化装置两部分。产生的氢化物由 Ar 气送入石英管中进行原子化。目前已有商品化氢化物装置。

氢化物原子化法的优点是：形成元素或其氢化物蒸气的过程本身就是一个分离过程，因此它的灵敏度高，可达 10^{-9}g 数量级；选择性好，基体干扰和化学干扰都少；操作简便、快速。缺点是精密度比火焰法差；生成的氢化物均有毒，需在良好的通风条件下操作。

三、分光系统

分光系统的主要部件是单色器，它将复合光分解成单色光或有一定宽度的谱带。单色器由入射狭缝和出射狭缝、准直镜、色散元件和聚焦装置（透镜或凹面反射镜）组成。色散元件为棱镜或衍射光栅。单色器的性能是指色散率、分辨率和集光本领。

原子吸收分析法要求采用窄谱带和单色光进行分析，这样才能将彼此非常接近的吸收带分开，从而在最大吸收波长处测量，使结果更准确。

（一）光栅

光栅是单色器的核心，是一系列相距很近、等距、等宽、平行排列的狭缝阵列。聚集在光栅上的光发生色散。光栅的色散率是指对不同波长的光分散的能力。出射光的反射角因波长不同而不同，形成光谱，通过光栅的转动就可实现对该光谱的扫描，在出射狭缝处可得到某一特定波长的光。

（二）入射和出射狭缝

单色器对两条相邻谱线分开的能力，不仅与光栅的色散率有关，而且与成像大小有关。入射狭缝可限制进入色散元件的光能量，起着光阑作用；入射狭缝形状的变化也使谱线形状发生改变。因此，设计单色器时，对狭缝机构有严格的技术要求。单色器的狭缝通常由两个具有锐刀口的金属片精密制作而成，两刀口的平行性很好，并处于同一平面。大多数分光光度计的单色器装有狭缝调节机构，可以通过调节狭缝宽度改变谱带的有效带宽。狭缝过大，谱带单色性变差，不利于定性分析，也影响定量分析的工作曲线线性范围；狭缝过小，光通量减弱，降低了信噪比，影响测量精密度。狭缝宽度一般有两种表示法：一种是以狭缝两刀口间的实际宽度表示，另一种以谱带的有效带宽表示。前者表示的单位为 mm，后者单位为 nm。

通常，在定量分析时，为了达到足够的测量信号，应采用较大的狭缝；在定性分析时则采用较小的狭缝，这样可以提高分辨率。当出射狭缝和入射狭缝的宽度相等时，狭缝宽度引起的误差最小。对原子吸收光谱来说，由于吸收线的数目比发射线少得多，谱线重叠的概率小，因此常采用大的狭缝，以得到较大的光强，从而得到较好的信噪比。当然，如果背景发射太强，则要适当减小狭缝宽度。一般原则是，在不引起吸光度减小的情况下，采用尽可能大的狭缝宽度。

由于在一般状态下，光谱线的宽度小于 0.001nm，故狭缝宽度减半时，光通量也相应减半（即相应呈线性关系），而在连续辐射过程中，谱带宽度要受狭缝宽度控制，因而在狭缝宽度减半时，能量衰减系数为 4。在有强烈的宽谱带发射光抵达光电倍增管时（例如，对钡元素进行火焰分析或从石墨炉发出的炽热光），减少狭缝宽度可使发射量减少 4 倍，而光谱能量减半。

原子吸收光谱仪中最常用的狭缝大小是0.2、0.5和1.0nm。有些高级仪器狭缝宽度为0.2～2.0nm连续可调，可极好地优化测量条件。如需分辨相邻较近的谱线，可使用更窄的狭缝。

（三）准直和聚焦装置

多采用具有消色差特性和聚焦性能好的抛物面反光镜。

四、检测系统

检测系统主要由检测器（光电倍增管）、放大器、读数和记录系统等组成。原子吸收光谱仪中，常用光电倍增管作检测器，其作用是将经过原子蒸气吸收和单色器分光后的微弱信号转换为电信号，再经过放大器放大后，便可在读数装置上显示出来。

现代原子吸收光谱仪通常设有自动调零、自动校准、标尺扩展、浓度直读、自动取样及自动处理数据等装置。

第三节　原子吸收光谱干扰效应及消除方法

干扰效应按其性质和产生的原因可以分为四类：化学干扰、电离干扰、物理干扰和光谱干扰。

一、化学干扰

化学干扰与被测元素本身的性质和在火焰中引起的化学反应有关。产生化学干扰的主要原因是由于被测元素不能全部由它的化合物中解离出来，从而使参与锐线吸收的基态原子数目减少，而影响测定结果的准确性。由于产生化学干扰的因素多种多样，消除干扰的方法视具体情况而不同。对于生成难熔、难解离化合物的干扰，可以通过改变火焰的种类、提高火焰的温度来消除，也可以采用如下几种方法：

（1）向试样中加入一种释放剂，使干扰元素与之生成更稳定、更难解离的化合物，而将待测元素从其与干扰元素生成的化合物中释放出来　如测Mg^{2+}时，铝盐会与镁生成$MgAl_2O_4$难熔晶体，使镁难以原子化而干扰测定。若在试液中加入释放剂$SrCl_2$，可与铝结合成稳定的$SrAl_2O_4$而将镁释放出来。

（2）加入保护络合剂，可与待测元素生成稳定的络合物，而使待测元素不再与干扰元素生成难解离的化合物而消除干扰　如PO_4^{3-}干扰钙的测定，当加入络合剂EDTA后，钙与EDTA生成稳定的螯合物，而消除PO_4^{3-}的干扰。

（3）加入缓冲剂，即向试样中加入过量的干扰成分，使干扰趋于稳定状态，这种含干扰成分的试剂称为缓冲剂　如用氧化二氮—乙炔测定钛时，铝有干扰，难以获得准确结果，向试样中加入铝盐使铝的浓度达到200μg/mL时，铝对钛的干扰就不再随溶液中铝含量的变化而改变，从而可以准确测定钛。但这种方法会大大降低灵敏度。

二、电离干扰

电离干扰是指待测元素在火焰中吸收能量后，除进行原子化外，还使部分原子电离，从而降低了火焰中基态原子的浓度，使待测元素的吸光度降低，造成结果偏低。火焰温度越高，电离干扰越显著。当分析电离电位较低的元素（如 Be、Sr、Ba、Al）时，为抑制电离干扰，除采用降低火焰温度的方法外，还可以向试液中加入消电离剂，如 1% CsCl（或 KCl、RbCl）溶液。CsCl 在火焰中极易电离产生高电子云密度，抑制待测元素的电离，因此可以除去待测元素的电离干扰。

三、物理干扰

物理干扰是指试样在转移、蒸发和原子化的过程中，由于物理特性（如黏度、表面张力、密度等）的变化引起吸收强度下降的效应。可以通过采用可调式雾化器改变进样量的大小、采用标准加入法、基体匹配（配置与被测样品相似组成的标准样品）或稀释等方法来消除物理干扰。

四、光谱干扰

光谱干扰包括谱线重叠、光谱通带内存在吸收线、原子化池内的直流发射、分子吸收、光散射等。当采用锐性光源和交流调制技术时，前三种因素一般可以不予考虑，主要考虑分子吸收和光散射，它们是形成光谱背景干扰的主要因素。

（1）分子吸收是指在原子化过程中生成的分子对辐射的吸收。分子吸收是带状光谱，会在一定波长范围内形成干扰。

（2）光散射是在原子化过程中产生的微小固体颗粒使光产生散射，造成透光度减小，吸光度增加。

五、背景干扰的校正技术

（一）背景干扰的产生

背景干扰是一种光谱干扰。形成光谱背景的主要因素是分子吸收与光散射，表现为增加表观吸光度，使测定结果偏高。

（二）背景校正的方法

1. 氘灯校正法

连续光源在紫外区采用氘灯、在可见光区采用碘钨灯进行背景校正。

锐线光源测定的吸光度值为原子吸收与背景吸收的总吸光度。连续光源所测吸光度为背景吸收，因为在使用连续光源时，被测元素的共振线吸收相对于总入射光强度是可以忽略不计的，因此连续光源的吸光度值即为背景吸收。将锐线光源吸光度值减去连续光源吸光度值，即为校正背景后的被测元素的吸光度值。氘灯校正法灵敏度高，应用广泛，非常适合火焰校正。在火焰和石墨炉共用的机型中，采用氘灯校正法是最折衷的方法。氘灯校正法的缺点是采用两种不同的光源，调整光路平衡需较高的技术。

2. 塞曼效应校正

当使用石墨炉进行原子化时，最理想的是利用塞曼效应进行背景校正。塞曼效应是指光通过加在石墨炉上的强磁场时，光谱线发生分裂的现象。塞曼效应分为正常塞曼和反常塞曼效应。塞曼效应使用同一光源进行测量，是非常理想的校正方法，它要求光能同方向集中地通过电磁场中线进行分裂，但在火焰原子化分析中，由于火焰中的固体颗粒对锐性光源产生多种散射、光偏离，燃烧时粒子互相碰撞等许多不可预见因素，造成光谱线分裂紊乱，因此应用极不理想。并且，塞曼效应的检测灵敏度低于氘灯校正法。

3. 自吸收校正法

当空心阴极灯在高电流工作时，其阴极发射的锐线光会被灯内产生的原子云基态原子吸收，使发射的锐线光谱变宽，吸收度下降，灵敏度也下降。这种自吸现象无法避免。因此，可首先在空心阴极灯低电流下工作，使锐线光通过原子化器，测得待测元素和背景吸收的总和；然后再在高电流下工作，通过原子化器，测得相当于背景的吸收；将两次测的吸光度相减，就可扣除背景的影响。优点是使用同一光源；不足是加速空心阴极灯的老化，其寿命只有正常的1/3，并且不是所有元素的自吸效应都一致，难以开发方法。现在这种方式已基本不被采用。

4. 邻近非共振线校正背景

用分析线测量原子吸收和背景吸收的总吸光度。因非共振线不产生原子吸收，用它来测量背景吸收的吸光度，两次测量值相减即得到扣除背景之后的原子吸收的吸光度。背景吸收随波长而改变，因此，非共振线校正背景法的准确度较差。这种方法只适用于分析线附近背景分布比较均匀的情况。

六、操作条件的选择

原子吸收光谱分析中影响测量结果的可变因素多，测定条件的选择对测定的灵敏度、稳定性、线性范围和重现性等有很大的影响。最佳测定条件应根据实际情况进行选择，主要应考虑以下几个方面。

（一）吸收波长（分析线）的选择

通常选用共振吸收线为分析线；但测量高含量元素时，可选用灵敏度较低的非共振线为分析线。如测 Zn 时常选用最灵敏的 213. 9nm 波长，但当 Zn 的含量高时，为保证工作曲线的线性范围，可改用次灵敏线 307. 5nm 波长进行测量。As、Se 等共振吸收线位于 200nm 以下的远紫外区，火焰组分对其明显吸收，故用火焰原子吸收法测定这些元素时，不宜选用共振吸收线为分析线。测 Hg 时由于共振线 184. 9nm 会被空气强烈吸收，只能改用次灵敏线 253. 7nm 测定。此外，稳定性差时，也不宜选共振线作分析线，如铅的共振线是 217. 0nm，稳定性较差，若用 283. 3nm 次灵敏线作分析线，则可获得稳定结果。

（二）空心阴极灯工作条件的选择

灯点燃后，由于阴极受热蒸发产生原子蒸气，其辐射的锐线光经过灯内原子蒸气再由石英窗射出。使用时为使发射的共振线稳定，必须对灯进行预热，以使灯内原子蒸气层的分布及蒸气厚度恒定，这样会使灯内原子蒸气产生的自吸收和发射的共振线的强度稳定。通常对于单光束仪器，灯预热时间应在 30min 以上，才能达到辐射的锐性光稳定。对双光束仪器，由于参比光束和测量光束的强度同时变化，其比值恒定，能使基线很快稳定，基本不需要预热。空心阴极灯使用前，若在施加 1/3 工作电流的情况下预热 0. 5 ~ 1. 0h，并定期活化，可增加使用寿命。

元素灯本身质量好坏直接影响测量的灵敏度及标准曲线的线性。有的灯背景过大而不能正常使用。灯在使用过程中会在灯管中释放出微量氢气，而氢气发射的光是连续光谱，称之为灯的背景发射。背景读数不应大于 5%，较好的灯，此值应小于 1%。所以选择灯电流前应检查一下灯的质量。

灯工作电流的大小直接影响灯放电的稳定性和锐线光的输出强度。灯电流小时，能辐射的锐线光谱线窄、测量灵敏度高，但灯电流太小时透过光太弱，需提高光电倍增管灵敏度的增益，此时会增加噪声、降低信噪比；若灯电流过大，会使辐射的光谱产生热变宽和碰撞变宽，灯内自吸收增大，辐射锐线光的强度下降，背景增大，灵敏度下降，还会加快灯内惰性气体的消耗，缩短灯的使用寿命。空心阴极灯上都标有最大使用电流（额定电流，为5～10mA）；对大多数元素，日常分析的工作电流应保持额定电流的40%～60%较为合适，可保证稳定、合适的锐线光强输出。在保证有稳定和足够的辐射光强度的情况下，尽量选用较低的灯电流，以延长空心阴极灯的寿命。通常对于高熔点的Ni、Co、Ti、Zr等的空心阴极灯，使用电流可大些；对于低熔点易溅射的Bi、K、Na、Rb、Ge、Ga等的空心阴极灯，使用电流以小为宜。

（三）原子化器操作条件的选择

在火焰原子化法中，选择可调进样量雾化器，可根据样品的黏度选择进样量，提高测量的灵敏度。进样量小，吸收信号弱，不便于测量；进样量过大，对火焰产生冷却效应。在石墨炉原子化法中，进样量过大则会增加除残的困难。在实际工作中，应根据测定吸光度改变进样量，以达到最满意的吸光度。

火焰类型和状态对原子化效率起着重要的作用。在火焰中容易原子化的元素As、Se等，可选用低温火焰，如空气—氢火焰。在火焰中较难离解的元素Ca、Mg、Fe、Cu、Zn、Pb、Co、Mn等，可选用中温火焰，如空气—乙炔火焰。在火焰中难于离解的元素V、Ti、Al、Si等，可选用氧化亚氮—乙炔高温火焰。一些元素Cr、Mo、W、V、Al等在火焰中易生成难离解的氧化物，宜用富燃火焰。另一些元素如K、Na等在火焰中易于电离，则宜选用贫燃火焰。火焰状态可通过调节燃气与助燃气的比例来确定。

（四）光路准直

在分析之前，必须调整空心阴极灯的发射位置与检测器的接受位置为最佳状态，保证提供最大的测量能量。

狭缝宽度影响光谱通带宽度与检测器接受的能量。调节不同的狭缝宽度，测定吸光度随狭缝宽度而变化，当有其他谱线或非吸收光进入光谱通带时，吸光度将立即减少。因此，不引起吸光度减少的最大狭缝宽度，即为应选取的适合狭缝宽度。对于谱线简单的元素如碱金属、碱土金属，可采用较宽的狭缝以减少灯电流和光电倍增管高压来提高信噪比，增加稳定性。对谱线复杂的元素如Fe、Co、Ni等，需选择较小的狭缝，防止非吸收线进入检测器，从而提高灵敏度，改善标准曲线的线性关系。

锐线光源的光束通过火焰的不同部位时对测定的灵敏度和稳定性有一定影响，为保证测定的灵敏度高，应使光源发出的锐线光通过火焰中基态原子密度最大的“中间薄层区”。这个区的火焰比较稳定，干扰也少，约位于燃烧器狭缝口上方20～30mm附近。可通过实验来选择适当的燃烧器高度（又称观测高度），方法是用一固定浓度的溶液喷雾，缓缓上下移动燃烧器直到吸光度达最大值，此时的位置即为最佳燃烧器高度。此外燃烧器也可以转动；当欲测试样浓度高时，可转动燃烧器至适当角度以减少吸收的长度来降低灵敏度。

（五）光电倍增管工作条件的选择

日常分析中光电倍增管的工作电压一定选择在最大工作电压的1/3～2/3范围内。增加负高压能提高灵敏度，但噪声增大，稳定性差；降低负高压，会使灵敏度降低，提高信噪比，改善测定的稳定性，并能延长光电倍增管的使用寿命。

第四节　定量分析方法

应用原子吸收光谱分析进行定量测定时主要使用工作曲线法和标准加入法。

一、标准溶液的配制

选用高纯金属（99.99%）或被测元素的盐类溶解后配成1mg/mL的贮备溶液（可购买专用储备液），当测定时再将储备液稀释配制标准溶液系列。

配制标准溶液应使用去离子水，保证玻璃器皿纯净，防止玷污。溶解高纯金属使用的硝酸、盐酸应为优级纯。贮备液要保持一定酸度防止金属离子水解，并存放在玻璃或聚乙烯试剂瓶中，有些元素（如银）的贮备液应存放在棕色试剂瓶中。在配制标准溶液时，一般避免使用磷酸或硫酸。

二、工作曲线法

原子吸收光谱分析的工作曲线法和紫外可见分光光度法相似。以火焰法为例，根据样品的实际情况配制一系列浓度适宜的标准溶液；在选定的操作条件下，将标准溶液由低浓度到高浓度依次喷入火焰中，分别测出单个溶液的吸光度；以标准溶液的浓度 c 作横坐标，以吸光度 A 作纵坐标，绘制 A—c 标准工作曲线；然后在相同的实验条件下，喷入待测试液，测其吸光度；再从标准工作曲线上查出该吸光度所对应的浓度，即为试液中待测元素的浓度，通过计算可求出试样中待测元素的含量。

若标准溶液与试样溶液基体差别较大，在测定中会引入误差，因而标准溶液与试样溶液所加的试剂应一致，即基体匹配。在测定过程中要吸喷去离子水或空白溶液，以校正基线（零点）的漂移。由燃气流量的变化或空气流量变化所引起的吸喷速率变化，会引起测定过程中标准曲线斜率发生变化，因而在测定过程中，要用标准溶液检查测试条件有没有发生变化，以保证在测定过程中标准溶液及试样溶液测试条件完全一致。

在实际分析中，当待测元素浓度较高时，常看到工作曲线向浓度坐标轴弯曲，这是由于待测元素含量较高时，吸收线产生热变宽和压力变宽，使锐线光源辐射的共振线的中心波长与共振吸收线的中心波长错位，吸光度减小。此外化学干扰和物理干扰的存在也会导致工作曲线弯曲。

工作曲线法适用于样品组成简单或共存元素无干扰的情况，可用于同类大批量样品的分析。为保证测定的准确度，应尽量使标准溶液的组成与待测试液的基体组成相一致，以减少因基体组成的差异而产生的测定误差。

三、标准加入法

此法是一种用于消除基体干扰的测定方法，适用于样品量少时元素的分析。具体操作方法是，取4~5份相同浓度的被测元素试液，从第二份起分别加入同一浓度不同体积的被测元素的标准溶液，用溶剂稀释至相同体积，于相同实验条件下依次测量各个试液的吸光度，绘制出标准加入法曲线；将此曲线向左外延至与横坐标交点即为待测元素的浓度；

将试液的标准加入法曲线斜率和待测元素标准工作曲线斜率比较，可说明基体效应是否存在。

本法的不足之处是不能消除背景干扰，因此只有扣除背景之后，才能得到待测元素的真实含量，否则将使测定结果偏高。

第四章　电感耦合等离子体质谱分析

元素分析是化学分析的一个重要组成部分，传统的元素分析方法包括分光光度法、原子发射光谱法、原子吸收光谱法（火焰与石墨炉）、原子荧光光谱法等。这些方法都各有优点，但也有局限性，或是样品前处理复杂，需萃取、浓缩富集或抑制干扰；或是不能进行多组分或多元素同时测定，耗时费力；或是仪器的检测限或灵敏度达不到指标要求等。

20 世纪 60 年代，英国人格林弗尔（Greenfield）将电感耦合等离子体用作发射光谱光源，开创了光谱分析的新纪元。实践表明，它具有灵敏度高、耦合度好、整体效应小、线性范围宽和能同时做多元素分析的特点。

电感耦合等离子体质谱（inductively coupled plasma - mass spectrometry，ICP - MS）技术是 20 世纪 80 年代发展起来的一种新型（超）痕量元素分析测试技术，是一种以等离子体作为离子源的质谱型元素分析方法。ICP - MC 与原子吸收光谱分析相比具有明显优势，后者每次只能测定一种元素，而 ICP - MS 可以同时测量周期表中大多数元素，且具有极好的灵敏度和高效的样品分析能力；此外，ICP - MC 测定分析物浓度可低至亚纳克/升水平，谱线干扰少，能做同位素比值分析。它是近 20 年来分析科学领域中发展最快的分析技术之一，目前已被广泛地应用于地球科学、环境科学、生命科学、材料科学、食品分析等领域。

第一节　电感耦合等离子体质谱分析的基本原理

被电离的气体中正、负离子数目相等，称为等离子体。就整体而言，这种气体呈电中性（近代物理学中规定，电离度大于 0.1%，即呈等离子体状态）。通常用氩形成等离子体，其中氩离子和电子是主要导电物质。

ICP - MS 的工作原理，简单地说，是用电感耦合等离子体（ICP）作为离子源将样品离子化，不同离子经四极杆等质量分析器按质荷比分离后，定量检测各种离子的数目。

在高频发生器作用下形成氩气 ICP 炬，样品由载气（氩气）引入雾化系统进行雾化，以气体、蒸气和细雾滴的气溶胶或固体小颗粒的形式引入 ICP 炬中心通道气流中，随后这些颗粒被蒸发，生成的气相化合物被解离。ICP 中心温度很高，足以使很多元素完全电离。通过适当的接口（采样锥、截取锥）将产生的离子提取进入真空系统，利用电子透镜的偏转使得一部分中性的干扰元素去掉，经离子聚焦，形成离子束，传输至质量分析器。质量分析器对离子束内的各种离子按不同的质荷比分离开，顺序到达离子探测器，由电子倍增器检测出信号并放大。根据探测器的计数与浓度的比例关系，可测出元素的含量。

第二节　电感耦合等离子体质谱仪

电感耦合等离子体质谱仪 ICP – MS 主要包括进样系统、离子源、接口、离子透镜、四极杆质量分析器、检测器及真空系统，附属设备包括循环冷却水系统、供气系统、通风系统、计算机控制及数据处理系统，如图 4 – 1 所示。

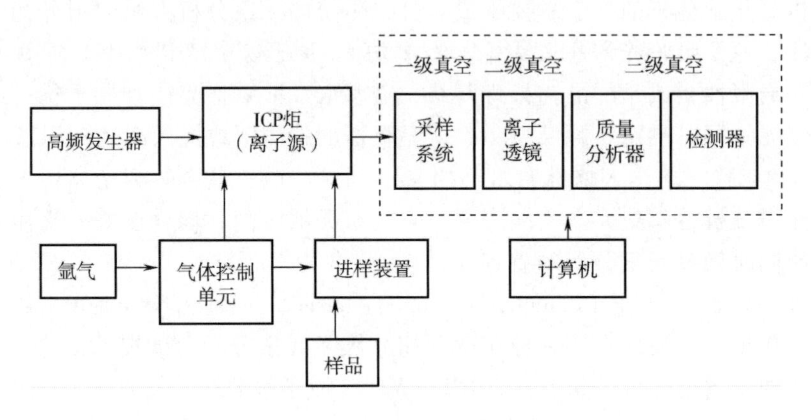

图 4 – 1　ICP – MS 典型结构示意图

一、进样系统

按样品状态不同可以分为液体或固体进样，通常采用液体进样方式。样品引入系统由样品提升和雾化两个主要部分组成。

（1）样品提升部分一般为蠕动泵，也可使用自提升雾化器。要求蠕动泵转速稳定，泵管弹性良好，使样品溶液匀速地泵入，废液顺畅地排出。

（2）雾化部分包括雾化器和雾化室。样品以泵入方式或自提升方式进入雾化器后，在载气作用下形成小雾滴并进入雾化室，大雾滴碰到雾化室壁后被排除，只有小雾滴可进入等离子体源。

雾化器要求雾化效率高，雾化稳定性高，记忆效应小，耐腐蚀；雾化室应保持稳定的低温环境，并需经常清洗。最常用的进样方式是利用同心型或直角型气动雾化器产生气溶胶，在载气携带下喷入焰炬；样品进样量大约为 1mL/min，是靠蠕动泵送入雾化器的。实际应用中宜根据样品基质（是否含氢氟酸、是否含高盐等）、待测元素、灵敏度等选择合适的雾化器和雾化室。

二、离子源

ICP – MS 所用电离源是感应耦合等离子体（ICP）炬，它与原子发射光谱仪所用的 ICP 是一样的。形成稳定的 ICP 炬焰需要有三个条件：高频电磁场、工作气体、能维持气体稳定放电的石英矩管。由三层石英套管组成的炬管是 ICP 主体，炬管上端绕有负载线圈；三层管从里到外分别通载气（作为雾化气）、辅助气和冷却气；负载线圈由高频电源耦合供电，产生垂直于线圈平面的磁场。

高频发生器是一个产生高频电流，供给 ICP 电能的装置。当高频发生器供电时，线圈轴线方向产生强烈振荡的磁场；用高频火花等方法时，中间流动的工作气体电离，产生的离子和电子再与感应线圈产生的起伏磁场作用。氩离子和电子在电磁场作用下又会与其他氩原子碰撞产生更多的离子和电子，形成涡流。强大的电流产生高温，瞬间使氩气形成温度可达 9727℃的等离子焰炬。样品由载气带入等离子体焰炬，发生蒸发、分解、激发和电离。辅助气用来维持等离子体，需要量大约为 1L/min。冷却气以切线方向引入外管，产生螺旋形气流，使负载线圈处外管的内壁得到冷却，冷却气流量为 10 ~ 15L/min。此外也有耐氢氟酸的特殊矩管，喷管嘴由蓝宝石或铂制成，用 PTEE 材料或其他抗化学腐蚀的聚合物做雾化室；还有微型矩管，主要是为了减少氩气消耗量，一般冷却气流量 6 ~ 7L/min。

载气流：载气流是将样品气溶胶输送到等离子体中的运载气流。为了将气溶胶注射到等离子体中去，从样品管喷嘴处射出的载气流要有足够大的速度，速度太小，样品气溶胶会因穿不透等离子体而被反弹回来，速度太大又将减少样品在等离子体中的停留时间。载气速度由载气流量和样品管喷嘴口径的大小决定。

样品的引入方式多是先将样品制成溶液，然后把液滴雾化，以气溶胶的形式注射到等离子体内。雾化器以气动喷雾器较多。为减少雾化时产生气溶胶过程所引起的光谱信号的随机波动，需要在喷雾器和矩管之间加一个雾化室，起稳定作用，同时将喷雾器产生的样品雾滴进行“筛分”，小雾滴进入等离子体，大雾滴以废液形式沉降下来。

为提高 ICP 分析的灵敏度和改善等离子体的稳定性，在气溶胶进入等离子体之前先经过一次去溶剂处理，将气溶胶中的溶剂物质（如水分等）去掉，允许更多的溶质进入等离子体。因为大量的溶剂进入等离子体时，要从中吸收部分能量，引起等离子体不稳定，甚至熄灭。去溶剂的办法是将来自喷雾器产生的样品气溶胶加热到溶剂沸腾汽化（约 200℃左右，即大于溶剂沸点温度），然后使过热的气溶胶通过一个高效率的冷却器，将溶剂蒸气冷却以废液形式除去，这样样品气溶胶就变成不含水分或水分变少（一般 < 15%）的干燥气溶胶。

等离子体气流：等离子体气流是用来形成等离子体的。常用氩（Ar）气，由碰撞电离和热电离作用，使石英管内的气体迅速电离，形成等离子体。

冷却气流：矩管内等离子体中心温度可达 9727℃以上，远远超过石英的软化温度（1800℃），冷却气流目的是保护石英矩管不被烧坏。为增强冷却效果，都以切线方向引入。冷却气流的作用一方面是随气流将热量带走，另一方面是高速旋转的涡流对等离子体起到箍缩作用，有效隔离外石英管与等离子体。常用冷却气流为氩气或氦—氩混合气。

在负载线圈上面约 10mm 处的焰炬温度大约为 7727℃，在此温度下，电离能低于 7eV 的元素完全电离，电离能低于 10.5eV 的元素电离度大于 20%。由于大部分重要的元素电离能都低于 10.5eV，因此都有很高的灵敏度；少数电离能较高的元素，如 C、O、Cl、Br 等也能检测，只是灵敏度较低。

ICP 具有两个显著特性：

（1）趋肤效应　高频电流在导体上传输时，由于导体的寄生分布电感的作用，使导线的电阻从中心向表面沿半径以指数的方式减少，因此高频电流的传导主要通过电阻较小的表面一层，这种现象称为趋肤效应。等离子体是电的良导体，它在高频磁场中所感应的环状涡流也主要分布在ICP的表层。从ICP的端部用肉眼即可观察到在白色圈环中有一亮度较暗的内核，俗称“炸面圈”结构。这种结构提供了一个电学的屏蔽筒，当试样注入ICP的通道时不会影响它的电学参数，从而改善了ICP的稳定性。

（2）通道效应　由于切线气流所形成的旋涡使轴心部分的气体压力较外周略低，因此携带样品气溶胶的载气可以极容易地从圆锥形的ICP底部钻出一条通道穿过整个ICP。通道的宽度约2mm，长约5cm。样品的雾滴在这个约6727℃的高温环境中很快蒸发、离解、原子化、电离并激发，即通道可使这四个过程同时完成。由于样品在通过通道的时间可达几个ms，因此被分析物质的原子可反复地受激发，故ICP的激发效率较高。

三、提取接口

提取接口是连接ICP离子源与质量分析系统的关键结构。和许多有机质谱的区别在于，该电离过程属于真空外电离，需要通过两个接口锥将离子引入到真空系统里。真空由差式抽真空系统维持，通常有两个涡轮分子泵和两个机械泵：第一个机械泵对两个接口锥之间进行抽真空，第二个机械泵对两个涡轮分子泵抽真空。被分析离子通过一对接口（称作采样锥和截取锥）被提取。

截取锥应经常清洗，否则重金属基体沉积在上面会再蒸发形成记忆效应。工作中还发现经常较好地清洗截取锥的外表面和采样锥的内表面可以使多原子离子的干扰减到最小。

四、离子透镜系统

位于截取锥后面高真空区里的离子透镜系统的作用是将来自截取锥的离子聚焦到质量过滤器，并阻止中性原子进入和减少来自ICP的光子通过量。

离子透镜参数的设置应适当，要注意兼顾低、中、高质量的离子的高灵敏度。

五、质量分析器

质量分析器通常为四极杆分析器，可以实现质谱扫描功能。

被分析离子由离子透镜系统对离子进行聚焦进入四极杆质量分析器，按离子质荷比进行分离。之所以称其为四极杆，是因为其实际上是由四根平行的不锈钢杆组成，其上施加电压，允许分析器只能传输具有特定质荷比的离子。该四极杆和LC－MS、GC－MS的四极杆工作原理是一样的，只是工作的质量数范围不同。对无机元素分析质量数上限到270 amu（原子质量单位）即可。

离子在四极杆内以一定的初速度向前运动，由于受到负极的吸引，离子在前进的同时也会向上偏移。当离子接近负极的时候会发生放电而被中和，这些被中和的离子就会被真空泵当作废气抽走。由于四极杆的电压随周期在不断地变化，变化的周期对应着特定的质量数，通过不断地变化频率就可把被测离子筛选出来。只有四极杆才能把不同的离子分开，因此可作质量分析器。

在ICP－MS检测时个别的离子会存在干扰现象，例如As会受到ArCl的干扰、Cr会受到ArCH的干扰。在检测中可通过串接四极杆技术（比如碰撞反应池），使离子和特定的气体反应从而消除干扰，同时灵敏度不会下降；之后离子再进入后面的主四极杆，最终进入到检测器。PE公司的仪器是聚焦之后通过碰撞反应池来消除干扰，消除干扰后的离子再进入到主四极杆进行筛选。

对于四极杆质谱，在保证足够分辨率的同时要让所测离子最大限度地通过。一般，ICP－MS常用的分辨率控制在0.7～0.8amu左右。对于分析器来说，比分辨率更重要的是丰度灵敏度，即相邻单位质量位置的响应对于正确的质量峰的比值，也就是相邻峰上的重叠度。简单地说，就是质量为M的峰的拖尾，在$M+1$和$M-1$质量上的信号强度和在M质量上信号强度的比。丰度灵敏度的影响因素很多，最大的因素是质量分辨率，分辨率越高，丰度灵敏度越好。四极杆的峰极少完全对称，因此丰度灵敏度在低质量的一边更差。丰度灵敏度的值一般为1×10^{-6}～1×10^{-5}，尽管有时可以得到更好的值，但灵敏度要受到损失。

要得到好的分析性能，四极杆必须保持非常清洁。在ICP－MS系统中，离子的密度比有机工作中的密度低得多，几乎没有什么污染物沉积在分析杆上，因此四极杆可以在使用很长一段时间后再清洗。

六、检测器

在分析物的浓度低于1pg/mL时，进入到ICP－MS系统的质量分析器的分析物的离子数目是很小的，正常情况下在分析器的末端得到的离子流小于1×10^{-13}A。使用电子倍增检测器可以得到适当的电学增益和快速响应。目前使用的检测器大多是分立式打拿电极电子倍增器，其工作原理类似于光电倍增管。一定能量的离子或电子打击分立式打拿电极表面，把固体中的表面电子打出来，产生二次电子发射效应，利用这种电子增值效应，构成电子倍增器，实现高灵敏度和快速测试。通常检测器都很耐用，有较长的寿命。

七、真空系统

ICP－MS的离子是在大气压下形成的，而质谱仪的四级杆系统和检测器必须在1×10^{-6}Pa的真空压力下才能很好地工作。为了使离子从大气压下进入1×10^{-6}Pa真空压力下，通常的做法是采用三级逐级抽真空的方式。第一级为机械泵，第二级和第三级为分子涡轮泵。从第一到第三级的真空压力依次为10^{-2}Pa，10^{-4}Pa，10^{-6}Pa数量级。

第三节　定量分析方法

一、外标法

使用最广泛的校准方法是采用一组外标。对于液体样品的校准来说，通常采用含有被分析元素的简单的酸或水标准溶液，并且系列标准溶液浓度能覆盖被测物浓度范围。未知样品溶解总固体含量（TDS）必须被稀释到$<2000\mu g/mL$，超过上述TDS值，黏度和基体效应将很明显，可通过将样品和标准匹配的方法在一定程度上予以校正。

校准曲线对测得的数据拟合通常都采用最小二乘法回归分析。在理想条件下，测得的数据是浓度的线性函数，并有很好的线性相关系数。一般在测量中每隔一段时间（如15min）重新测量一下一定浓度的标准溶液，以检查仪器是否有显著的漂移。

二、内标校正法

内标可用于下述目的：①监测和校正信号的短期漂移；②监测和校正信号的长期漂移；③对其他元素进行校准；④校正一般的基体效应。

在分析溶液形式的样品时，可直接向样品中加入内标元素。因为需要将已知或相同量的内标加入到每个空白、标准和样品中，但样品中天然存在某些元素而使内标元素的选择受到限制，因此，样品中本来就有的元素将不能用作内标。内标元素不应受同量异位素（质量相同、元素种类不同的同位素）重叠或多原子离子的干扰，也不能对被测元素的同位素产生这些干扰。另外，样品中存在的但在ICP－MS分析前已被准确测定过的元素仍可被选作内标元素。在这种情况下，该元素的浓度将随不同样品而改变，在数据处理阶段必须加以考虑。

作为内标元素还必须有一定的浓度，其产生的信号强度不应受到计数统计的限制。另外，一些研究者曾提出，内标的质量和电离能应与被测元素接近。多元素测量中经常采用的两个内标元素是In（铟）和Rh（铑）。两个元素的质量都居质量范围的中间部分（115In、113In 和 103Rh），它们在多种样品中的浓度都很低，几乎100%电离（In为98.5%，Rh为93.8%），都是单同位素（103Rh占100%）或具有一个丰度很高的主同位素（115In占95.7%）。

三、标准加入法

在几个等份的样品溶液中各加入一份含有一个或多个被测元素的标准溶液，加入量逐份递增，递增量通常相等，份数一般不应少于3个，多些更好。这样，校准系列由一些已加入不同量被测元素的样品和未加入被测元素的原始样品组成。所有这些样品都具有几乎相同的基体。分析这组样品并将被测同位素的积分数据对加入的被测元素的浓度作图，校准曲线在x轴上的截距（一个负值）即为元素在待测样品中的浓度。当标准加入的增量近似地等于或大于样品中预计浓度时，就能获得最佳的精度，在制备标准溶液时应考虑到这一点。虽然这种校准方法能产生高度准确和精确的数据，但使用起来很费时，而且只适用于少数元素的测定。

第五章　质谱分析

1919 年，英国科学家 Francis William Aston 制成了第一台质谱仪。早期的质谱主要用于测定原子质量、同位素的相对丰度，此后质谱逐渐成为一种化学分析手段。自 20 世纪 40 年代开始，质谱广泛用于有机物质分析，之后日益广泛地应用于化学、生物学、医学、药学、环境、物理、材料、能源等领域。质谱可以分为有机质谱、无机质谱、同位素质谱和生物质谱四大类。其中，有机质谱不仅可以进行小分子到蛋白质及 DNA 等生物大分子的分子质量测定和结构解析，而且通过对具有生物学功能的有机分子的分析，还可提供有效的“功能”信息。

第一节　质谱仪的原理

质谱分析是一种测量离子质荷比（质量 - 电荷比）的分析方法，其基本原理是使研究的单体在离子源中发生电离，生成不同质荷比的带电荷的离子，经加速电场的作用，形成离子束，进入质量分析器；质量分析器将不同质荷比的离子分开，并将相同质荷比的离子聚焦在一起得到质谱图。一台质谱仪通常包括真空系统、进样系统、离子源、质量分析器、检测接收器和控制及数据处理系统几大部分，如图 5 - 1 所示。

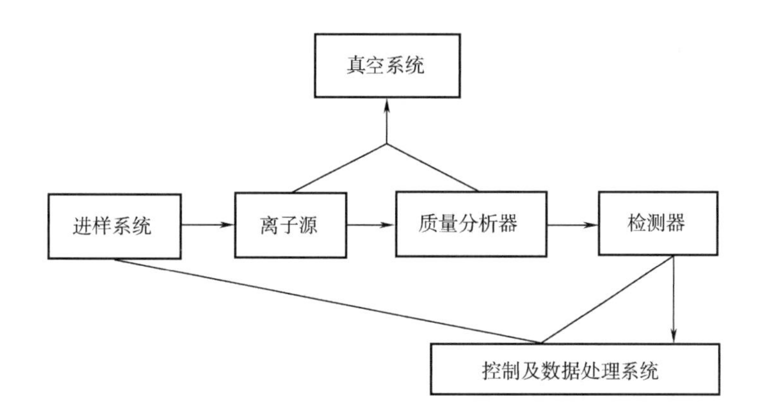

图 5 - 1　质谱仪的组成系统

一、真空系统

质谱仪的离子源、质量分析器及检测器必须处于高真空状态，真空系统提供的维持质谱仪正常所需要的高真空度通常在 $10^{-9} \sim 10^{-3}$ Pa。离子源的真空度应达 $10^{-5} \sim 10^{-3}$ Pa，质量分析器应达 10^{-6} Pa。

质谱仪要求高真空的理由主要有：

（1）氧气分压过高会影响离子源灯丝的寿命。

（2）氧气分压过高会使本底增高，干扰质谱图及分析结果。

（3）电离盒内的高气压会干扰轰击电子束的正常调节。

（4）氧气分压过高引起额外的离子—分子反应，改变质谱图样。

（5）离子源内的高气压可能引起几千伏的加速电压放电。

质谱仪一般采用两级真空系统，由机械泵和高真空泵组合而成。这两级真空系统抽取离子源和质量分析器的空气并达到高真空，使离子从离子源到达接收器。

二、进样系统

进样系统的作用是在尽量减少真空损失的前提下将气态、液态或固态试样高效重复地引入到离子源中。图5-2是两种进样系统的示意图。图中上方的进样系统适用于气体及沸点不高、易于挥发的液体。用微量注射器注入试样，试样在贮样器内立即汽化为蒸气分子，通过漏孔以分子流形式渗透入高真空的离子源中。图中下方的进样系统使用探针杆直接进样，适用于高沸点液体和固体。调节加热温度，使试样汽化为蒸气，此方法可将微克量级甚至更少试样送入电离室。

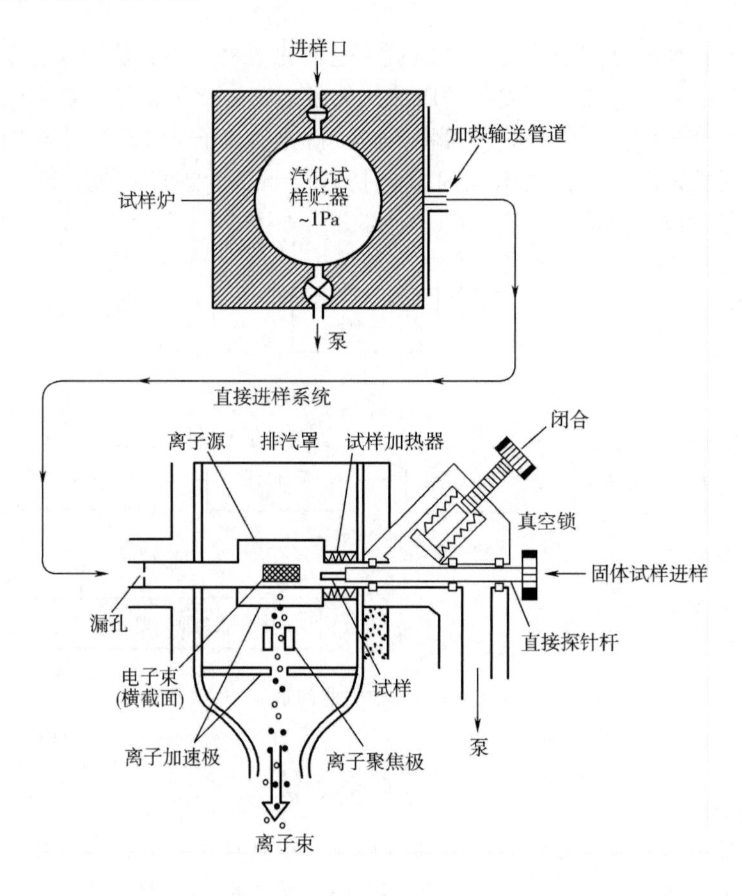

图5-2 两种进样系统

上图：用加热的贮样器及漏孔的进样系统 下图：用插入真空锁的试样探针杆的进样系统

三、离子源

离子源是质谱仪的心脏，其作用是使试样中的原子或分子电离为离子（正离子或负离子），并将离子引出、加速、聚焦进入质量分析器。由于离子化所需要的能量随分子不同差异很大，因此，对于不同的分子应选择不同的电离方法。通常，能给样品较大能量的电离方法称作硬电离方法，常见的有电子轰击电离（electron ionization，EI）。另一种给样品较小能量的电离方法称作软电离方法，适用于易破裂或易电离的样品，常见的有化学电离（chemical ionization，CI）。

四、质量分析器

质谱仪的质量分析器位于离子源和检测器之间，是依据不同方式将离子按不同质荷比（m/z）大小分离的分析部分，离子通过质量分析器后，按不同质荷比分开，并将相同的质荷比离子聚焦在一起，从而形成质谱。质量分析器的主要类型有单聚焦质量分析器、双聚焦质量分析器、四极杆质量分析器、飞行时间质量分析器和离子阱质量分析器等。

五、检测器

检测器是接收离子束并将电信号放大的装置。质谱仪常用的检测器有法拉第杯（Faraday Cup）、电子倍增器及闪烁计数器等。

1. 法拉第杯

法拉第杯是最简单的一种检测器，只适合检测正离子。当离子经过一个或多个抑制栅极进入杯中时，将产生电流，经转换成电压后进行放大记录。其优点是简单可靠，配以合适的放大器可以检测约为 10^{-15}A。

2. 电子倍增器

电子倍增器由一个转换极、倍增极和一个收集极组成，其种类很多。一定能量的离子轰击阴极导致电子发射，电子在电场的作用下，依次轰击下一级倍增电极而被放大，电子倍增器的放大倍数一般在 $10^5 \sim 10^8$。

3. 闪烁计数器

电子撞击荧光屏，荧光屏发射光子，由光子放大器检测。

六、控制及数据处理系统

该系统控制质谱运行和数据采集处理。采集方式可分为全扫描和选择离子扫描。现代计算机还可以控制质谱仪进行各项工作。

质谱仪的主要性能指标包括：

1. 质量范围

指所能检测的 m/z 的范围，它取决于质量分析器类型。

2. 分辨率

分辨率 R 是指质荷比相邻的两质谱峰的分辨能力。对两个相等强度的相邻峰，当两峰间的峰谷不大于其峰高 10% 时，认为两峰已经分开。

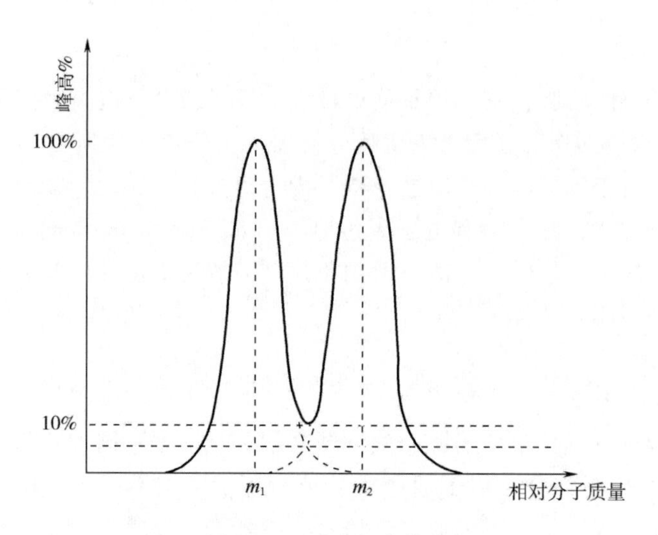

图 5－3　质谱仪分辨率

其分辨率为：

$$R = \frac{m_1}{m_2 - m_1}$$

其中 m_1 和 m_2 是相对分子质量，且 $m_1 < m_2$。

3. 灵敏度

（1）检出下限　指质谱仪可以检测到的最小样品量。

（2）分析灵敏度　指质谱仪的输入样品量与输出信号之比。通常以一定量的样品在一定条件下产生分子离子峰（分子失去一个电子变为分子离子，分子离子产生的峰即为分子离子峰）的信噪比（S/N）表示。

4. 质量稳定性

指质谱仪工作时的质量稳定情况，通常用一定时间内的质量漂移表示。

5. 质量精度

指质谱仪的实测分子质量和理论分子质量的接近程度。

第二节　离子源

样品通过进样系统后首先进入仪器的离子源，转化为离子。使分子电离的方法很多，常见电离方法有：电子轰击电离（electron ionization，EI）、化学电离（chemical ionization，CI）、快原子轰击电离（fast atom bombardment，FAB）、电喷雾电离（electronspray ionization，ESI）、基质辅助激光解吸电离（matrix assisted laser desorption ionization，MALDI）、大气压化学电离（atmospheric pressure chemical ionization，APCI）等。

一、电子轰击电离

电子轰击电离是通用的电离方法（图 5－4）。电子由直热式阴极发射，在电离室阳极（正极）和阴极（负极）之间施加直流电压，使电子得到加速而进入电离室中。阴极发射的高能电子轰击电离室中的气体（或蒸气）中的原子或分子时，该原子或分子就失去电子成为正离子（分子离子）：

$$M - e^{-} \rightleftharpoons M^{+} + 2e^{-}$$

式中 M 为待测分子，M^{+} 为分子离子或母体离子。反应式右边的两个电子中，一个是轰击作用的电子，另一个是分子失去的一个电子。有机物分子不仅可能失去一个电子成为离子，而且可进一步发生断键，产生碎片离子和中性自由基，这些碎片离子可用于有机物的结构鉴定。在电离室阳极（正极）和加速电极（负极）之间施加一个加速电压，使电离室中的正离子得到加速而进入质量分析器。

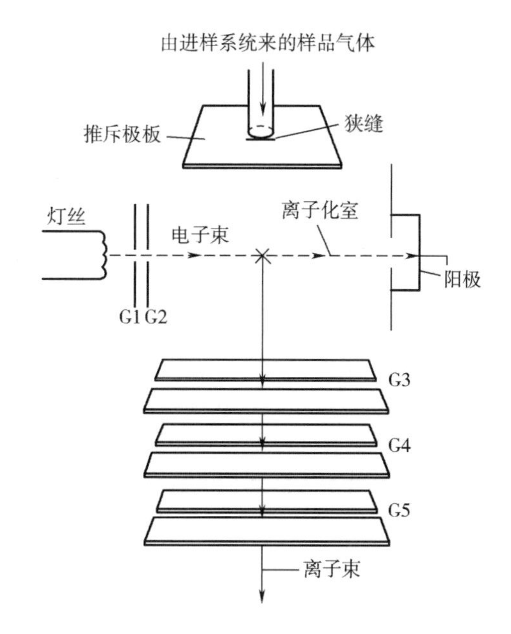

图 5－4　电子轰击电离源示意图

（G1－G2、G3－G4、G4－G5 均为加速电极）

电子轰击电离的优点是灵敏度很高，图谱重现性好，便于计算机检索及相互对比。EI 源是应用最多的电离源，电离能量较大，为硬电离法。其图谱含有较多的碎片离子信息，这对推测未知物结构非常有帮助，目前质谱图库就是以 EI 源图谱建立的。但有机物中相对分子质量较大或极性大、难汽化、热稳定性差的化合物，在加热和电子轰击下分子易破碎，导致分子离子峰强度低甚至没有分子离子峰，对解析化合物造成困难，这是 EI 源的缺点。

二、化学电离

在质谱中可以获得样品的重要信息之一是其相对分子质量，但某些物质的分子经电子轰击产生的分子离子峰往往不存在或强度很低，因此必须采用比较温和的电离方法，其中之一就是化学电离法（Chemical Ionization，CI）。化学电离法通过离子—分子反应来进行，而不是用强电子束进行电离。在离子源内充满一定压强的反应气体，如甲烷、异丁烷、氨气等，用高能量的电子轰击反应气体使其电离，电离后的反应分子再与试样分子碰撞发生分子离子反应，形成准分子离子（$[M+H]^{+}$或 $[M-H]^{-}$）和少数碎片离子。

化学电离是一种“软电离”技术，通过发生“离子—分子”反应来实现离子化。在 EI 法中不易产生分子离子的化合物，在 CI 中易形成较高丰度的准分子离子。因此 CI 的优点就是易于得到测定化合物的分子量，缺点是得到的碎片离子少、谱图简单、结构信息少一些。CI 与 EI 法的共同点是，样品需要汽化，对难挥发性的化合物不太适合。

三、快原子轰击电离

快原子轰击电离法（Fast Atom Bombardment，FAB）是用高速原子（离子）枪射出的数千 V 的高速中性原子束（Ar、He 等）对溶解在底物中的样品溶液进行轰击，产生准分子离子的电离法（图 5－5）。轰击样品分子的原子通常为惰性气体氙或氩。为了获得高动

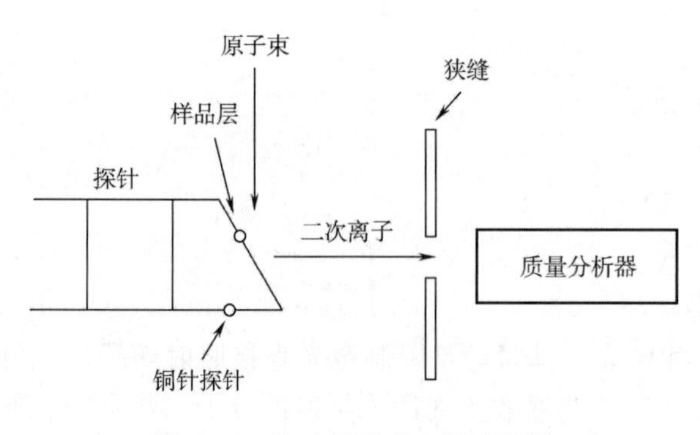

图 5－5 快速原子轰击源示意图

能，首先让气体原子电离，并通过电场加速，然后再与热的气体原子碰撞而导致电荷和能量的转移，获得快速运动的原子；它们撞击涂有样品的金属极上，通过能量转移而使样品分子电离，生成二次离子。FAB 的优点是分子离子或准分子离子峰强，碎片离子也丰富，适合于热不稳定、难挥发的样品，其缺点是溶解样品的溶剂也会被电离而使图谱复杂化。

四、电喷雾电离

电喷雾电离（Electrospray Ionization，ESI）是一种软电离技术（图 5－6）。当样品溶液由泵输送至毛细管流出的瞬间，在雾化气（N_2）、强电场（2～5kV）和近于大气压的干燥气体（N_2）的作用下，溶剂在毛细管端口发生喷雾，产生高电荷的液体微粒（液滴），所以称之为“电喷雾”。随着液滴中溶剂的挥发液滴逐渐缩小，当电荷间的斥力克服了液滴的内聚力时发生“库仑爆炸”，产生了更细小的带电液滴。当较小液滴的溶剂继续蒸发，液滴表面电场增强到 10^8 V/cm^3 时，裸离子从液滴表面发射出来，产生单电荷或多电荷离子。

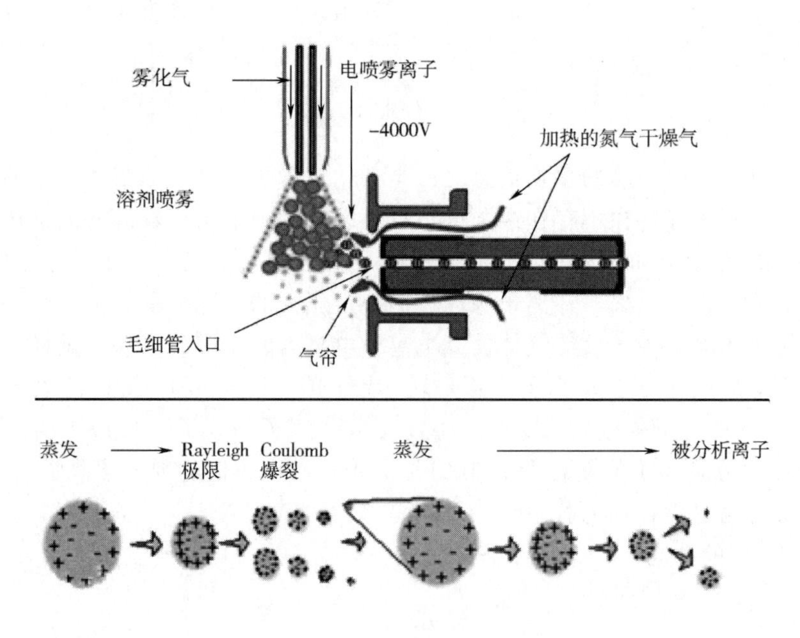

图 5－6 电喷雾电离示意图

电喷雾通常要选择合适的溶剂，除了考虑对样品的溶解能力外，溶剂的极性也须考虑。一般来说，极性溶剂（如甲醇、乙腈、丙酮等）更适合于电喷雾。电喷雾电离通常只产生分子离子峰，因此可测定热不稳定的极性化合物。生物大分子产生多电荷离子，而质谱仪能测定质荷比，因此质量范围只有几千质量数的质谱仪可测定质量数十几万的生物大分子。这在生命科学、医药和临床论断等方面的研究中，例如对于测定多肽、蛋白质化合物的分子质量及氨基酸结构等方面，有着重大的应用价值。

五、基质辅助激光解吸电离

基质辅助激光解吸电离（Matrix Assisted Laser Desorption Ionization，MALDI）将大分子样品溶于适宜的溶剂中，与大量的基质相混合。其目的是限制激光直接照射样品，以防止样品被破坏。基质（小分子有机物）必须是强烈吸收入射激光辐射的分子，基质分子吸收辐射后，吸收的能量在基质中诱发冲击波，从而释放出完整的大分子的气相分子离子。在MALDI法中，影响离子化过程以及质谱结果的主要有三大因素：基质、激光能量和样品制备。基质的选择主要取决于所采用的激光波长（能量）以及被分析样品的性质，一般常用有机酸以及甘油等。选择适当波长的激光也很重要，它是决定离子化与样品被分解界限的重要制约因素。MALDI使用脉冲激光，其脉冲宽度为1～200nm。样品制备的关键是需要将样品分子均匀溶入周围的基质分子群中。根据所选择的基质，基质与样品的摩尔比值为基质∶样品＝1000∶1～10000∶1。

MALDI主要用于蛋白质等生物大分子的测定，分子质量可达数十万至百万质量数。MALDI属于软电离，没有或很少有碎片离子，其灵敏度很高，对样品的要求很低，可以允许样品中含有相对高浓度（几百毫摩尔/升）的缓冲剂、盐及变性剂等非挥发性成分。因此，它特别适合于生物样品的分析，避免了质谱分析前样品的复杂纯化过程。其缺点是基质背景易干扰质量数在1000u以内的物质分析，此外，激光解析电离有可能导致分析物被分解。

六、大气压化学电离

大气压化学电离（Atmospheric Pressure Chemical Ionization，APCI）（图5－7）工作原理是通过毛细管将样品送入到300℃以上的加热管中，在加热管出口放置电晕放电装置，使挥发出来的溶剂分子电离，形成等离子体。等离子体与样品分子反应，生成［M＋H］$^+$或［M－H］$^-$准分子离子。APCI也是软电离技术，它通过调节离子源电压控制离子的碎裂，只产生单电荷峰，适合测定质量数小于2000u的弱极性的小分子化合物。

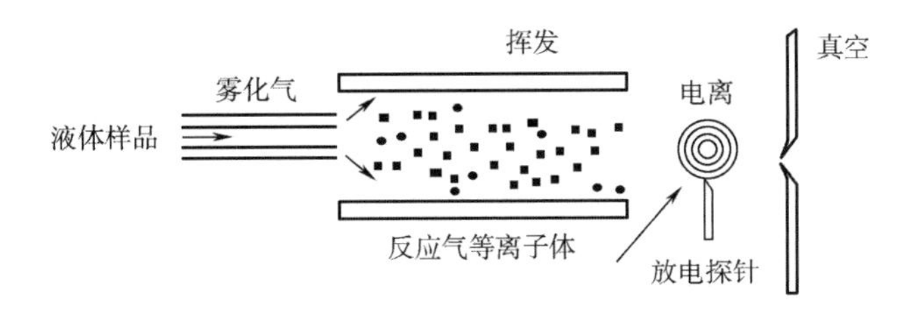

图5－7　大气压化学电离示意图

APCI与ESI电离相比较有以下不同：

（1）电离机理　ESI源采用离子蒸发，而APCI源是高压放电，并发生了质子转移而

生成 $[M+H]^+$ 或 $[M-H]^-$ 离子。

（2）样品流速　APCI 源为 0.2～2mL/min，而 ESI 允许流量相对较小。

（3）断裂程度　APCI 源的探头处于高温，足以使热不稳定的化合物分解。

（4）适用范围　ESI 源有利于分析生物大分子及其他分子量大的化合物，而 APCI 源更适合于分析极性较弱的小分子化合物。

（5）生成离子电荷　APCI 源不能生成一系列多电荷离子。

第三节　质量分析器

质量分析器是质谱仪的重要组成部件，位于离子源和检测器之间，依据不同方式将离子源中生成的样品离子按质荷比 m/z 的大小分开。常见的质量分析器有单聚焦质量分析器、双聚焦质量分析器、四极杆质量分析器、离子阱质量分析器和飞行时间质量分析器。

一、单聚焦质量分析器与双聚焦质量分析器

单聚焦质量分析器（图 5－8）主要部件为一个一定半径的圆形管道，在其垂直方向上装有扇形磁铁，产生均匀、稳定磁场。某一离子，质量为 m，离子电荷量为 z，从加速电场获取的能量为 zU，U 为加速电压。该离子的动能为 $\frac{mv^2}{2}$，v 为离子的运动速度。两个能量是相等的，即：

$$\frac{mv^2}{2} = zU \tag{5-1}$$

当此具有一定动能的正离子进入磁场后，受到磁场的作用作弧形运动，所受到的磁场力和离心力平衡，则：

$$Bzv = \frac{mv^2}{r} \tag{5-2}$$

式中　B——磁场强度

r——离子的运动半径，即磁场的半径

合并式（5－1）式（5－2）得：

$$\frac{m}{z} = \frac{r^2B^2}{2U} \tag{5-3}$$

由式（5－3）可见，离子在磁场中运动半径与 m/z、B、U 有关。因此只有在一定的 U 及 B 的条件下，具有一定质荷比 m/z 的正离子才能以运动半径为 r 的轨道到达检测器。若固定 B、r，连续改变加速电压 U，称为电场扫描，$\frac{m}{z} \propto \frac{1}{U}$。若 U、r 固定，连续改变磁场强度，称为磁场扫描，则 $\frac{m}{z} \propto B^2$，这样就可以使具有不同质荷比的离子顺序到达检测器发生信号而得到质谱图。

离子束进入磁场有一定的发散角度，单聚焦质谱仪一方面会使离子束按质荷比的大小分离开来，另一方面可以使相同质荷比不同角度的离子在到达检测器时重新会聚起来，实现方向（角度）聚焦。但是，单聚焦质谱仪只能聚焦质荷比相同而入射方向不同的离子，对于质荷比相同而能量不同的离子却不能实现聚焦，因此分辨率较低。

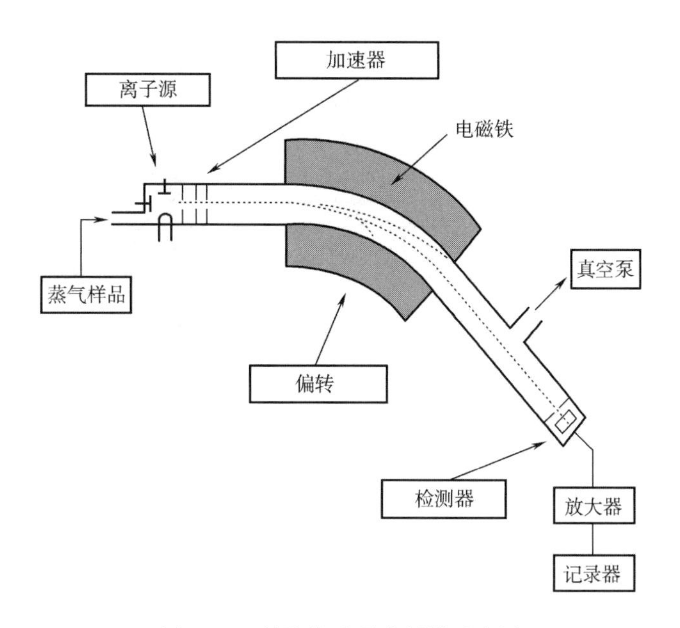

图 5－8　单聚焦质量分析器示意图

双聚焦质量分析器（图 5－9）不仅可以实现方向聚焦，而且可以将质荷比相同、速率（能量）不同的离子聚焦在一起，实现速度聚焦，其分辨率远高于单聚焦质量分析器。质量相同、能量不同的离子通过电场后会产生能量色散，磁场对不同能量的离子也能产生能量色散。双聚焦质量分析器在扇形磁场前面加一个扇形电场，当电场（静电分析器）产生的能量色散与磁场（磁分析器）产生的能量色散数值相等、方向相反时，离子通过这两个分析器后，可以实现速度（能量）聚焦。

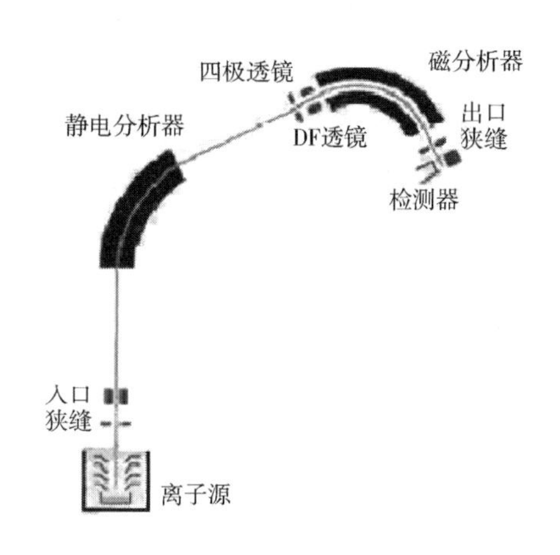

图 5－9　双聚焦质量分析器示意图

二、四极杆质量分析器

四极杆质量分析器（图 5－10）由一组平行放置的四根金属棒构成，用陶瓷绝缘，交错地联结成两对。通过在四极上加上直流电压 U 和射频电压 $V\cos\omega t$，在极间形成一个射频场，正电极电压为 $U+V\cos\omega t$，负电极为 $-(U+V\cos\omega t)$。离子进入此射频场后，会受到电场力作用，并按照质荷比和 U/V 值以一种复杂的形式振荡。只有合适质荷比的离子才会通过稳定的振荡进入检测器，其他离子则碰到极杆上被吸滤掉，不能通过四极杆滤质器，即达到“滤质”的作用。只要改变 U 和 V 并保持 U/V 比值恒定，就可以实现不同质荷比的检测，达到质量分离的目的。

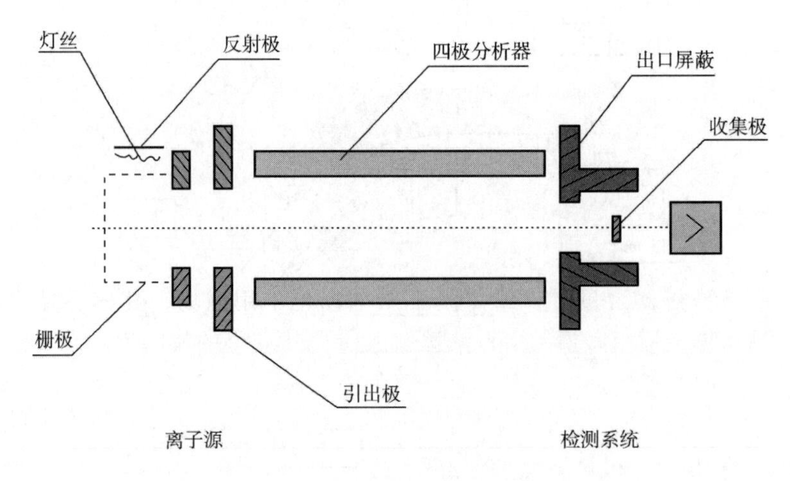

图 5-10 四极杆质量分析器结构示意图

四极杆质量分析器的优点为：

（1）结构简单，容易操作，价格便宜。

（2）仅用电场而不用磁场，无磁滞现象，扫描速度快，适合与色谱联机。

（3）操作时的真空度相对较低，特别适合与液相色谱联机。

（4）传输效率较高。

四极杆质量分析器的缺点为分辨率不高，此外对较高质量的离子有质量歧视效应。

三、离子阱质量分析器

离子阱质量分析器（图 5-11）由四极杆质量分析器发展而来，由一个双曲线表面的中心环形电极和上下两个端罩电极构成。以端罩电极接地，在环电极上施以变化的射频电压，此时处于阱中具有合适质荷比的离子将在环中指定的轨道上稳定旋转。若增加该电压，则较重离子转至指定稳定轨道，而轻些的离子将偏出轨道并与环形电极发生碰撞。当一组由离子源产生的离子进入阱中后，射频电压开始扫描，陷入阱中离子的轨道则会依次发生变化而从底端离开环电极腔，从而被检测器检测。

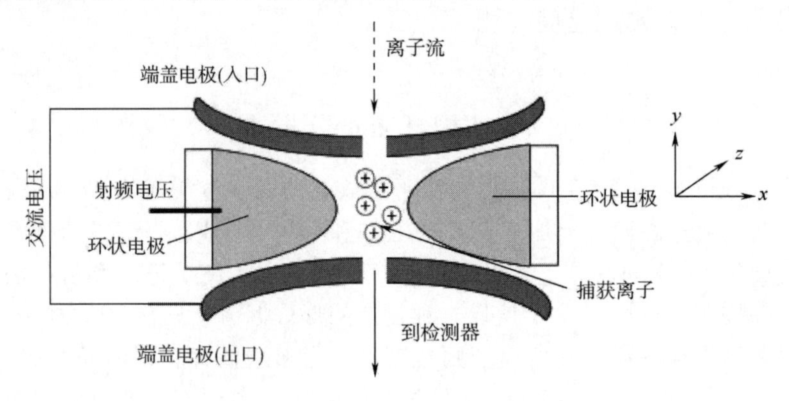

图 5-11 离子阱质量分析器示意图

离子阱质量分析器的优点为：

（1）单一的离子阱可实现多级串联质谱。

（2）结构简单，价格便宜，性能价格比高。

（3）检出限低，灵敏度高，质量范围大。

离子阱质量分析器的缺点为：质谱图与标准图谱有一定差别（这是因为离子在阱内停留时间长了，可能发生离子—分子的反应），不适用于目前的谱库。

四、飞行时间质量分析器

飞行时间质量分析器（图 5－12）既不用电场也不用磁场，其核心是一个离子漂移管。离子源中的离子流被引入漂移管。离子经加速电压获得的速度为：

$$v = \sqrt{\frac{2zU}{m}} \tag{5-4}$$

式中　z——离子电荷量

U——加速电压

m——质量

然后离子进入长度为 L 的自由空间，即飞行管，离子到达检测器的时间为：

$$t = \frac{L}{v} = L\sqrt{\frac{m}{2zU}} \tag{5-5}$$

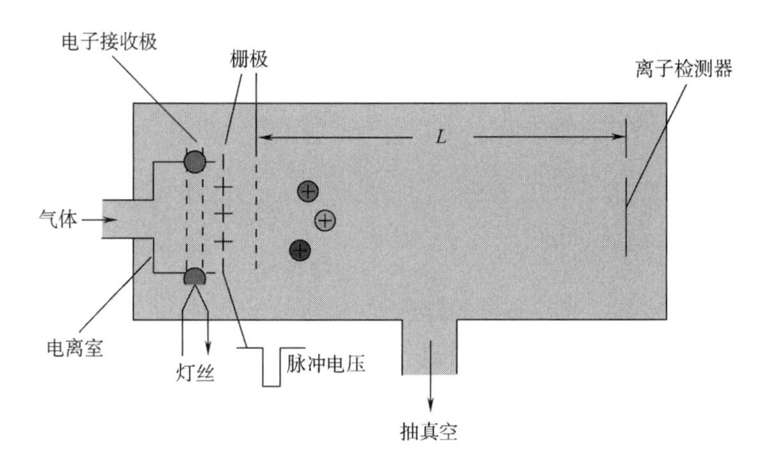

图 5－12　飞行时间质量分析器示意图

可以看出，离子在飞行管中飞行的时间与离子质荷比的平方根成正比，对于能量相同的离子，质荷比越大，达到检测器所需的时间越长。根据这一原则，可以把不同质荷比的离子分离，使不同飞行速度的离子依次按顺序到达检测器。仪器的分辨率近似为：

$$\frac{m}{\Delta m} \approx \frac{t}{z\Delta t} \tag{5-6}$$

提高加速电压、增加飞行管长度，都可提高分辨率。但导致分辨率较低的主要原因是，进入漂移空间的离子即使具有相同的质量，但由于产生的时间、空间位置和初始动能不同，导致到达检测器的时间不同。目前，提高分辨率的方法主要有离子延迟引出技术和离子反射技术。飞行时间质量分析器扫描速率快，记录一张质谱所需的时间以 μs 计；灵敏度高，测定的质量范围可达几十万道尔顿，有利于生化大分子的分析。

第四节　质谱的定性与谱图解析

一、离子的类型

1. 分子离子

由样品分子失去一个电子生成的带正电荷的离子。分子离子的质荷比值就是它的相对分子质量。

2. 碎片离子

由分子离子裂解产生的所有离子。碎片离子的形成和化学键的断裂与分子结构有关，用碎片离子峰可协助推断分子结构。

3. 重排离子

分子离子裂解为碎片离子不是仅仅通过化学键的断裂，还通过分子内原子或基团的重排后裂分而形成，这种碎片离子称为重排离子。

4. 同位素离子

除 P、F、I 外组成有机化合物的常见十几种元素都有同位素，含不同质量同位素的离子称为同位素离子。

表 5－1　　几种常见元素的精确质量及天然丰度

元素	同位素	精确质量	天然丰度/%
H	^{1}H	1.007825	99.85
	^{2}H	2.014102	0.015
C	^{12}C	12.000000	98.893
	^{13}C	13.003355	1.107
N	^{14}N	14.003074	99.634
	^{15}N	15.000109	0.366
O	^{16}O	15.994915	99.759
	^{17}O	16.999131	0.037
	^{18}O	17.999159	0.204
F	^{19}F	18.998403	100.00
S	^{32}S	31.972072	95.02
	^{33}S	32.971459	0.78
	^{34}S	33.967868	4.22
Cl	^{35}Cl	34.968853	75.77
	^{37}Cl	36.965903	24.23

续表

元素	同位素	精确质量	天然丰度/%
Br	^{79}Br	78.918336	50.537
	^{81}Br	80.916290	49.463
I	^{127}I	126.904477	100.00

5. 多电荷离子

一个分子丢失一个以上电子所形成的离子。

6. 母离子与子离子

任何一个离子进一步裂解生成质荷比较小的离子时，前者称为后者的母离子，后者称为前者的子离子。

7. 准分子离子

比分子质量多（或少）1质量单位的离子。

8. 亚稳离子

在离子源中生成的质量为 m_1 的离子，被引出离子源，在离子源与质量分析器入口之间的无场区飞行漂移时，由于碰撞等原因容易进一步分裂、失去中性碎片而形成质量为 m_2 的离子。由于其部分动能被中性碎片夺走，这种 m_2 离子的动能要比离子源直接产生的 m_2 小得多，所以前者在磁场中的偏转比后者大且记录的质荷比要比后者小，这种离子为亚稳离子。

二、相对分子质量的确定

从分子离子峰可以准确地测定该物质的相对分子质量，因此正确判断分子离子峰很关键。在判断分子离子峰时应注意以下一些问题。

（1）注意形成 $M+1$ 峰和 $M-1$ 峰的可能性　分子失去一个电子，形成分子离子，它的质量数应为最高。但某些化合物（如醚、酯、胺、酰胺等）分子离子峰很小，而 $M+1$ 峰却很大，这是由于分子离子在离子源捕获一个H而形成的。同样，有些分子易失去一个氢而生成 $M-1$ 离子，如六氢吡啶的 $M-1$ 峰比 M 峰要高得多。此外，由于某些元素同位素的存在，质谱图中也会出现某些离子的质荷比高于分子离子的情况。

（2）分子离子稳定性的一般规律　分子离子的稳定性影响着分子离子峰的丰度。具有π键的芳香族化合物和共轭链烯，分子离子稳定，分子离子峰较强；而长碳链烷烃、支链烷烃等与此相反，分子离子峰稳定性低。

分子离子稳定性的顺序一般为：芳香环 > 共轭链烯 > 脂环化合物 > 直链的烷烃类 > 硫醇 > 酮 > 胺 > 酯 > 醚 > 分支较多的烷烃类 > 醇。

（3）分子离子峰质量数的规律（氮律）　化合物含有偶数个氮原子，则分子离子的质量为偶数；含奇数个氮原子，分子离子的质量为奇数。

（4）分子离子应当丢失合理的碎片，与邻近峰的质量差应当合理　例如，分子离子可以失去一个甲基或一个氢原子，出现质荷比为 $M-15$ 及 $M-1$ 的离子，但不可能裂解出两个以上的氢原子和小于一个甲基的基团。判断质量差是否合理对解析裂解过程有参考价值。

三、分子式的确定

1. 高分辨质谱法

高分辨质谱仪可以精确地测定分子离子或碎片离子的质荷比，故可利用元素的精确质量及丰度比求算其元素组成并给出化合物的分子式。

2. 同位素丰度法

当分子离子确定以后，在低分辨质谱仪中可以以此峰高为基峰求出（$M+1$）、（$M+2$）同位素峰的相对强度，根据（$M+1$）/M 和（$M+2$）/M 的百分比并利用 Beynon 表（贝农表）求出分子式，此为同位素丰度法。

由于天然同位素的存在，在分子离子峰附近将形成（$M+1$）、（$M+2$）、（$M+3$）等一组同位素峰，这些同位素峰的相对强度取决于分子中所含元素的原子数目和各元素的天然同位素丰度。反之，若测定质谱中某质量峰及各同位素相对强度比，也就可以求得该质量峰的元素组成，这就是同位素法测定化合物分子式的依据和原理。

四、推断化合物结构

1. 根据裂解模型推断化合物结构

各种化合物在离子源中裂解形成各种碎片离子是按照一定规律进行的，可以根据裂解后形成的各种离子峰推测化合物的结构。

2. 谱库检索推测化合物结构

质谱仪的计算机系统中存储大量已知有机化合物的标准谱图。计算机将被测化合物谱图与内存标准谱图对比，计算它们的匹配度，给出几种较相似的有机化合物名称、相对分子质量、分子式或结构式等，并提供试样谱和标准谱的比较谱图。

五、实例

由质谱图（图 5－13）及质谱表（表 5－2）确定该化合物。

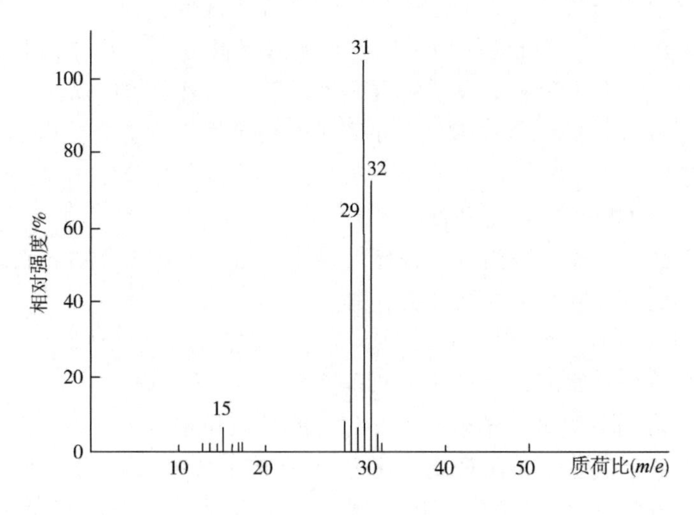

图 5－13　某化合物的质谱图

表 5－2　　某化合物质谱表

m/e	相对强度/%	m/e	相对强度/%
12	0.33	29	64
13	0.72	30	3.8
14	2.4	31	100
15	13.0	32	66（100%）
16	0.21	33	0.99（1.5%）
17	1.0	34	0.14（0.21%）
28	6.3		

从质谱图中可以看到，m/e 31 是基峰，m/e 32 是分子离子峰，m/e 33 是 $M+1$ 峰，m/e 34 是 $M+2$ 峰。分子离子峰与同位素峰相对强度为：

分子离子峰　$m/e=32$　相对强度：100%

$M+1$　$m/e=33$　相对强度：1.5%

$M+2$　$m/e=34$　相对强度：0.21%

查贝农表中的 $M=32$ 栏得到：

	$M+1$	$M+2$
O_2	0.08	0.4
NOH_2	0.45	0.2
N_2H_4	0.83	/
CH_4O	1.18	0.2

所以是 CH_4O 的可能性大。再分析一下它的质谱图，$m/e=32$ 是分子离子峰，$m/e=31$ 是 $M-1$，$m/e=29$ 是甲醇脱去三个氢后变成 HCO^+ 形成的峰。$m/e=15$ 是 M 失去 OH 形成的峰（$M-OH=32-17=15$），$M-1$ 峰最强和 $M-17$ 峰都是醇化合物的断裂特征，所以该化合物是甲醇（CH_3OH）。

第六章　气相色谱分析

色谱法是一种分离技术，由于具有高分离效能、高检测性能、分析快速的特点，从而成为现代仪器分析方法中应用最广泛的一种。它的分离原理是，混合物中各组分在两相间进行分配，其中一相是不动的被称为固定相，另一相是携带混合物流过此固定相的流体，被称为流动相，当流动相中所含混合物经过固定相时，就会与固定相发生作用；各组分在性质和结构上有差异，与固定相发生作用的大小、强弱也有差异，在同一推动力作用下，不同组分在固定相中的滞留时间有长有短，从而按先后的次序从固定相中流出。流动相是气体的被称为气相色谱法（gas chromatography）。气相色谱法是将分析样品在进样口中汽化后，由载气带入色谱柱，通过对待检测混合物中各组分有不同保留性能的色谱柱，使各组分分离，依次导入检测器，以得到各组分的检测信号。按照导入检测器的先后次序，经过对比，可以区别出是什么组分，这就是定性分析。根据峰高度或峰面积可以计算出各组分的含量。

气相色谱法具有如下特点：

（1）高灵敏度　可检出 10^{-10}g 的物质，可作超纯气体、高分子单体的痕量杂质分析和空气中微量毒物的分析；

（2）高选择性　可有效地分离性质极为相近的各种同分异构体和各种同位素；

（3）高效能　可把组分复杂的样品分离成单组分；

（4）速度快　一般分析只需几分钟即可完成，有利于指导和控制生产；

（5）应用范围广　既可分析低含量的气、液体，亦可分析高含量的气、液体，可不受组分含量的限制；

（6）所需试样量少　一般气体样用几毫升，液体样用几微升；

（7）设备和操作比较简单，仪器价格便宜。

第一节　气相色谱分析的基本理论

一、气相色谱分析的流程与原理

气相色谱法是采用气体作为流动相的一种色谱法。在此法中，载气（用来载送试样的气体，即流动相，如氢气、氮气、氦气等）载着欲分离的试样通过色谱柱中的固定相，使试样中各组分分离，然后分别检测。其简单流程如图 6－1 所示。

载气由高压钢瓶供给，经减压阀减压后，进入载气净化干燥管以除去载气中的水分、氧等杂质，再由电子气路控制系统调节载气的流量和压力，之后经过进样口（包括汽化室）。液体试样在进样口注入，经汽化室瞬间加热汽化为气体（气体样品需经过特殊的气体进样阀进样），并由不断流动的载气携带进入色谱柱。各组分被分离后，随载气依次进

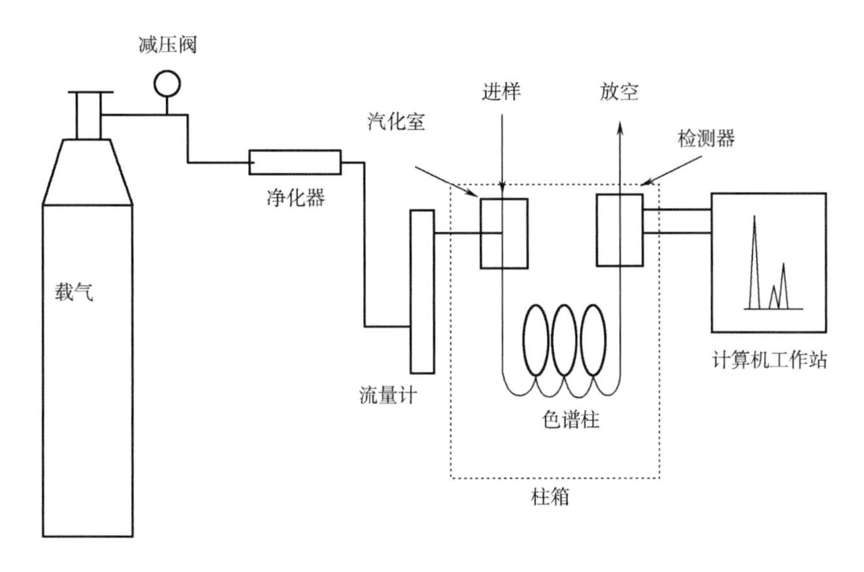

图 6－1　气相色谱结构示意图

入检测器被检测，最后放空。检测器信号由色谱工作站采集并记录，就可得到所要的色谱图。

气相色谱法的分离原理是利用试样中各组分在流动相（载气）和固定相（色谱柱）两相间的分配差异（即有不同的分配系数）。当两相做相对运动时，这些组分在两相间的分配反复进行，使分配系数只有微小差异的组分，随着流动相的移动引起再分配，从而可以将微小的差异放大，最后使这些组分得到分离。

气相色谱法的理论基础主要表现在两个方面，即色谱过程动力学和色谱过程热力学。也可以这样说，组分是否能分离开取决于其热力学行为，而分离得好不好则取决于其动力学过程。

色谱过程动力学是研究物质在色谱过程中运动规律的科学。其研究的主要目的是根据物质在色谱柱内运动的规律解释色谱流出曲线的形状，探求影响色谱峰宽度增加及峰形拖尾的因素和机理，从而为获得高效能色谱柱系统提供理论上的指导，为峰形预测、重叠峰的定量解析以及为选择最佳色谱分离条件奠定理论基础。

由气相色谱的分离原理可知，实现气相色谱分离的基本条件是欲被分离的物质有不同的分配系数，而不同的分配系数也是气相色谱定性鉴别组分的基础。物质在色谱过程中的保留是一种宏观现象，但引起保留的原因却是分子之间的微观作用。因此要研究影响物质保留的原因，必须从分子间的微观作用、分子的微观结构着手，在这一方面，统计热力学是最好的工具。

色谱过程热力学能够很好地解释气相色谱的保留值规律：利用分子结构参数直接预测气相色谱保留值和容量因子 k 随柱温变化的规律、同类化合物中同系物保留值随分子中碳原子数目变化的规律、同族化合物的保留值随沸点变化的规律、双固定液的保留值变化规律等。

二、气相色谱分析的相关术语

（一）色谱流出曲线——色谱图（chromatogram）

样品中各组分经色谱柱分离后，随载气依次流出色谱柱，经检测器转换为电信号，然后由工作站将各组分的浓度变化记录下来，即得色谱图。色谱图以组分的浓度变化引起的电信号作为纵坐标，流出时间作横坐标，这种曲线称为色谱流出曲线。流出曲线上的突起部分称为色谱峰。正常色谱峰近似于对称形正态分布曲线（高斯 Gauss 曲线）。不对称色谱峰有两种：前延峰（leading peak）和拖尾峰（tailing peak）。现以组分流出曲线图（图 6-2）来说明有关气相色谱术语。

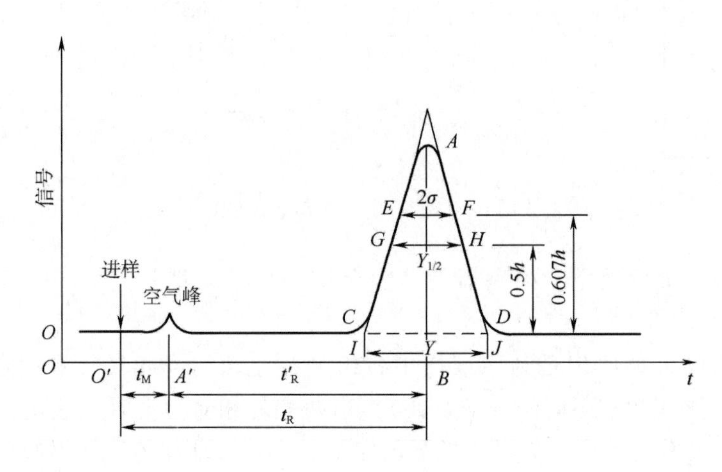

图 6-2　气相色谱流出曲线

1. 基线（baseline）

当色谱柱后没有组分进入检测器时，在实验操作条件下，反映检测器系统噪声随时间变化的线称为基线。稳定的基线是一条直线。

（1）基线漂移（baseline drift）　指基线随时间定向的缓慢变化。

（2）基线噪声（baseline noise）　指由各种因素所引起的基线波动。

2. 保留时间（retention time，t_R）

表示试样中各组分在色谱柱中的停留时间的数值，通常用时间来表示。如前所述，被分离组分在色谱柱中的停留时间，主要取决于在两相间的分配过程，因而保留值是由色谱分离过程中的热力学因素所控制的。在一定的固定相和操作条件下，任何一种物质都有一确定的保留值，这样就可以作为定性参数。

3. 拖尾因子（tailing factor，T）

用以衡量色谱峰的对称性，也称为对称因子（symmetry factor）或不对称因子（asymmetry factor）。《中国药典》（2015 年版）规定 T 应为 0.95 ~ 1.05。$T > 1.05$ 的峰为拖尾峰。

4. 峰底（peak base）

基线上峰的起点至终点的距离（CD）。

5. 峰高（peak height，h）

峰的最高点至峰底的距离（AY）。

6. 基线宽度（peak width，W）

峰两侧拐点处所作两条切线与基线的两个交点间的距离（IJ）。$W=4\sigma$。

7. 半峰宽（peak width at half-height，$W_{h/2}$）

峰高一半处的峰宽（GH）。$W_{h/2}=2.355\sigma$。

8. 标准偏差（standard deviation，σ）

正态分布曲线 $x=\pm1$ 时（拐点）的峰宽之半。正常峰的拐点在峰高的 0.607 倍处。标准偏差的大小说明组分在流出色谱柱过程中的分散程度。σ 小，分散程度小、极点浓度高、峰形瘦、柱效高；反之，σ 大，峰形胖、柱效低。

9. 峰面积（peak area，A）

峰与峰底所包围的面积。

三、色谱分离的基本理论

试样在色谱柱中分离过程的基本理论包括两方面：一是试样中各组分在两相间的分配情况，这与各组分在两相间的分配系数、各物质（包括试样中组分、固定相、流动相）的分子结构和性质有关。各个色谱峰在柱后出现的时间（即保留值）反映了各组分在两相间的分配情况，它由色谱过程中的热力学因素所控制。二是各组分在色谱柱中的运动情况，这与各组分在流动相和固定相两相之间的传质阻力有关。各个色谱峰的半峰宽度就反映了各组分在色谱柱中运动的情况，这是一个动力学因素。所以在讨论色谱柱的分离效能时，必须全面考虑这两个因素。在研究色谱理论时，科学家提出了两种理论，塔板理论（plate theory）和速率理论（rate theory）。塔板理论在第七章液相色谱部分有介绍，故此处只介绍速率理论。

1956 年荷兰学者范第姆特（Van Deemter）等吸收塔板理论中的一些概念，并进一步把色谱分配过程与分子扩散和气液两相中的传质过程联系起来，提出了色谱过程的动力学理论，即速率理论。速率理论认为，单个组分分子在色谱柱内固定相和流动相间要发生千万次转移，加上分子扩散和运动途径等因素，导致它在柱内的运动是高度不规则的，是随机的，在柱中随流动相前进的速率是不均一的。与偶然误差造成的无限多次测定的结果呈正态分布相类似，无限多个随机运动的组分粒子流经色谱柱所用的时间也是正态分布的。t_R是其平均值，即组分分子的平均行为。

速率理论更重要的贡献是提出了范第姆特方程。它是在塔板理论的基础上，把影响塔板高度的动力学因素结合进去而导出的。它表明了塔板高度（H）与载气线速（u）以及影响 H 的三项因素之间的关系，其简化式为：

$$H = A + \frac{B}{u} + Cu \tag{6-1}$$

式中　A、B、C——常数

A——涡流扩散项（eddy diffusion）

B/u——分子扩散项（molecular diffusion）

Cu——传质项（resistance to mass transfer）

u——载气线速率，即一定时间里载气在色谱柱中的流动距离，单位 cm/s。

由式中关系可见，当 u 一定时，只有当 A、B、C 较小时，H 才能有较小值，即获得较高的柱效能；反之，色谱峰扩张，柱效能较低。所以 A、B、C 为影响峰扩张的三项因素。

1. 涡流扩散项 A

在填充色谱柱中，气流碰到填充物颗粒时，不断改变方向，使试样组分在气相中形成紊乱的类似涡流的流动，从而导致同一组分分子所通行路途的长短不同，因此它们在柱中停留的时间也不相同。它们分别在一个时间间隔内到达柱尾，故因扩散而引起色谱峰的扩张，这种扩散称为涡流扩散。A 称为涡流扩散项，它与填充物的平均颗粒直径大小和填充物的均匀性有关。

$$A = 2\lambda d_p \tag{6-2}$$

式中 λ——填充不规则因子

d_p——颗粒的平均直径

由上式可见，A 与载气性质、线速度和组分无关。装柱时应尽量填充均匀，并且使用适当大小的粒度和颗粒均匀的载体，这是提高柱效能的有效途径。对于空心毛细管柱，由于无填充物，故 A 等于零。

2. 分子扩散项 B/u

分子扩散又称为纵向扩散（longitudinal diffusion）。由于组分在色谱柱中的分布存在浓度梯度，浓的部分有向两侧较稀的区域扩散的倾向，因此运动着的分子形成纵向扩散。分子扩散项与载气的线速（u）呈反比，载气流速越小，组分在气相中停留时间越长，分子扩散越严重，由于分子扩散引起的峰扩张也越大。为了减小峰扩张，可以采用较高的载气流速，通常为0.01～1.0cm/s。B 称为分子扩散系数，与组分在载气中的扩散系数有关。

$$B = 2\gamma D_g \tag{6-3}$$

式中 γ——弯曲因子，是因柱内填充物而引起的气体扩散路径弯曲的因数

D_g——组分在气相中的扩散系数

D_g与载气相对分子质量的平方根呈反比，所以对于既定的组分采用相对分子质量较大的载气，可以减小分子扩散，对于选定的载气，则相对分子质量较大的组分会有较小的分子扩散。D_g随柱温的升高而加大，随柱压的增大而减小。弯曲因子是与填充物有关的因素，在填充柱内，由于填充物的阻碍，不能自由扩散，使扩散路径弯曲，扩散程度降低，故 $\gamma<1$。对于空心毛细管柱，由于没有填充物的存在，扩散程度最大，故 $\gamma=1$。可见，在色谱操作时，应选用相对分子质量较大的载气、较高的载气流速、较低的柱温，这样才能减小 B/u 的值，提高柱效率。

3. 传质阻力项 Cu

在气液填充柱中，试样被载气带入色谱柱后，组分在气液两相中逐渐分配而达到平衡。由于载气流动，破坏了平衡，当纯净载气或含有组分的载气（浓度低于平均浓度）来到后，固定液中组分的部分分子又回到气液界面，并逸出而被载气带走，这种溶解、扩散、平衡及转移的过程称为传质过程。影响此过程进行速率的阻力，称为传质阻力（mass transfer resistance）。传质阻力包括气相传质阻力和液相传质阻力。传质阻力项（Cu）中的 C 为传质阻力系数，该系数实际上为气相传质阻力系数（C_g）和液相传质阻力系数（C_L）之和，即

$$C = C_g + C_L \tag{6-4}$$

（1）气相传质过程　指试样组分从气相移动到固定相表面的过程。在这一过程中，试样组分将在气液两相间进行质量交换，即进行浓度分配。若在这个过程中进行的速率较缓慢，就会引起谱峰的扩张。气相传质阻力系数为：

$$C_g = \frac{0.01k^2}{(1+k)^2} \times \frac{d_p^2}{D_g} \qquad (6-5)$$

式中　k——容量因子

由上式可见，气相传质阻力系数与固定相的平均颗粒直径平方成正比，与组分在其中的扩散系数成反比。在实际色谱操作过程中，应采用细颗粒固定相和相对分子质量小的气体（如 H_2、He）作载气，降低气相传质阻力，提高柱效率。

（2）液相传质过程　指试样组分从固定相的气液界面移到液相内部，并发生质量交换，达到分配平衡，然后又返回到气液界面的传质过程。若这过程需要的时间长，表明液相传质阻力就越大，会引起色谱峰的扩张。液相传质阻力系数为：

$$C_L = \frac{2}{3} \times \frac{k}{1+k} \times \frac{d_f^2}{D_L} \qquad (6-6)$$

式中　d_f——固定相的液膜厚度

　　D_L——组分在液相中的扩散系数

从式（6-6）可见，C_L与固定相的液膜厚度（d_f）的平方成正比，与组分在液相中的扩散系数（D_L）成反比。在实际工作中减小 C_L的主要方法为：①降低液膜厚度，在能完全均匀覆盖载体表面的前提下，适当减少固定液的用量，使液膜薄而均匀；②通过提高柱温的方法，增大组分在液相中的扩散系数（D_L）。这样就可降低液相传质阻力，提高柱效。

当固定液含量较大、液膜较厚、中等线性流速（u）时，塔板高（H）主要受液相传质阻力的影响，而气相传质阻力的影响较小，可忽略不计。但用低含量固定液的色谱柱、高载气流速进行快速分析时，气相传质阻力就会成为影响塔板高度的重要因素。

由以上讨论可以看出，范第姆特方程是色谱工作者选择色谱分离条件的主要理论依据，它说明了色谱柱填充的均匀程度、载体粒度的大小、载气种类和流速、柱温、固定相的液膜厚度等因素对柱效能及色谱峰扩张的影响，从而对于气相色谱分离条件的选择具有指导意义。

以上速率理论主要是针对气相色谱法来讨论的。速率理论对于液相色谱法也适用，但因流动相是液体而不是气体，因此有一些与气相色谱法不同之处。

第二节　气相色谱仪

气相色谱仪将分析样品在进样口中气化后，由载气带入色谱柱，通过对待检测混合物中各组分有不同保留性能的色谱柱，使各组分分离，再依次导入检测器，以得到各组分的检测信号。按照导入检测器的先后次序，经过对比，可以区别出是什么组分，根据峰高度或峰面积可以计算出各组分含量。通常采用的检测器有热导检测器、火焰离子化检测器、氦离子化检测器、超声波检测器、光离子化检测器、电子捕获检测器、火焰光度检测器、电化学检测器、质谱检测器等。下面对气相色谱仪的各个部件逐一进行介绍。

一、载气系统

气相色谱仪中的气路是一个载气连续运行的密闭管路系统。整个载气系统要求载气纯净、密闭性好、流速稳定及流速测量准确。

载气由钢瓶供给，也可用气体发生器供给。载气需净化，除去载气中的氧、水、烃类等。净化干燥剂常用变色硅胶、颗粒活性炭、5A 分子筛等。为了使用与活化再生方便，以变色硅胶为多。

常用的载气有氢、氦、氮、氩、二氧化碳等，对载气的选择和净化处理视检测器而定。

二、进样系统

进样就是把气体或液体样品匀速而定量地加到色谱柱上端。气相色谱仪的进样系统包括进样口、气化室、分流平板等。进样口种类有分流/不分流进样口（SSI）、隔垫吹扫填充柱进样口（PPI）、程序升温冷柱头进样口（Cool On－Column）、程序升温汽化进样口（PTV）、气体样品进样接口（Volatiles Interface）五种。下面对常用的 SSI 进样口的结构以及进样方式、进样过程进行介绍。

图 6－3 是 SSI 进样口的结构示意图，主要由隔垫吹扫、衬管、分流平板及分流控制系统组成。进样方式有四种：分流（Split）用于主要组分分析，脉冲分流（Pulse Split）允许更大进样量，不分流（Splitless）用于痕量组分分析，脉冲不分流（Pulse Splitless）允许更大进样量中痕量组分分析。图 6－4 是 SSI 进样口的进样过程。

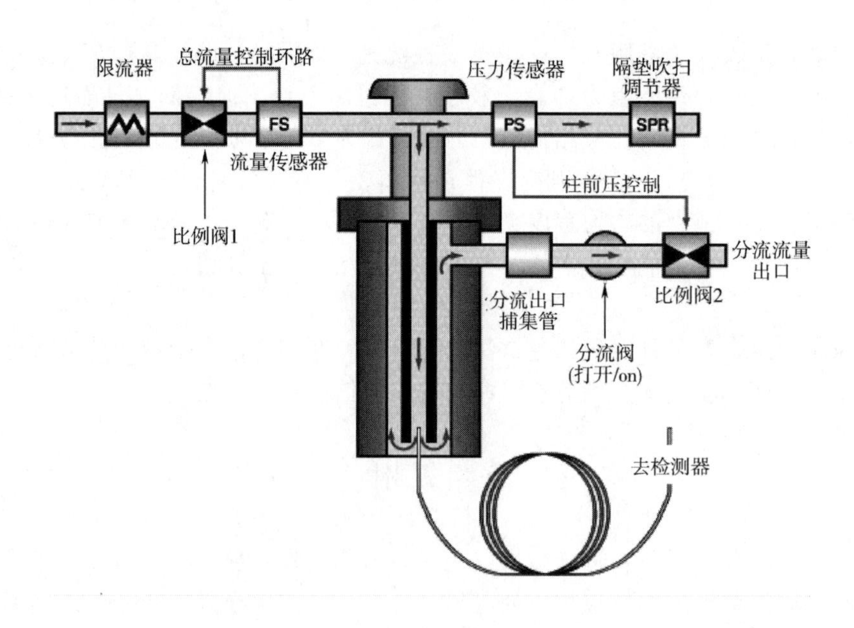

图 6－3　分流/不分流进样口结构示意图

分流进样有两个目的：一是减少载气中样品的含量使其符合毛细管色谱进样量的要求；二是可以使样品以较窄的带宽进入色谱柱。但这种进样方式只有 1%～5% 的样品可以

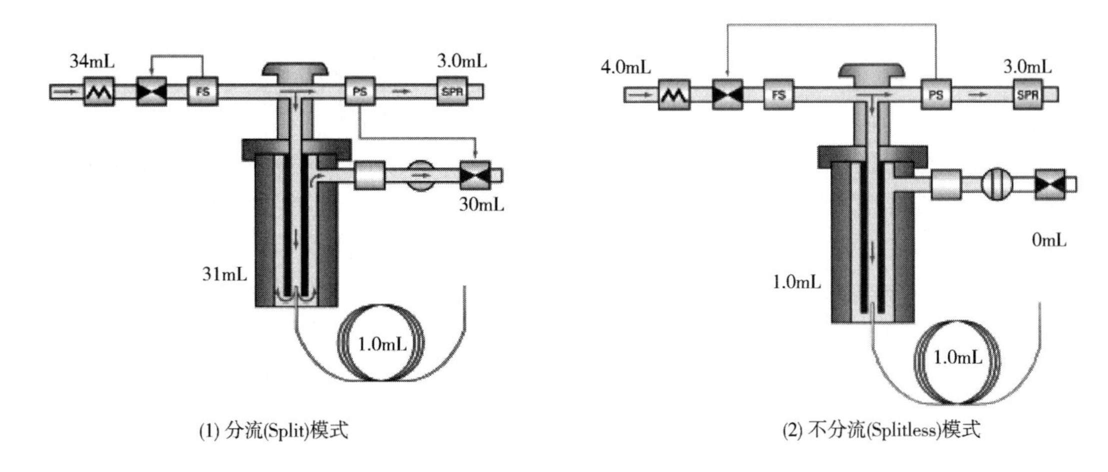

(1) 分流(Split)模式　　(2) 不分流(Splitless)模式

图 6－4　分流/不分流进样口的进样过程

进入色谱柱，不适合样品中痕量组分的分析。分流模式进样也不适合分析热不稳定性物质。虽然分流进样方式有许多弊端，但是由于它操作简便、适应性强，仍然是分析工作中最常使用的进样方式之一。

分流进样适合于大部分可挥发样品，包括液体和气体样品，特别是对一些化学试剂（纯度）的分析。因为其中一些组分会在主峰前流出，而且样品不能稀释，故分流进样往往是理想的选择。如果对样品的组成不很清楚，也应首先采用分流进样。对于一些相对“脏”的样品，更应采用分流进样，因为分流进样时大部分样品被放空，只有一小部分样品进入色谱柱，这在很大程度上防止了柱污染。只是在分流进样不能满足分析要求时（灵敏度太低），才考虑其他进样方式，如不分流进样和柱上进样等。总之，分流进样的适用范围宽、灵活性很大、分流比可调、范围广，故成为毛细管 GC 的首选进样方式。

此外分流进样会产生分流歧视问题。所谓分流歧视是指在一定分流比条件下，不同样品组分的实际分流比是不同的，这就会造成进入色谱柱的样品组成不同于原来的样品组成，从而影响定量分析的准确度。因此，采用分流进样时必须注意这个问题。

三、分离系统

分离系统的核心是色谱柱，它的作用是将多组分样品分离为单个组分。气相色谱柱有多种类型，从不同的角度出发，可按色谱柱的材料、形状、柱内径的大小和长度、固定液的化学性能等进行分类。

色谱柱使用的材料通常有玻璃、石英玻璃、不锈钢和聚四氟乙烯等，根据所使用的材质分别称为玻璃柱、石英玻璃柱、不锈钢柱和聚四氟乙烯管柱等。在毛细管色谱中目前普遍使用的是玻璃和石英玻璃柱，后者应用范围最广。对于填充柱色谱，大多数情况下使用不锈钢柱，其形状有 U 形的和螺旋形的，使用 U 形柱时柱效较高。

按照色谱柱内径的大小和长度，又可分为填充柱和毛细管柱。前者的内径在 2～4mm，长度为 1～10m；后者内径在 0.2～0.5mm，长度一般在 25～100m。在满足分离度的情况下，为提高分离速度，也有使用高柱效、薄液膜的 10m 短毛细管柱。

填充柱中装填的固定相由载体（又称担体）与固定液组成。最常用的载体为硅藻土。

由于硅藻土表面具有碱性与酸性的活性中心，能与被分离组分发生作用，往往使色谱峰拖尾，故使用前需经酸洗、碱洗，甚至还需用硅烷化试剂进行硅烷化，使表面呈无活性状态。固定液按一定比例溶于有机溶剂中，再涂在载体上，经干燥后装柱。毛细柱是采用固定液溶于溶剂中，再涂在毛细管内壁而成。

根据固定液的化学性能，色谱柱可分为非极性、极性与手性色谱分离柱等。固定液的种类繁多，极性各不相同。色谱柱对混合样品的分离能力，往往取决于固定液的极性。常用的固定液有烃类、聚硅氧烷类、醇类、醚类、酯类以及腈和腈醚类等。新近发展的手性色谱柱使用的是手性固定液，主要有手性氨基酸衍生物、手性金属配合物、冠醚、环芳烃和环糊精衍生物等。其中，以环糊精及其衍生物为色谱固定液的手性色谱柱，用于分离各种对映体十分有效，是近年来发展极为迅速且应用前景相当广阔的一种手性色谱柱。

固定液与被分离组分的作用可分为范德华力（包括静电引力、色散力与诱导力）与特殊范德华力（指氢键）。

在进行气相色谱分析时，色谱柱的温度选择是至关重要的。填充柱的柱温选择一般采用试样各组分的平均沸点。汽化室及检测器温度为高于柱温 50～100℃。对组分复杂、沸点范围很宽的试样可采用程序升温装置，以改善组分分离效果。

四、检测器

目前使用的最多的检测器有热导检测器、氢火焰离子化检测器、电子捕获检测器、火焰光度检测器。

（一）热导检测器（Thermal Conductivity Detector，TCD）

TCD 检测器有悠久的发展历史，早在气相色谱仪发明以前就被应用作气体分析了。TCD 检测器灵敏度高、结构简单、操作方便、几乎对所有物质都能产生信号，所以在气相色谱仪中是一种最常用的检测器。TCD 属于浓度型检测器，即检测器的响应值与组分在载气中的浓度成正比。它的基本原理是基于不同物质具有不同的热导系数，几乎对所有的物质都有响应，因此是目前应用最广泛的通用型检测器。由于在检测过程中样品不被破坏，因此可用于其他联用鉴定技术。

TCD 检测器是一个不锈钢热导块体，内部加工成对称的两个腔体。四根经过配对选择的钨丝，分别插入 TCD 热导块的两个腔体内，再将装好钨丝的热导块装入保持均匀温度的加热部件内。两个腔体分别为参比池和测量池，参比池仅通过载气气流，色谱柱流出的样品组分由载气携带进入测量池。

TCD 检测器的内部结构如图 6－5 所示，可分为双臂热导池和四臂热导池两种。

TCD 检测器的工作原理，是以惠斯通电桥的原理为基础，基于不同的物质具有不同的热导系数而设计的。在 TCD 检测器的热导块上，有仅流过载气的参比池腔体和流过色谱柱分离出来的样品加载气的测量池腔体。两个腔体内插入四根钨丝组成惠斯通电桥。根据流过钨丝组成的惠斯通电桥上的电流变化，可以测得钨丝表面温度的变化。每种物质的热导系数是固定的，但不同物质的热导系数是有差异的。

热导检测中的桥路，如图 6－6 所示。

图 6－6 中，R_1 和 R_2 分别为参比池和测量池的钨丝的电阻，连于电桥中作为两臂。在安装仪器时，挑选配对的钨丝，使 $R_1 = R_2$。

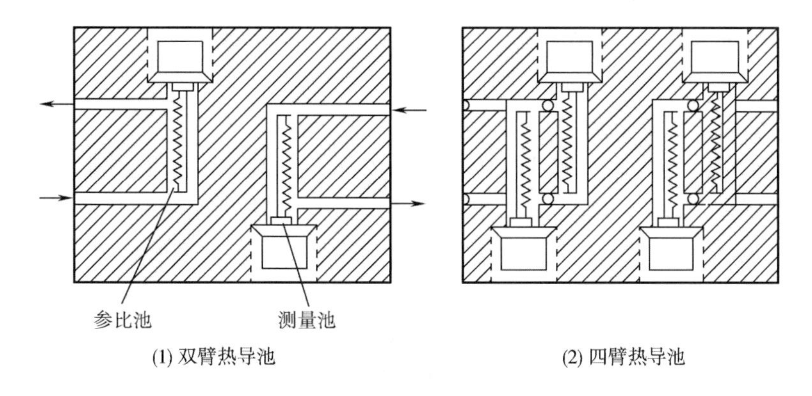

图 6－5　TCD 检测器热导池示意图

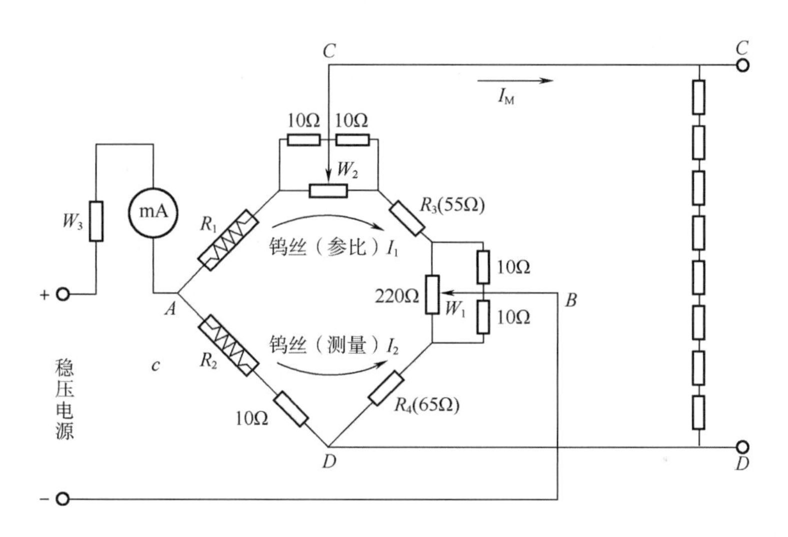

图 6－6　气相色谱仪中的桥路

从物理学中知道，电桥平衡时，$R_1 \times R_4 = R_2 \times R_3$。

当电流通过热导池中两臂的钨丝时，钨丝加热到一定温度，钨丝的电阻值也增加到一定值。两个池中电阻增加的程度相同。如果用氢气作载气，当载气经过参比池和测量池时，由于氢气的热导系数较大，被氢气传走的热量也较多，钨丝温度就迅速下降，电阻增加。

在载气流速恒定时，在两只池中的钨丝温度下降和电阻值的增加程度是相同的，亦即 $\Delta R_1 = \Delta R_2$，因此当两个池都通过载气时，电桥处于平衡状态，能满足 $(R_1 + \Delta R_1) \times R_4 = (R_2 + \Delta R_2) \times R_3$。此时 C、D 两端的电位相等，$\Delta E = 0$，就没有信号输出，电位差计记录的是一条零位直线，称为基线。

如果从进样器注入试样，经色谱柱分离后，由载气先后带入测量池，此时由于被测组分与载气组成的二元体系导热系数与纯载气不同，使测量池中钨丝散热情况发生变化，导致测量池中钨丝温度和电阻值的改变与只通过纯载气的参比池内的钨丝的电阻值之间有了差异，这样电桥就不平衡，即 $\Delta R_1 \neq \Delta R_2$。这时电桥 C、D 之间产生不平衡电位差，$\Delta E \neq$

0，就有信号输出。载气中被测组分的浓度愈大，测量池钨的电阻值改变愈显著，因此检测器所产生的响应信号，即样品的色谱峰，在一定条件下与载气中组分的浓度存在定量关系。

（二）氢火焰离子化检测器（Flame Ionization Detector，FID）

FID 简称氢焰检测器，它对有机化合物有很高的灵敏度，一般比热导池检测器的灵敏度高几个数量级，能检测至 μg/L 级的痕量物质，故适宜用于痕量有机物的分析。因其结构简单、灵敏度高、响应快、稳定性好、死体积小、线性范围宽可达 10^6 以上，因此是目前应用最广泛的气相色谱检测器。

1. FID 检测器的结构

FID 检测器的主要部分是一个离子室。离子室一般用不锈钢制成，包括气体入口、火焰喷嘴、一对电极和外罩，如图 6－7 所示。

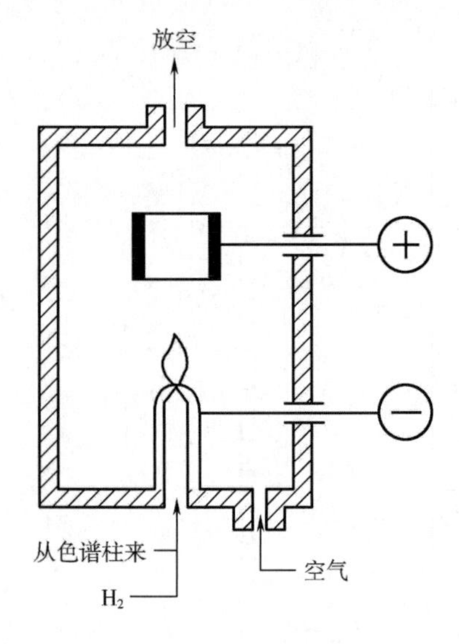

图 6－7　FID 离子室示意图

被测组分被载气携带，从色谱柱流出，与氢气混合后一起进入离子室，由毛细管喷嘴喷出。氢气在空气的助燃下经引燃后进行燃烧，以燃烧所产生的高温火焰（约 2100℃）为能源，使被测有机物组分电离成正负离子。在氢火焰附近设有收集极（正极）和极化极（负极），在此两极之间加有 150 ~ 300 V 的极化电压，形成一直流电场。产生的离子在收集极和极化极之间的外电场作用下定向运动而形成电流。被测组分电离的程度与其性质有关，一般在氢火焰中电离效率很低，大约每 50 万个碳原子中有一个碳原子被电离，因此产生的电流很微弱，需经放大器放大后，才能在记录系统上得到色谱峰。产生的微电流大小与进入离子室的被测组分含量有关，含量愈大，产生的微电流就愈大，这二者之间存在定量关系。

为了使离子室在高温下不被试样腐蚀，金属零件都用不锈钢制成，电极都用纯钨丝绕成，极化极兼作点火极，将氢焰点燃。为了把微弱的离子流完全收集下来，要控制收集极和喷嘴之间的距离。通常把收集极置于喷嘴上方，与喷嘴之间的距离不超过 10mm。也有把两个电极装在喷嘴两旁，两极间距离 6 ~ 8mm。

2. FID 检测器离子化的作用机理

对于 FID 检测器离子化的作用机理，至今还不十分清楚。根据有关研究结果，目前认为火焰中有机物的电离不是热电离而是化学电离，即有机物在火焰中发生自由基反应而被电离。

有机物在氢火焰中离子化反应的过程如下：当氢气和空气燃烧时，进入火焰的有机物发生高温裂解和氧化反应生成自由基，自由基又与氧作用产生离子。在外加电压作用下，这些离子形成离子流，经放大后被记录下来。所产生的离子数与单位时间内进入火焰的碳原子质量有关，因此，氢焰检测器是一种质量型检测器。这种检测器对绝大多数有机物都有响应，其灵敏度比热导检测器要高几个数量级，易进行痕量有机物分析。其缺点是不能检测在氢火焰中不电离的物质，例如惰性气体、空气、水、CO、CO_2、NO、SO_2及H_2S等。

3. 操作条件的选择

（1）气体流量：包括载气、氢气和空气的流量。

①载气流量：一般用 N_2作载气，载气流量的选择主要考虑分离效能。对一定的色谱柱和试样，要找到一个最佳的载气流速，使柱的分离效果最好。一般常用载气流量填充柱为 20mL/min 左右，毛细柱为 1mL/min 左右。

②氢气流量：氢气流量与载气流量之比影响氢火焰的温度及火焰中的电离过程。氢焰温度太低，组分分子电离数目少，产生电流信号就小，灵敏度就低。氢气流量低，不但灵敏度低，而且易熄火；氢气流量太高，热噪声就大，故对氢气必须维持足够流量。当氮气作载气时，一般氮气与氢气流量之比是 1∶1 ~ 1∶1.5。在最佳氮氢比时，不但灵敏度高，而且稳定性好。

③空气流量：空气是助燃气，当空气流量较小时，对响应值影响较大，流量很小时，灵敏度较低。空气流量高于某一数值（例如 400mL/min）时对响应值几乎没有影响。一般氢气与空气流量之比为 1∶10。

（2）使用温度：与热导检测器不同，FID 检测器的温度不是主要影响因素。从 80 ~ 200℃，灵敏度几乎相同。80℃以下，灵敏度显著下降，这是由水蒸气冷凝造成的。因此，一般 FID 检测器的温度设为 150℃以上。

（三）电子捕获检测器（Electron Capture Detector，ECD）

ECD 是应用广泛的一种浓度型检测器，具有高选择性和高灵敏度。它的选择性是指它只对具有电负性的物质有响应，电负性愈强，灵敏度愈高。这种检测器适于分析含有卤素、硫、磷、氮、氧等元素的物质，能测出 10^{-14} g/mL 的电负性物质。ECD 检测器的构造如图 6 - 8 所示。

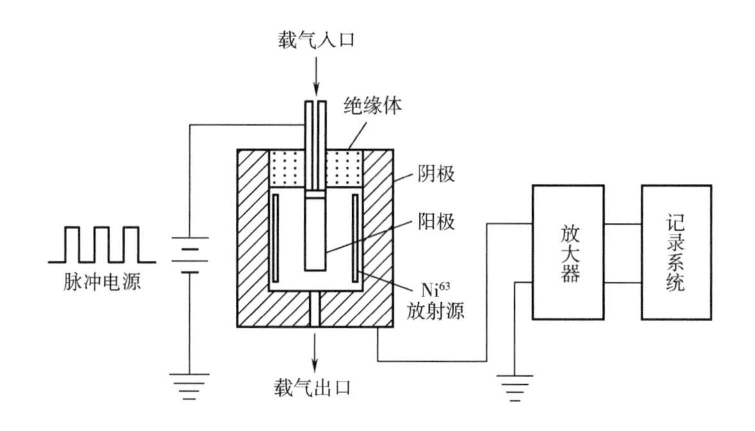

图 6 - 8　ECD 检测器结构示意图

在检测器池体内有一圆筒状 β 放射源（^{63}Ni 或^{3}H）作为阴极，一个不锈钢棒作为阳极，在此两极间施加一直流或脉冲电压。当载气（一般采用高纯氮）进入检测器时，在放射源发射的 β 射线作用下发生电离：

$$N_2 \longrightarrow N_2^+ + e$$

生成正离子和慢速低能量的电子，在恒定电场作用下向极性相反的电极运动，形成恒定的电流即基流。当具有电负性的组分进入检测器时，它俘获了检测器中的电子而产生带负电荷的分子离子并放出能量：

$$AB + e^- \longrightarrow AB^- + E$$

带负电荷的分子离子和载气电离产生的正离子复合成中性化合物，被载气携出检测器外：

$$AB^- + N_2^+ \longrightarrow N_2 + AB$$

由于被测组分俘获电子，其结果使基流降低，产生负信号而形成倒峰。组分浓度愈高，倒峰愈大。

由于电子俘获检测器具有高灵敏度、高选择性，其应用范围日益扩大。它经常用于痕量的具有特殊官能团的组分的分析，如食品、农副产品中农药残留量的分析，大气、水中痕量污染物的分析等。

操作时应注意载气的纯度（应大于 99.99%）和流速对信号值和稳定性有很大的影响。检测器的温度对响应值也有较大的影响。由于线性范围较窄，只有 10^3左右，要注意进样量不可太大。

（四）火焰光度检测器（Flame Photometric Detector，FPD）

FPD 是一种对含磷、含硫的化合物有高选择性和高灵敏度的一种色谱检测器。这种检测器主要由火焰喷嘴、滤光片和光电倍增管三部分组成，如图 6－9 所示。

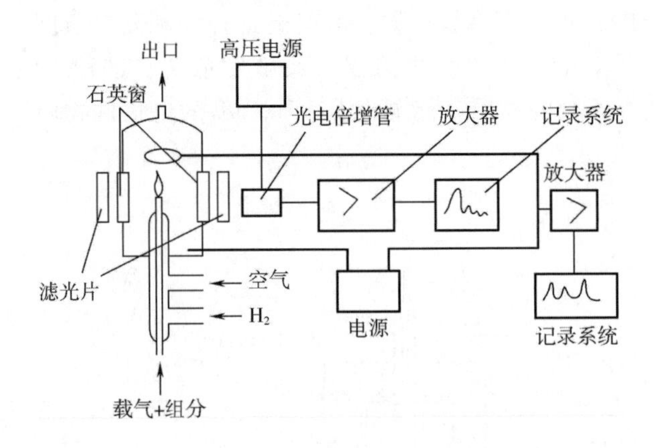

图 6－9　火焰光度检测器示意图

当含有硫（或磷）的试样进入氢焰离子室，在富氢—空气焰中燃烧时，有下述反应：

$$RS + O_2 \longrightarrow SO_2 + CO_2$$

$$2SO_2 + 8H \longrightarrow 2S + 4H_2O$$

亦即有机硫化物首先被氧化成 SO_2，然后被氢还原成 S 原子，S 原子在适当温度下生成激发态的 S_2^* 分子，当其跃迁回基态时，发射出 350～430nm 的特征分子光谱。

$$S + S \longrightarrow S_2^*$$

$$S_2^* \longrightarrow S_2 + h\nu$$

含磷试样主要以 HPO 碎片的形式发射出 480～600nm 波长的特征光。这些发射光通过滤光片照射到光电倍增管上，将光转变为光电流，经放大后在记录系统上记录下硫或磷化合物的色谱图。至于含碳有机物，在氢焰高温下进行电离而产生微电流，经收集极收集，放大后可同时记录下来。因此火焰光度检测器可以同时测定硫、磷和有机物，即火焰光度检测器、氢焰检测器联用。

第三节　定性定量分析方法

一、气相色谱的定性分析

气相色谱的定性分析通常利用组分中已知的标准物质在相同的色谱条件下的出峰时间来定性。在一定的色谱条件下，每种物质都会有一个特定的保留时间。但是此种定性方法只能作为初步的定性分析，因为保留时间相近的物质有很多种，易于混淆。若气相色谱仪与其他定性能力很强的仪器（如质谱仪）联用，将使定性效率大大提高。

二、气相色谱的定量分析

（一）外标法（External Standard Method）

用待测组分的纯品作对照物质，以对照物质和样品中待测组分的响应信号相比较进行定量的方法称为外标法。此法可分为标准曲线法及外标一点法等。标准曲线法是用对照物质配制一系列浓度的对照品溶液确定标准曲线，求出斜率、截距。在完全相同的条件下，准确加入与对照品溶液相同体积的样品溶液，根据待测组分的信号，从标准曲线上查出其浓度或用回归方程计算其浓度。标准作曲线法也可以用外标一点法代替。通常截距应为零，若不等于零说明存在系统误差。工作曲线的截距为零时，可用外标一点法（直接比较法）定量。外标一点法是用一种浓度的对照品溶液对比测定样品溶液中组分的含量。将对照品溶液与样品溶液在相同条件下多次进样，测得峰面积的平均值，用式（6－7）计算样品中组分的量：

$$C_i = \frac{A_i}{A} \times W \qquad (6-7)$$

式中　C_i与A_i——分别代表在样品溶液进样体积中所含 i 组分的质量及相应的峰面积

W及A——分别代表在对照品溶液进样体积中含纯品 i 组分的质量及相应峰面积

外标法方法简便，不需用校正因子，不论样品中其他组分是否出峰，均可对待测组分定量。但此法的准确性受进样重复性和实验条件稳定性的影响。此外，为了降低外标一点法的实验误差，应尽量使配制的对照品溶液的浓度与样品中组分的浓度相近。外标物要求具有一定的纯度，分析时外标物的浓度应与被测物浓度相接近，以利于定量分析的准确性。

（二）内标法（Internal Standard Method）

内标法是色谱分析中一种比较准确的定量方法，尤其在没有标准物对照时，此方法更显其优越性。内标法是选用内标物，求得试样中各组分的相对校正因子，再在试样中加入一定量内标物，求得相对峰面积比，进而计算组分含量。能作为内标物的条件有三个：①内标物在试样中不存在；②内标物应与试样中各组分完全分离；③内标物出峰时间（保留时间）应在试样中各组分的中间位置。具体操作分四步：

（1）在一定条件下作试样色谱图。

（2）确定内标物。

（3）配制各组分标准溶液与内标物混合液，作色谱图，从色谱图求得校正因子 f_i。

$$f_i = \frac{A_{内}}{A_i} \times \frac{m_i}{m_{内}} \tag{6-8}$$

式中 f_i——组分 i 的校正因子

$A_{内}$——内标物峰的面积

A_i——组分 i 的峰面积

$m_{内}$——内标物的含量

m_i——组分 i 的含量

（4）试样中加入一定量内标物，在相同色谱条件下进样，得色谱图，求得组分含量。

$$C_i = f_i \times \frac{A_i}{A_{内}} \times \frac{m_{内}}{m} \times 100 \tag{6-9}$$

式中 C_i——组分 i 的浓度

f_i——组分 i 的校正因子

A_i——组分 i 的峰面积

$A_{内}$——内标物的峰面积

$m_{内}$——内标物的含量

m——试样量

内标法的优点是测定的结果较为准确，由于通过测量内标物及被测组分的峰面积的相对值来进行计算，因而在一定程度上消除了操作条件等的变化所引起的误差。内标法的缺点是操作程序较为麻烦，每次分析时内标物和试样都要准确称量，并求得相对校正因子，有时寻找合适的内标物也有困难。当组分含量改变时，校正系数也会有变化，色谱条件改变时，校正系数也会改变，故校正系数应经常进行校正。

（三）归一化法（Normalization Method）

应用归一化法时，要求试样中所有组分全部能出峰，否则结果就偏高。归一化法主要适用于组分简单的香精的纯度测定。归一化法是把样品中各个组分的峰面积乘以各自的相对校正因子并求和，此和值相当于所有组分的总质量，即所谓“归一”，样品中某组分 i 的百分含量可用式（6－10）计算。

$$C_i(\%) = \frac{f_i \times A_i}{\sum (f_i \times A_i)} \times 100 \tag{6-10}$$

式中 f_i——组分 i 的校正因子

A_i——组分 i 的峰面积

C_i——组分 i 的百分比含量

其中 f_i 可为质量校正因子，也可为摩尔校正因子。若各组分的定量校正因子相近或相同（如同系物中沸点接近的组分），则式（6－10）可简化为式（6－11）：

$$x_i(\%) = \frac{A_i}{\sum A_i} \times 100 \tag{6-11}$$

该法称为校正归一化法。式（6－11）的表述也被称为面积百分比法。

校正归一化法的优点：简便、准确，当操作条件如进样量、流速变化时，对定量结果影响很小。缺点是：试样中所有组分都需出峰。该法适合于物质的纯度分析。

第四节　气相色谱分析的应用

气相色谱分析自创建以来，发展极其迅速，现已作为许多行业、许多项目专用的检测手段，特别是色质联用的迅速发展更突出气相色谱在分析检测中的重要地位。现已广泛应用于食品工业、石油工业、环保、医药等行业。本书仅将气相色谱分析在白酒生产中的应用作简要介绍。

我国的白酒生产历史久远，生产厂家有上万余家，品种繁多。随着科学技术的发展，白酒生产厂几乎都以气相色谱仪作为主要的检测手段。

白酒生产中间控制及勾兑中广泛采用填充色谱柱，具有分析速度快的特点。常用的色谱柱为邻苯二甲酸二壬酯（DNP）与吐温－80的混合柱和聚乙二醇20M（相对分子质量2万）柱，能在20min左右检测乙醇、甲醇、乙酸乙酯、正丙醇、仲丁醇、乙缩醛、异丁醇、正丁醇、丁酸乙酯、异戊醇、乳酸乙酯与己酸乙酯等香味组分。

毛细管柱现已成为白酒产品采用的质量检测手段，常用毛细管柱为变性聚乙二醇，采用程序升温方法，可检测40余种组分；改变色谱条件还可分离检测高级脂肪酸乙酯及部分含氮化合物与酚类化合物；与质谱仪联用能进一步剖析不同香型特点白酒的内在未知物，为白酒的真伪提供鉴定数据。

气相色谱分析在白酒的真伪鉴别中起到重要作用。不同质量的白酒含有一定特殊组分或某一特殊组分的含量范围或某些组分间的相对比例特性等，可依据气相色谱分析对白酒的品质进行鉴别。

气相色谱分析还应用在酒精中甲醇的检测与勾兑用香精的纯度检测等。

第五节　气质联用仪

气相色谱具有极强的分离能力，但它对未知化合物的定性能力较差；质谱对未知化合物具有独特的鉴定能力，且灵敏度极高，但它要求被检测组分一般是纯化合物，对复杂有机化合物的分析就显得无能为力。气质联用仪（GC－MS）是指将气相色谱仪和质谱仪联合起来使用的仪器，彼此扬长避短，既弥补了GC只凭保留时间难以对复杂化合物中未知组分做出可靠的定性鉴定的缺点，又利用了鉴别能力很强且灵敏度极高的MS作为检测器。凭借其高分辨能力、高灵敏度和分析过程简便快速的特点，GC－MS在发酵、食品、环保、医药和兴奋剂等领域起着越来越重要的作用，是分离和检测复杂化合物的最有力工具之一。

一、气质联用仪的系统组成

气质联用仪是分析仪器中较早实现联用技术的仪器。自1957年J. C. Holmes和F. A. Morrell首次实现气相色谱和质谱的联用以后，这一技术得到了长足的发展。在所有的联用技术中，GC－MS 联用技术发展最为完善，应用最广泛。

气相色谱仪分离样品中各组分，起着样品制备的作用；接口把气相色谱流出的各组分送入质谱仪进行检测，起着气相色谱和质谱之间适配器的作用；质谱仪对接口依次引入的各组分进行分析，成为气相色谱仪的检测器；计算机系统交互式地控制气相色谱、接口和质谱仪，进行数据采集和处理，是 GC－MS 的中央控制单元。

二、气质联用仪的接口技术

由 GC 出来的样品通过接口进入质谱仪，接口是气质联用系统的关键。接口的作用有两个：

（1）压力匹配　质谱离子源的真空度在 10^{-3}Pa，而 GC 色谱柱接口的作用就是要使两者压力匹配。

（2）组分浓缩　从 GC 色谱柱流出的气体中有大量载气，接口的作用是排除载气，使被测物浓缩后进入离子源。

常见接口技术有三种。

1. 分子分离器连接（主要用于填充柱）

该接口是一种扩散型接口，扩散速率与物质分子质量的平方成反比，与其分压成正比。当色谱流出物经过分离器时，小分子的载气易从微孔中扩散出去，被真空泵抽除，而被测物分子质量大，不易扩散则得到浓缩。分子分离器见图 6－10。

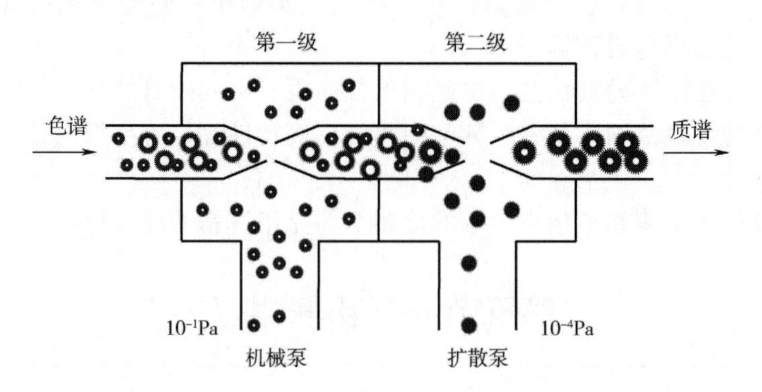

图 6－10　分子分离器工作示意图

2. 直接连接法（主要用于毛细管柱）

在色谱柱和离子源之间用长约 50cm，内径 0.5mm 的不锈钢毛细管连接，色谱流出物经过毛细管全部进入离子源，这种接口技术样品利用率高。

3. 开口分流连接

该接口是放空一部分色谱流出物，让另一部分进入质谱仪，通过不断流入清洗氦气，将多余流出物带走。此法样品利用率低。

三、气质联用仪的离子源

离子源的作用是接受样品产生离子，最常用的离子化方式为电子轰击离子化。

电子轰击离子源（Electron Impact Ionization，EI）是最常用的一种离子源。有机分子被一束电子流（能量一般为70eV）轰击，失去一个外层电子，形成带正电荷的分子离子（M^+），M^+进一步碎裂成各种碎片离子、中性离子或游离基，在电场作用下，正离子被加速、聚焦、进入质量分析器分析。

EI源的特点：

（1）结构简单，操作方便。

（2）图谱具有特征性，化合物分子碎裂大，能提供较多信息，对化合物的鉴别和结构解析十分有利。

（3）所得分子离子峰不强，有时不能识别。

（4）不适合于高分子质量和热不稳定的化合物。

四、气质联用仪的质量分析器

1. 四极杆质量分析器（Quadrupole Mass Analyzer，QMA）

原理：由四根平行圆柱形电极组成，电极分为两组，分别加上直流电压和一定频率的交流电压。样品离子沿电极间轴向进入电场后，在极性相反的电极间振荡，只有质荷比在某个范围的离子才能通过四极杆，到达检测器，其余离子因振幅过大与电极碰撞，放电中和后被抽走。因此，改变电压或频率，可使不同质荷比的离子依次到达检测器，被分离检测。

2. 飞行时间质量分析器（Time Of Flight Analyzer，TOF）

原理：这种质谱仪的质量分析器是一个离子漂移管。样品在离子源中离子化后即被电场加速，由离子源产生的离子加速后进入无场漂移管，并以恒定速度飞向离子接收器，假设离子在电场方向上初始位移和初速度都为零，所带电荷数为q，质量数为m，加速电场的电势差为V，则加速后其动能应为：

$$\frac{mv^2}{2} = q \times e \times V \tag{6-12}$$

式中　v——离子在电场方向上的速度

离子以此速度穿过负极板上的栅条，飞向检测器。离子从负极板到达检测器的飞行时间t，就是TOF-MS进行质量分析的判据。在传统的线性TOF-MS，离子沿直线飞行到达检测器；而在反射型TOF-MS中，离子经过多电极组成的反射器后反向飞行到达检测器。后者在分辨率方面优于前者，但是会有离子损失。

3. 四极杆-飞行时间串联质量分析器（Q-TOF）

原理：将四极杆和飞行时间两种质量分析器串联起来一起使用，中间用碰撞池连接。四极杆主要起选择离子的作用，其后的碰撞池可以将通过四极杆选择的母离子碎裂成子离子，从而获得更多的结构信息。离子分辨部分由飞行时间质谱组成，是主要的质量分析器。飞行管内的反射模式可以通过增加飞行距离补偿飞行时间差异，从而聚焦离子，提高分辨率。

第七章　高效液相色谱分析

高效液相色谱法是20世纪70年代发展起来的一项高效、快速的分离分析技术。由于流动相是液体故称为液相色谱。高效液相色谱把气相色谱理论引入液体柱色谱上，根据色谱过程动力学分析，在技术上采用高压泵、小颗粒填料色谱柱、高灵敏度检测器，实现了高效分离、快速分析和自动化操作，开创了现代高效液相色谱的新时期。因为主要研究论文是在1969年的第五次色谱进展会议上发表的，通常把这一年作为现代液相色谱的开端。

根据现代液相色谱的特点，并与经典液相色谱技术相区别，曾出现过几种名称，其中有高速液相色谱（High Speed Liquid Chromatography）、高效率液相色谱（High Efficiency Liquid Chromatography）、高压液相色谱（High Pressure Liquid Chromatography）。我国习惯称其为“高压液相色谱”，缩写HPLC。

由于大量有机化合物、离子型化合物、易受热分解或失活的物质及一些具有活性的生化制品不能直接或不适合用气相色谱法分析，因此高效液相色谱在食品及生物发酵领域中的应用不断扩大和深入。特别是近二十年来，液相色谱固定相高速发展，仪器（包括检测器和各种联用技术）不断更新，高效液相色谱已成为日常分析的重要手段。

第一节　高效液相色谱的基础理论

一、流程与原理

样品通过进样系统进入色谱柱中，由于样品中各组分在流动相和固定相之间溶解、吸附、渗透或离子交换等作用力的不同，当流动相在色谱柱中流过时，样品中各组分在两相间进行反复多次分配过程，使得原来分配系数具有微小区别的各组分，产生了明显差异的保留效果。在经过一定长度的色谱柱后，各组分彼此分离开来，最后按顺序流出色谱柱，进入检测器，在色谱数据工作站上显示出各组分的出峰时间、峰面积和峰高。

高效液相色谱流程图见图7－1。

其工作流程如下：

贮（储）液瓶中的流动相经脱气机脱气后由泵加压，流经进样器，流入色谱柱，然后经检测器，从检测器的出口流出。当欲分离的样品从进样器注入时，流经进样器的流动相将样品带入色谱柱进行分离，然后各分离组分依次进入检测器，光电转换器将光信号转换成模拟电信号，数模转换器再将模拟电信号转换成数字信号，工作站软件将检测器传出的数字信号记录下来，由此得到液相色谱图。

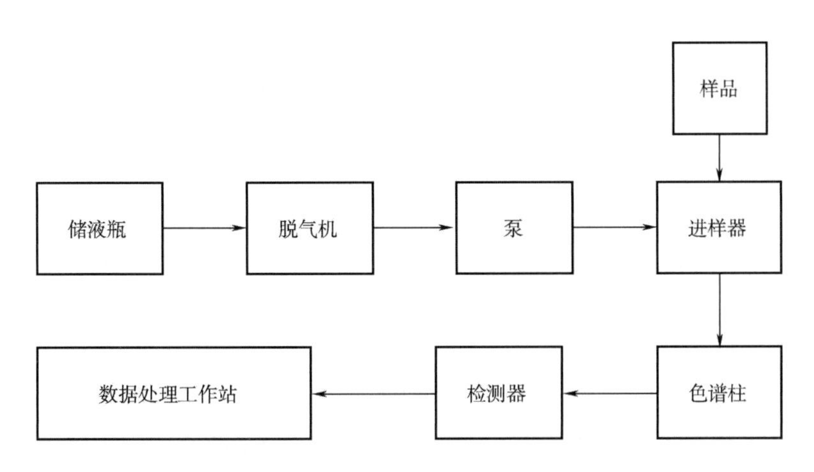

图 7－1　高效液相色谱工作流程图

二、高效液相色谱分析的相关术语

高效液相色谱法的基本概念及理论基础与气相色谱法是一致的，但有其特殊之处，液相色谱法和气相色谱法的主要区别在于流动相的不同。液体的扩散系数只相当于气体的几万分之一，而黏度却是气体的 1000 倍左右。这些流动相特性差别会对色谱过程产生较大的影响。下面就液相色谱的特点将其中几个关键的术语进行讨论。

（一）色谱流出曲线—色谱图

色谱图是色谱柱流出物通过检测器所产生的响应信号对时间或液体流出体积（体积排阻色谱）的曲线，如图 7－2 所示。色谱流出曲线是计算色谱基本参数的基础，而色谱基本参数又是用来观察色谱行为和研究色谱理论的重要指标。除此以外，还可以直接利用色谱峰的保留时间进行定性，根据色谱图上测得的峰高或峰面积进行定量。根据各峰不同的位置及其峰宽的变化状态，可对色谱柱的分离性能进行评价并判断色谱操作条件的优劣。由于所采用的塔板理论和速率理论是一致的，色谱图中的有关术语可参阅气相色谱分析。

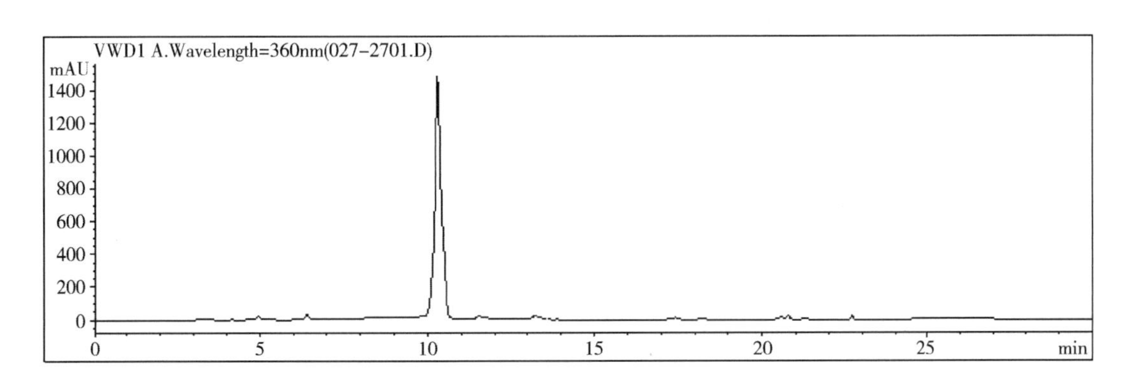

图 7－2　色谱流出曲线色谱图

（二）柱效能

色谱柱在色谱分离过程中由动力学因素所决定的分离效能，通常用塔板数 N 或理论塔

板高度 H 表示。

$$N = 16\left(\frac{t_R}{W_B}\right) = 5.54\left(\frac{t_R}{W_{1/2}}\right)^2 \tag{7-1}$$

式中　N——塔板数

t_R——保留时间

W_B——峰宽

$W_{1/2}$——半峰宽

$$H = \frac{L}{N} = A + \frac{B}{u} + C \cdot u \tag{7-2}$$

式中　L——柱长

H——理论塔板高度

A——涡流扩散项，$A = 2\lambda \cdot dp$，λ 反映了色谱柱填充物的不规则因素和不均匀程度

dp——填充颗粒的直径，尽可能均匀填充柱子并采用均一的载体，可以减小 A 项而提高柱效

B——自由分子扩散项，与流速成反比，在低流速下影响较大

C——传质阻力，在低流速下可以减小传质阻力，使用小颗粒载体也可以减小传质阻力而提高柱效

u——流动相的线速度

理论塔板高度是把蒸馏过程中的概念引入色谱技术中来的一种表述方法。塔板理论假设：在色谱柱内的一小段间隔内，液相中溶质组成和固定相溶质的组成能很快达到分配平衡，这样能很快达到平衡的一小段色谱柱的长度称为理论塔板高度 H；液体进入色谱柱不是连续的而是脉动的，每次进液量为一个塔板体积；样品开始时都是加在第零号塔板上，且样品沿色谱柱方向的径向扩散忽略不计；每个组分的分配系数在各塔板上都是一个常数。

根据式（7-1）和式（7-2）可见，色谱峰越窄，塔板数就越多，理论塔板高度 H 就越小，这时柱效能就越高，因此塔板数 N 和理论塔板高度 H 是衡量柱效能的一个指标。

影响液相色谱柱效的因素很多，不仅有柱子本身的因素，还有一些柱外的因素也会造成峰变宽，分离度下降，例如柱后死体积、检测池结构、检测池体积等。所以在安装液相色谱时，应尽量缩短色谱柱后管路的体积，一般采用小内径管路（在操作压力允许的范围内）和尽可能短的管线。

（三）分离度 R

两个相邻色谱峰之间的分离度 R，以两个组分的保留值差与两个组分半峰宽之和的比值来表示。通常用 R 值来判断组分分离的好坏。图 7-3 所示为不同 R 值的峰重叠情况，表 7-1 所示为不同流出时间的峰与前一个峰的分离度。当 R 值大于 1.25 时就达到分离目的了，当 R 值等于 1.5 时就实现基线分离了。

$$R = \frac{t_{R(2)} - t_{R(1)}}{h_{1/2(2)} + h_{1/2(1)}} = \frac{1}{4}\sqrt{N} \times \frac{r_{2.1} - 1}{r_{2.1}} \times \frac{k'}{k' + 1} \tag{7-3}$$

式中　$t_{R(2)} - t_{R(1)}$——相邻两峰保留时间之差

$h_{1/2(2)} + h_{1/2(1)}$——相邻两峰半峰宽之和

N——色谱柱塔板数

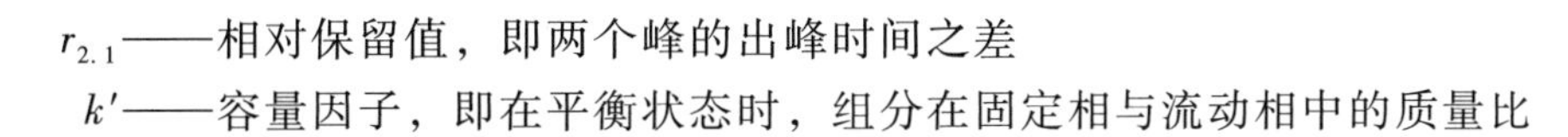

$r_{2.1}$——相对保留值，即两个峰的出峰时间之差

k'——容量因子，即在平衡状态时，组分在固定相与流动相中的质量比

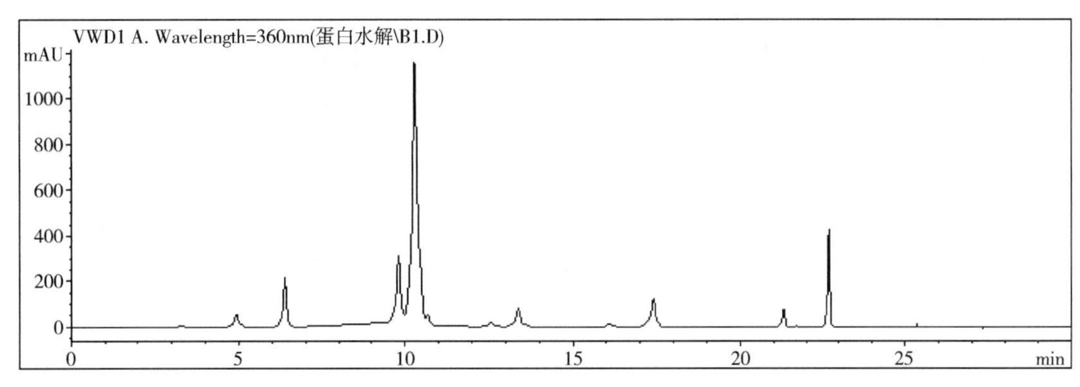

图 7－3　不同 R 值的峰重叠情况

表 7－1　不同流出时间的色谱峰与前一个峰的分离度

出峰时间 t	4.916	6.373	9.803	10.28	10.672	12.57
分离度 R	/	7.83	18.3	2.06	1.66	8.4
出峰时间 t	13.374	16.061	17.386	21.31	22.689	/
分离度 R	3.35	9.48	4.84	21.22	10.77	/

可以看出，柱效、选择性和容量因子可以影响 R 值。选择性与容量因子都与流动相及固定相的种类有关，当固定相一定，也就是色谱柱一定的情况下，R 值就只与流动相的极性有关。

第二节　高效液相色谱仪

一、高压泵

泵对液相色谱的性能好坏是至关重要的。由于色谱柱很细（2～6mm），填料粒度小（一般常用为 5μm、3.5μm、2.7μm、1.8μm），因此阻力很大。为了达到高速、高效分离，必须有很大的柱前压力，以获得高速的液流。对高压泵的要求不仅是提供高压高速的液体还要保证流速的稳定，因为流速的稳定会影响峰的保留时间、面积、数据的重复性等，并直接影响对峰的定性和定量结果的准确性。一个现代的液相高压泵应该满足以下几点：①能输出高压流动相；②脉动小；③流速精密度高；④流量范围宽和死体积小。

高效液相色谱高压泵主要有恒压泵（气动泵），恒流泵（往复泵）。

气动泵是根据气动控制器中耐压板面积远比活塞面积大（一般大 40 多倍），可借助于低压的压缩空气，得到高压的输出。气动泵体积大（1～60mL），一般一次吸液可完成整个实验所需的流动相。

往复泵的泵体很小（100～200μL），使用两只泵，交替吸液与输液，是目前广泛使用的一种泵。往复泵分为并联双柱塞往复泵和串联双柱塞往复泵。并联双柱塞往复泵中的两个柱塞并联使用，两个柱塞均采取正弦曲线输出，两个柱塞同时工作，正弦曲线互补，维持输出流量恒定。串联双柱塞泵中的两个柱塞是串联使用的。

串联和并联各有优势，都有两个泵头，不同的是串联泵只有一组（两个）单相阀，而并联泵有两组（四个）单相阀。按结构越复杂出故障可能性越高的原则，并联泵肯定没有串联好。但是，在输送流动相精度这一方面，并联泵又有它的优势。从误差传递角度考虑，串联泵两个泵头的总误差是两个泵头单独误差的总和；而并联泵两个泵头总误差取两泵头中误差较大的那一个。所以不难看出，在同一个品牌，同一个厂家生产的液相色谱仪中，串联的精度肯定不如并联的，但在不同厂家之间则没有可比性，因为各厂的生产工艺和所用材料肯定是不一样的。另外并联泵的生产成本肯定会比串联要高。自 20 世纪 90 年代开始串联泵逐渐替代并联泵，目前采用并联双柱塞设计的泵已经不多了。

二、流动相

流动相在高效液相色谱中是非常重要的，在给定固定相的条件下，溶质中组分的分离度主要是由流动相的性质来决定。流动相可以是极性的也可以非极性的，当流动相的极性比固定相的极性大时，称为反相液相色谱；当流动相的极性比固定相的极性小时，称为正相液相色谱。在液相色谱中，流动相还用于溶解样品及用于样品预处理。

对流动相溶剂的要求有六点：

（1）溶剂应具有稳定的化学性质，即不能与固定相发生不可逆的反应，也不能引起固定相表面活性基团的流失或基质的溶胀。

（2）溶剂的选择应适合相应的检测器。例如，在使用紫外检测时，溶剂在选定的波长应没有吸收；使用示差折光检测器时，溶剂和溶质的折光系数应有较大的区别，以提高检测灵敏度。

（3）选择黏度小的溶剂作为流动相。

（4）作为流动相的溶剂要容易获得并易纯化。

（5）溶剂的沸点不宜太低，以免在溶剂传输过程中产生气泡而影响检测的准确性。

（6）溶剂的毒性要尽可能得小。

在液相色谱中可作为流动相的溶剂是很多的，常用的有：甲醇、乙腈、乙醇、水、异辛烷、正己烷、异丙醇、二氯甲烷、丙酮、四氢呋喃、氯仿、无机盐缓冲溶液等。几种常用作流动相的溶剂的性能参数见表 7－2。在选择流动相时需参考样品的紫外吸收波长，选择合适的溶剂作为流动相。例如当样品的紫外吸收波长在 205nm 附近时选择甲醇作为流动相会影响样品的响应值，而选择乙腈作为流动相就不会出现这个问题了。

表 7－2　高效液相色谱用有机溶剂重要参数

溶剂名称	极性指数	质子受体指数	质子给予指数	偶极指数	黏度/（$\times 10^{-3}$Pa·s）	截止波长/nm
甲醇	5.1	0.48	0.22	0.31	0.60	205
乙腈	5.8	0.31	0.27	0.42	0.37	190
四氢呋喃	4.0	0.38	0.2	0.42	0.55	215

续表

溶剂名称	极性指数	质子受体指数	质子给予指数	偶极指数	黏度/（$\times10^{-3}$Pa·s）	截止波长/nm
DMF	6.5	0.41	0.2	0.39	0.92	268
异丙醇	3.9	0.55	0.19	0.27	2.30	210
乙醇	4.3	0.51	0.19	0.29	1.20	210
水	10.2	0.37	0.37	0.25	1.00	200

流动相在使用前须进行脱气处理，以消除溶解氧气对色谱过程中氧化作用以及在高压下流动相中产生气泡的影响。常用脱气方法有真空脱气、超声波脱气、氦气置换等。

（1）氦气置换脱气法是利用氦气与液体的亲和能力高于空气的原理由氦气置换流动相中的空气。由于氦气价格高，并且需要高压储气钢瓶储藏运输，操作成本和危险性均高于其他脱气方法，所以除了特殊要求的情况外，一般不采用该种脱气的方法。

（2）超声波脱气是利用超声震荡的原理把溶于流动相中的空气震荡出来，以完成流动相的脱气操作，是目前最常用的一种离线脱气方法。在使用前把盛流动相的瓶子放置在超声波脱气机中，超声震荡 30min 以上，一般即认为脱气完成。超声脱气法的优点是成本低，只需要简单的超声脱气机即可完成，缺点是脱气完成后需即刻使用，保存时间较短，一般在 3～5h 后需要重新脱气。

（3）真空脱气法是目前高效液相色谱操作上使用最广泛的一种流动相脱气方法。一般高效液相色谱生产厂家都会在泵前端安装在线真空脱气装置，在流动相进入泵前完成脱气操作。该种脱气方法的优点是实现在线脱气，脱气完成后流动相即刻进入高效液相色谱系统，自动完成，操作简单；缺点是在线真空脱气机价格昂贵。

三、进样器

在高效液相色谱中，进样方式和进样体积对柱效影响较大。要获得良好的分离效果和重现性，需要将样品瞬时注入高压色谱柱上端材料的中心成一个小点。如果把样品注入色谱柱前的流动相中，通常会使溶质以扩散形式进入色谱柱，从而导致样品组分分离效能降低。

目前常用的进样方式为高压定量进样阀，分为手动进样和自动进样，它们都是采用六通阀把样品转移进运行的高压系统中的。六通阀进样器的工作原理如图 7－4 所示：手柄位于取样（Load）位置时，1 和 6、2 和 3 连通，样品经微量进样针从进样孔 4 注射进定量环，定量环充满后，多余样品通过 1 从放空孔 6 排出；将手柄转动至进样（Inject）位置时，1 和 2、3 和 4 连通，阀与液相流路接通，由泵输送的流动相冲洗定量环，推动样品进入液相分析柱进行分析。手动进样是采用注射器把样品注入定量环中，自动进样器是采用微量计量泵自动取样后把样品注入定量环中。它们的区别是手动进样只能进入和定量环体积相同量的样品，而自动进样器由于有微量计量泵可以任意选择进样体积，只要不超过定量环的大小即可。一般自动进样器的定量环为 100μL。

六通阀使用时应注意以下事项（以手动进样器为例）：

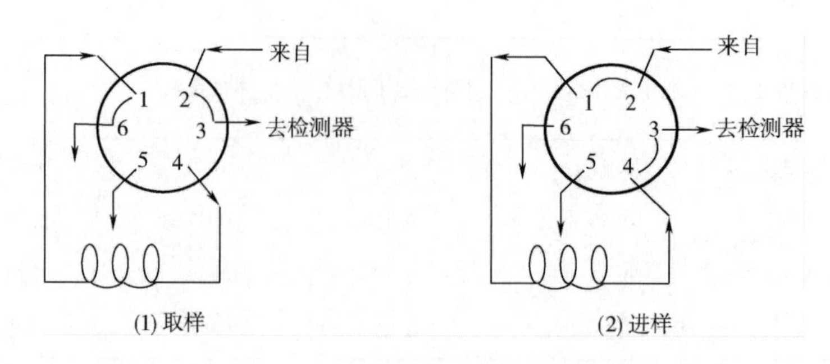

图 7－4　六通阀的工作原理图
1、4—定量环　2—接泵　3—接色谱柱　5、6—废液管

（1）进样前样品要用 0.22μm 或 0.45μm 微孔滤膜过滤。水相用纤维素膜，有机相用尼龙膜。

（2）进样前先进一至两针流动相，以使定量环中上次残留样品冲洗干净，保证充满目标样品。

（3）进样时要保证针插到位。用手指轻轻护住进样针前端玻璃，以免注射过程中由于后端有所摇动而使针头在管路中受力。

（4）进样时一定要带针。如果将样品注满定量环后就拔针，再扳阀，就不能保证定量环中液体完全被流动相冲走。进样后一定要拔针，不拔针，由于受重力影响，针后端重力会以针与进口处的接触点为支点，形成一个力矩，会使针变弯。而且，在多人做实验时，容易碰到针，使针断在里面。

（5）一定要用专用的进样针，平头的。不能用气相色谱上用的尖头针进样，以免损坏进样器。

四、色谱柱及固定相

色谱柱是高效液相色谱分离过程的核心。一支稳定、高效的色谱柱对建立适用性强、重现性好的分析方法是必不可少的。目前常用的标准柱型是内径 4.6mm、长度 250mm 的直形不锈钢柱，填料粒径为 5μm，柱效以理论塔板计约为 5000～20000。液相色谱柱发展的趋势是减小填料粒径（1.7、1.8、2.7、3.5μm）以提高柱效。这样可以使用更短的柱子，加快分析速度，减少色谱试剂的用量同时又降低了检测限，但是这对仪器及技术提出了更高的要求。超高效液相色谱仪的出现解决了这一难题。色谱柱中最关键的是固定相及其装填技术。固定相的种类主要如下。

1. 全多孔型单体

高效液相色谱柱早期使用的担体与气相色谱柱担体相类似，是颗粒均匀的多孔球体，例如由氧化硅、氧化铝、硅藻土制成的直径为 100μm 左右的全多孔型担体。填料的不规则性和较宽的粒径范围所形成的填充不均匀性是色谱峰扩展的一个主要原因。另外，由于孔径分布不一，并存在“裂缝”，在颗粒深孔中形成滞留液体，溶质分子在深孔中扩散和传质缓慢，这样就进一步促使色谱峰变宽。为了克服这些缺点，20 世纪 70 年代开发出了由 nm 级的硅胶颗粒堆积而成的 5μm 的全多孔小球。由于粒径小，传质距离短，所以柱效变高了，柱容量也变小了。

2. 化学键合固定相

20 世纪 60 年代后期发展了一种新型的固定相——化学键合固定相，即用化学反应的方法通过化学键把有机分子结合到担体表面。根据在硅胶表面（具有—Si—OH 基团）的化学反应不同，键合固定相可分为：硅氧碳键型（—Si—O—C—）、硅氧硅碳键型(—Si—O—Si—C—)、硅碳键型（—Si—C—）和硅氮键型（—Si—N—）四种类型。例如在硅胶表面利用硅烷化反应制得—Si—O—Si—C—键型（十八烷基键合相）的反应见图 7－5。

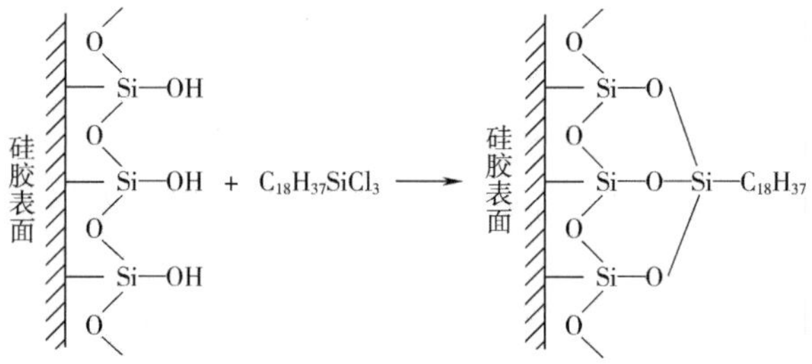

图 7－5　硅胶键合 C_{18} 填料生成反应示意图

采用化学键合固定相填充的色谱柱稳定性好、寿命长、不存在固定相流失的现象、利于梯度洗脱，可配备灵敏的检测器及馏分收集，并且可以键合不同的官能团，应用于多种试样的分析。化学键合相色谱柱的选择可参照表 7－3。

表 7－3　化学键合相色谱填料的选择

试样种类	键合基团	流动相	色谱类型	实例
低极性，溶解于烃类	$—C_{18}$	甲醇－水、乙腈－水－乙腈－四氢呋喃	反相	多环芳烃、甘油三酯、类脂、脂溶性维生素、甾体化合物、氢醌
中等极性，可溶于醇	—CN，$—NH_2$	乙腈、正己烷、氯仿、异丙醇	正相	脂溶性维生素、甾体化合物、芳香醇、胺、类脂止痛药、芳香胺、脂、氯化农药、苯二甲酸
	$—C_{18}$，$—C_8$，—CN	甲醇、水、乙腈	反相	甾体化合物，可溶于醇的天然产物、维生素、芳香酸、黄嘌呤
高极性，可溶于水	$—C_8$，—CN	甲醇、乙腈、水、缓冲液	反相	水溶性维生素、胺、芳醇、抗生素、止痛药
	$—C_{18}$	水、甲醇、乙腈	反相离子对	酸、磺酸类染料、儿茶酚胺
	$—SO_3^-$	水和缓冲溶液	阳离子交换	无机阳离子、氨基酸
	$—NR_3^+$	磷酸缓冲液	阴离子交换	核苷酸、糖、无机阴离子、有机酸

化学键合固定相的分离机制既不是全部吸附过程，亦不是典型的液 - 液分配过程，而是双重机制兼而有之，只是按键合量的多少而各有侧重。

3. 离子交换键合固定相

离子交换键合固定相是用化学反应将离子交换基团键合在惰性担体表面。担体是微粒硅胶，这是近年来出现的新型离子交换树脂。具有室温下即可分离、柱效高、试样容量大的优点。离子交换树脂，又可分为阳离子和阴离子交换树脂。按离子交换功能团酸碱性的强弱，阳离子交换树脂又分为强酸性与弱酸性树脂；阴离子交换树脂也分为强碱性与弱碱性树脂。由于强酸或强碱性离子交换树脂比较稳定，pH 适用范围较宽，因此在高效液相色谱中应用较多。

4. 体积排阻色谱凝胶固定相

凝胶固定相是含有大量液体（一般是水）的柔软而富于弹性的物质，是一种经过交联而具有立体网状结构的多聚体。常用的体积排阻色谱凝胶固定相分为软质、半硬质和硬质凝胶三种。

（1）软质凝胶　如葡聚糖凝胶、聚丙烯酰胺凝胶（又称生物凝胶）、琼脂凝胶等，适用于水为流动相。葡聚糖凝胶也称交联葡聚糖凝胶，是由葡聚糖（右旋糖苷）和甘油基通过醚桥（$—O—CH_2—CHOH—CH_2—O—$）相交联而成的多孔状网状结构，在水中可膨胀成凝胶粒子。葡聚糖凝胶孔径的大小，可由制备时添加不同比例的交联剂来控制，交联度大的孔隙小、吸水少、膨胀也少，适用于相对分子质量小的物质的分离。交联度小的孔隙大，吸水膨胀的程度也大，适用于相对分子质量大的物质的分离。软质凝胶在压强 0.1MPa 左右即被压坏，因此这类凝胶只能用于常压排阻色谱法。

（2）半硬质凝胶　如苯乙烯—二乙烯基苯交联共聚凝胶（交联聚苯乙烯凝胶）是应用最多的有机凝胶，适用于非极性有机溶剂，不能用于丙酮、乙醇类极性溶剂，同时，由于不同溶剂其溶胀因子各不相同，因此不能随意更换溶剂。能耐较高压力，流速不宜大。

（3）硬质凝胶　有多孔硅胶、多孔玻璃珠等，多孔硅胶是用得较多的无机凝胶，它的特点是化学稳定性好、热稳定性好、机械强度高、可在柱中直接更换溶剂，缺点是吸附问题，需要进行特殊的处理。可控孔径玻璃珠是近年来受到重视的一种固定相，它具有恒定的孔径和较窄的粒度分布，因此色谱柱易于填充均匀，对流动相溶剂体系（水或非水溶剂）、压力、流速、pH 或离子强度等都影响较小，适用于较高流速下操作。

在选择柱填料时首先要考虑相对分子质量排阻极限（即无法渗透而被排阻的相对分子质量极限）。每种商品填料都给出了它的相对分子质量排阻极限值，可以参考有关资料。

五、检测器

（一）紫外检测器

图 7 - 6 所示为传统的可变波长紫外检测器的光路图。从氘灯发出的多波长光被聚焦到单色器的入口狭缝，单色器选择性地传输出一个窄谱带的光到出口狭缝。从出口狭缝出来的光通过流通池，部分被流通池中的样品吸收。样品通过流通池的光强度与没有通过流通池光强度的比值就是样品的吸收强度。

大多数可变波长检测器通过分光器分出部分光到达参比光电二极管。参比光电二极管

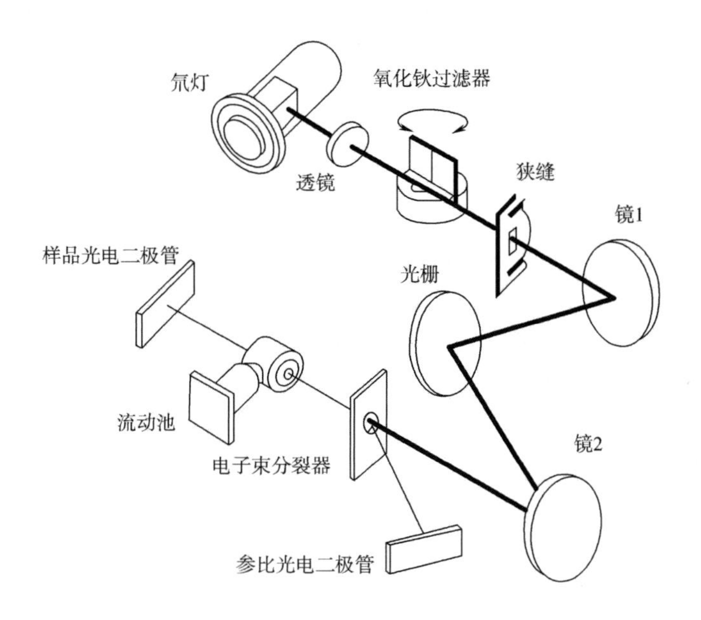

图 7－6　紫外检测器光路图

用于补偿光源的波动。为了优化选择性紫外检测器，可以在整个检测过程中程序变换检测波长。紫外检测器在某一时刻只检测某一特定波长。在实际工作中，有时需同时检测不同的吸收波长。例如，当两个化合物不能从色谱上进行分离，但有不同的最大吸收。如果需要测量一个化合物的整个吸收谱图，则需要停泵扫描。

（二）二极管阵列检测器

图 7－7 所示为二极管阵列检测器的示意图。消色差透镜系统把从钨灯和氘灯发出的多色光聚焦到流通池。通过流通池的多色光到达光栅后被分成单色光，然后投射到二极管阵列。不同厂家的波长范围不尽相同。图 7－7 所示的检测器由于使用双灯设计，波长范围为 190～950nm。

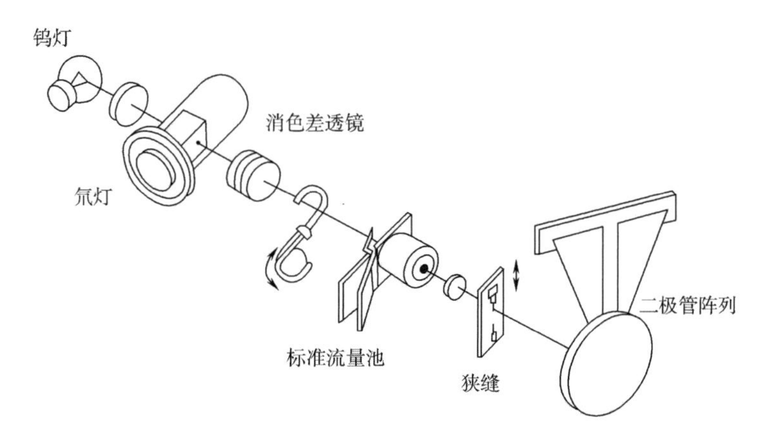

图 7－7　二极管阵列检测器光学原理图

图 7 - 7 所示的检测器，阵列由 1024 个二极管组成，每个二极管测量非常窄的波长范围。通过测量在整个波长范围内不同波长的吸收强度，可以获得吸收的紫外光谱图。一个二极管所检测的谱带宽度取决于狭缝宽度。与传统紫外仪器相比，二极管阵列检测器光学系统中流通池与光栅的位置正好颠倒，所以我们称二极管阵列检测器为倒光学系统。二极管阵列检测器可以对不同化合物进行检测波长优化，可以通过等吸收图非常方便地看到不同化合物的最大吸收波长。

由于多数食品和生化样品比较复杂，峰纯度检测可以降低定量错误。峰纯度分析最流行的方式是：在峰流出过程中，将被采集的几个光谱图进行比较。将光谱图归一化后重叠显示，重叠的光谱图可以通过肉眼进行比较，也可以通过计算机计算后进行比较。二极管阵列检测器就此对峰进行纯度分析。多数厂家的数据处理软件能提供峰纯度检测，提交色谱峰的纯度报告。

（三）荧光检测器

荧光是发光的一种特殊类型。荧光检测器比紫外检测器灵敏度高，因为不是所有分子都能吸收能量并释放能量。由于背景噪声低，荧光检测器比其他吸收类型检测器更灵敏。大多数荧光检测器被装配在与入射光成一定角度（一般是直角）的方向上记录荧光，这样的装置降低了杂散的入射光作为背景干扰检测的可能性，保证了达到灵敏检测水平的最大信噪比。

图 7 - 8 所示为一种荧光检测器的光路示意图。一个闪烁氙灯提供紫外范围内激发的最大光强。氙灯点燃几微秒提供光能，每次闪烁使得流动池内样品产生荧光，在色谱图上产生一个单独的数据点。全息光栅作为单色器将氙灯发出的光分散，需要的波长被聚焦到流通池产生最佳激发。另一个全息光栅作为发射单色器。

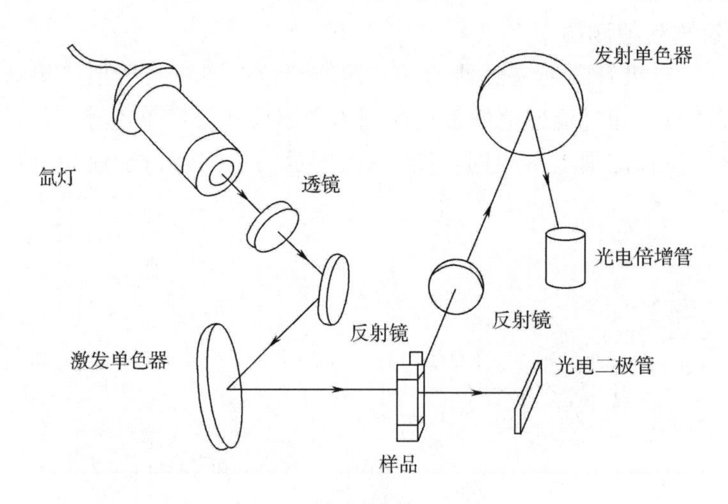

图 7 - 8　荧光检测器光学原理图

（四）示差折光检测器

示差折光检测器是基于样品池中溶液和参比池中纯流动相折光系数的差异进行检测的。因为洗脱液的组成在整个分析过程中必须保持恒定，所以这种检测器不适于梯度洗脱。主要有四种类型的示差折光检测器：Snell 偏转型、Fresnel 反射型、干涉型和

Christiansen 效应型。第一种类型的检测器使用双检测池设计，是目前最常用的示差检测器。由于示差检测器的灵敏度低，而且会随温度变化产生基线漂移，所以主要用于糖类及非芳香酸的检测。

（五）蒸发光散射检测器

蒸发光散射检测器（Evaporative Light - Scattering Detector，ELSD）是一种通用型检测器，可以检测没有紫外吸收的有机物质，如碳水化合物、脂类、聚合物、未衍生脂肪酸和氨基酸、表面活性剂、药物等，并可在没有标准品和化合物结构参数未知的情况下检测未知化合物。第一台 ELSD 是由澳大利亚的 Union Carbide 实验室的科学家研制开发的，并在 20 世纪 80 年代初转化为商品。随后以激光为光源的第二代 ELSD 面世，通过不断设计提高了 ELSD 的操作性能。现在 ELSD 越来越多地作为通用型检测器用于高效液相色谱、超临界色谱（SFC）和逆流色谱中。

ELSD 最大的优越性在于能检测不含发色基团的化合物。ELSD 的通用检测方法消除了常见于传统 HPLC 检测方法中的难点，不同于紫外和荧光检测器，ELSD 的响应不依赖于样品的光学特性，任何挥发性低于流动相的样品均能被检测，不受其官能团的影响。ELSD 的响应值与样品的质量成正比，因而能用于测定样品的纯度或者检测未知物。

ELSD 的工作原理（图 7 - 9）：

1. 雾化

液体流动相在载气压力的作用下在雾化室内转变成细小的液滴，从而使溶剂更易于蒸发。液滴的大小和均匀性是保证检测器的灵敏度和重复性的重要因素。

2. 蒸发

载气把液滴从雾化室运送到漂移管进行蒸发。在漂移管中，溶剂被除去，留下微粒或纯溶质的小滴。如采用低温蒸发模式，可维持颗粒的均匀性，对半挥发性物质和热敏性化合物同样具有较好的灵敏度。

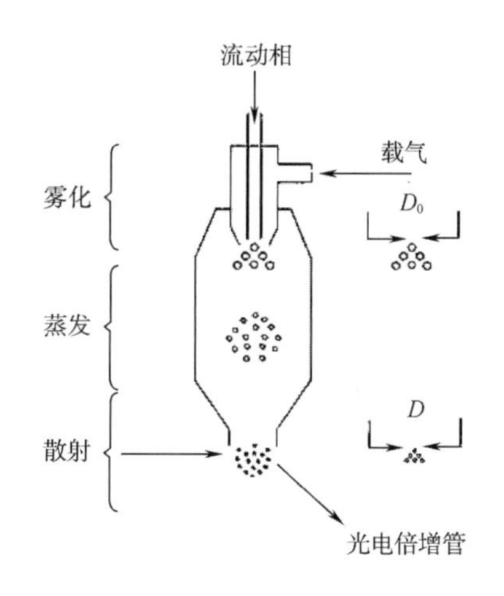

图 7 - 9　蒸发光散射检测器的工作原理图

3. 检测

光源采用 650nm 激光，溶质颗粒从漂移管出来后进入光检测池，并穿过激光光束。被溶质颗粒散射的光通过光电倍增管进行收集。溶质颗粒在进入光检测池时被辅助载气所包封，避免溶质在检测池内的分散和沉淀在壁上，极大增强了检测灵敏度并极大地降低了检测池表面的污染。

蒸发光散射检测器是一种通用型的检测器，可检测挥发性低于流动相的任何样品，而不需要样品含有发色基团。蒸发光散射检测器灵敏度比示差折光检测器高，对温度变化不敏感，基线稳定，适合与梯度洗脱液相色谱联用。蒸发光散射检测器已被广泛应用于碳水化合物、类脂、脂肪酸和氨基酸、药物以及聚合物等的检测。

ELSD 的主要优势：

（1）可检测挥发性低于流动相的任何样品。

（2）流动相低温雾化和蒸发，对热不稳定和挥发性化合物亦有较高灵敏度。

（3）广泛的梯度和溶剂兼容性，无溶剂峰干扰。

（4）辅助载气提高了检测灵敏度，保持了检测池内的清洁，避免污染。

（5）高精度雾化和蒸发温度控制，保证高精度检测。

（6）可与任何 HPLC 系统连接。

ELSD 的主要缺点：

（1）和高效液相色谱连接时需要信号转换，如和安捷伦液相相配时需要一个数模转换器（35900E）。

（2）价格昂贵。

（3）使用不便，需要配置高压氮气或空气。

（4）实验中产生有机废气，需排出室外处理。

（六）电化学检测器

电化学检测是基于在氧化还原中的电子转移：氧化过程中分子给出电子，还原过程中分子得到电子。氧化还原在工作电极表面上进行，无论化合物被氧化还是被还原，其反应速度都依赖于工作电极与包含溶质的溶液的电势差。根据能斯特方程确定的氧化还原电势与活化能的关系，可以确定反应速率。氧化还原电流正比于电极上所发生反应的数目，反应数目又是界面附近被分析化合物的浓度的量度。

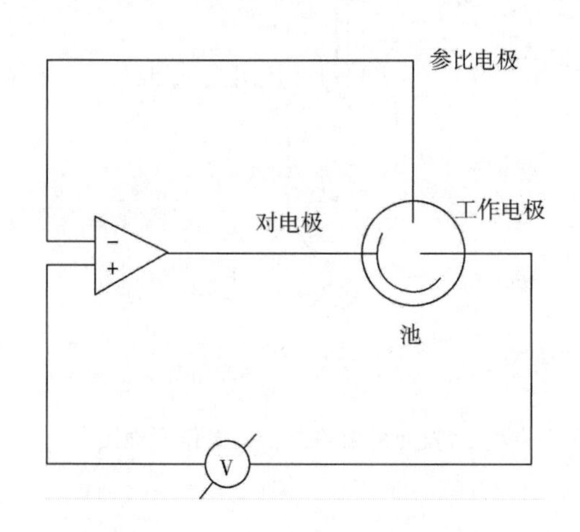

图 7－10　电化学检测器的原理图

电化学检测器在检测过程中，使用三个电极（图 7－10）：① 工作电极，电化学反应发生在该电极上；②对电极，和工作电极构成电极对，所加电压为流动相和工作电极间的电势差；③参比电极，对洗脱电导率的变化进行补偿。参比电极读数反馈到对电极，以便在峰洗脱过程中电流通过工作电极的时候保持恒定的电势差。

通过检测器响应电流的放大和后续的信号转换产生，当今先进的电子技术可以测量皮克级（pg/mL，10^{-12}）甚至更低数量级的化合物所产生的电流。尽管电化学检测器只能检测那些具有电化学活性的物质，但在分析复杂样品时，这种局限事实上又成为一大优点，因为它提高了检测的选择性。

工作电极可以使用多种材料，最常用的是玻璃电极。用作工作电极的材料还有金（测定糖类和醇类）、铅（测定亚氯酸盐、亚硫酸盐、肼和过氧化氢）、银（测定卤素）、铜（测定氨基酸）、汞（还原模式下测定硫代硫酸盐）和金汞齐（还原模式下测定含氮有机物）。

（七）几种检测器的比较

每一种检测器都有其相应的功能，几种检测器的比较如表 7－4 所示。

表 7－4　　六种检测器的比较

检测器	灵敏度	选择性	优点	应用
紫外可变波长	较高	弱	花费低	有紫外吸收的物质，例如有机酸、经过衍生的脂肪酸
二极管阵列	较高	较强	峰纯度分析、定性	抗氧化剂、防腐剂、香料、染料、抗寄生虫药、维生素、经过衍生的胶等
荧光检测	高	较强	高灵敏度	维生素、人工甜味剂、氨基甲酸盐等
示差折光	低	弱	通用	糖类、非芳香酸
蒸发光散射	高	较强	通用	非挥发性或低挥发性物质
电化学	高	较强	高灵敏度	无机阴离子、维生素

第三节　超高效液相色谱仪

一、超高效液相色谱仪简介

超高效液相色谱（Ultra Performance Liquid Chromatography，UPLC）是基于亚二微米填料颗粒技术的液相色谱分离技术，是分离科学中的一个全新类别。UPLC 借助于 HPLC 的理论及原理，涵盖了小颗粒填料、非常低的系统体积、快速采集手段等全新技术，增加了分析的通量、灵敏度及色谱峰容量。超高效液相色谱是一个新兴的领域，作为世界第一个商品化 UPLC 产品的 Waters ACQUITY UPLC 超高效液相色谱系统在 1996 年问世，之后安捷伦、岛津等公司也陆续开始生产超高效液相色谱仪。目前，超高效液相色谱仪已经开始逐渐地投入液相实验中。

二、超高效液相色谱仪与高效液相色谱仪的区别

超高效液相色谱仪的原理与高效液相色谱仪基本相同，所改变的地方有以下几点：

（一）小颗粒、高性能微粒固定相的出现

高效液相色谱的色谱柱，例如常见的十八烷基硅胶键合柱（C_{18}），它的粒径是 5μm，而超高效液相色谱的色谱柱会达到 2.7μm，甚至 1.7μm。这样的孔径更加利于物质分离。

（二）超高压输液泵的使用

由于使用的色谱柱粒径变小，使用时所产生的系统压力也自然成倍增大，所以液相色谱的输液泵也相应改变为超高压的输液泵。

（三）高速采样速度的灵敏检测器

由于系统的流速增大，峰容量增加，要想得到完整的色谱图，必须提高检测器的采样频率。超高效液相色谱仪检测器的采样频率可达到 160hz。

（四）使用低扩散、低交叉污染自动进样器

配备了针内进样探头和压力辅助进样技术。

（五）整体系统优化设计

色谱工作站配备了多种软件平台，实现超高效液相色谱分析方法与高效液相色谱分析

方法的自动转换。

与传统的 HPLC 相比，UPLC 的速度、灵敏度及分离度分别是 HPLC 的 9 倍、3 倍及 1.7 倍，它缩短了分析时间，同时减少了溶剂用量，降低了分析成本。

不过由于实验过程中仪器内部压力过大，也会产生相对应的问题。例如泵的使用寿命会相对降低，仪器的连接部位老化速度加快，包括单向阀等部位零件容易出现问题等。

三、超高效液相色谱仪的应用

如今，超高效液相色谱仪主要应用在以下几方面：

（1）药物分析　如天然产物中复杂组分的分析。

（2）生化分析　如蛋白质、多肽、代谢组学等生化样品。

（3）食品分析　如食品中农药残留的检测。

（4）环境分析　如水中微囊藻毒素的检测。

（5）其他　如化妆品中违禁品的检测。

超高效液相色谱仪尤其对中药研究领域的发展是一个极大的促进。中药的组分复杂、分离困难等问题都可以通过超高效液相色谱法逐渐解决。在同样条件下，UPLC 能分离的色谱峰比 HPLC 多出一倍还多。在同样条件下，UPLC 的分辨率能够认出更多的色谱峰。

相信在分析实验室中超高效液相色谱会越来越普及，让液相色谱法得到飞跃和进步。

第四节　二维液相色谱技术

色谱/色谱联用技术是采用匹配的接口将不同的色谱连接起来，第一级色谱中未分离开的组分由接口转移到第二级色谱中，第二级色谱仍有未分开的组分也可以继续通过接口转移到第三级色谱中。理论上，可以通过接口将任意级色谱连接起来，直至将有机混合物样品中所有的组分都分离开来。但实际上，一般只要选用两个合适的色谱联用就可以满足对绝大多数有机混合物样品的分离要求了。因此，一般的色谱/色谱联用都是二级色谱，也称为二维色谱。

二维色谱根据联接方式可分为两种。若两种色谱的联用仅是通过接口将前一级色谱的某一组分简单地传递到后一级色谱中继续分离，这是中心切割二维色谱（heart - cutting two - dimensional chromatography），一般用 LC + LC 表示。但当两种色谱联用，通过 4 位八通阀接口将前一级色谱的所有流出组分传递到后一级色谱中，而且还承担前一级色谱的某些组分（如高浓度和损害下级色谱的组分等）的收集式聚集作用，这种二维色谱称作全二维色谱（comprehensive two - dimensional chromatography），一般用 LC × LC 表示。LC + LC 或 LC × LC 两种二维色谱可以是相同的分离模式和类型，也可以是不同的分离模式和类型。

原则上，只要有匹配的接口，任何模式和类型的色谱都可以联用，但常见的是根据流动相差异，将二维色谱分成两类。一类是流动相相同的二维色谱，如气相色谱/气相色谱（GC/GC），液相色谱/液相色谱（LC/LC）等。这类二维色谱由于流动相相同，操作和接口的要求都较容易。另一类是流动相不同的二维色谱，如气相色谱/液相色谱（GC/LC）

等。这类二维色谱由于流动相不同，操作和接口的要求均较高，至少要处理好两级色谱流动相的有效和合理的分离，因为前级色谱的流动相不能进入后一级色谱中。

在二维色谱中还需要注意的问题是：①两级色谱的柱容量应当尽可能地相互匹配。如果难以达到匹配水平，应选择柱容量大的色谱作为前一级色谱。②两级色谱虽然都可以选择合适各自特点的检测器，但为了保证后一级色谱对有机组分的分离检测，前一级色谱应当选择非破坏性检测器。如气相色谱应选择热导检测器，液相色谱应选择紫外检测器，而不能选择相应能破坏样品组分的氢火焰和液相电化学检测器等。若前一级色谱必须用破坏样品组分的检测器才能检测组分，则只能采用分流的方法，即将前一级色谱的流出组分分成两部分，一部分进入检测器，另一部分进入后一级色谱系统。这对接口有更高的要求，一般采用 LC × LC 二维色谱才能实现。

二维液相色谱能和单一液相色谱一样，也可以继续与有机物的结构鉴定仪器如质谱、红外和核磁共振等联用。目前二维色谱的 GC/GC 技术非常成熟，经 30 年的商品化技术开发，目前 GC/GC 二维色谱联用仪器有很好的商品出售。而 LC/LC 二维色谱 2013 年开始才有出售的商品仪器。但由于液相色谱有较多的分流模式，如正反相、离子交换、超临界等，使得 LC/LC 分离效果和应用范围要远远优于 GC/GC。因此，近年 LC/LC 二维色谱的应用和技术开发都在迅速发展。下面主要对 LC/LC 二维色谱进行介绍。

由于液相色谱能在常温下对大分子质量的有机组分进行分离，而且有多种分离模式，因而应用范围要比气相色谱广泛。若能实现 LC/LC 联用，那么就能对更复杂的有机样品进行分离分析。但正因为液相色谱有正反相和离子交换等许多分离模式，导致两种不同分离模式联用的困难，因而目前市场上只有安捷伦一家能生产出完整的、商品化的 LC × LC 二维色谱。常见的 LC/LC 联用是采用多通阀接口装置进行切换。LC/LC 多通阀接口装置和 GC/GC 多通阀接口装置原理是一致的，也是通过多通阀门的切换将前一级液相色谱分离出的某种组分传递到后一级液相色谱中继续分离。由于液相色谱的流动相可以是酸碱性，也可以是水或有机溶剂，且在高压下进行，因此，LC/LC 联用的接口多通阀的耐腐蚀和密封要求比 GC/GC 联用接口要高得多。现在的 LC/LC 二维色谱的多通阀一般是十位八通阀，采用高级不锈钢为基材，并用填充石墨的聚四氟乙烯为密封材料。LC/LC 八通阀接口需要耐高压，一般应达 100MPa，但不像 GC/GC 的多通阀需要耐高温，只需耐 50 ~ 80℃中温即可。

LC/LC 联用主要功能是可以实现对有机样品中某些组分的多次循环分离，也可以净化样品和富集痕量组分。和气相色谱不同的是，液相色谱的柱都较短，一般不超过 30cm，而气相色谱的毛细管柱已超过 30m，相差 100 倍。增加液相色谱的柱长可以提高分离效果，但长柱填充和制作困难大。若将相同短柱并联使用，或将短柱流出组分返回柱中再分离，操作和效果都不理想。这样，利用八通阀接口，将两台液相色谱仪联用可以解决这个问题。另外，对于反相分配液相色谱，水相组分中的微量有机物的富集也可以通过 LC/LC 联用自动实现，操作和成本均比目前固相萃取（solid phase extraction，SPE）技术要好得多。因此，现在分析环境和水中痕量农药残留一般用 LC/LC 联用技术。

第五节　高效液相色谱样品的预处理技术

一、固体样品

固体样品首先要进行均质化，然后再采用如蒸馏、超临界萃取或超声波萃取等技术进行样品制备。

（一）超声波萃取

超声波萃取是一种简单的萃取方法。通过采用合适的溶剂，达到选择性提取某些化合物的目的。若试样基质是低脂肪的，可用此方法提取抗氧化剂和防腐剂。优点是使用的有机溶剂量少。

（二）蒸馏

蒸馏能从均质化的固体基体提取挥发性化合物。优点是可以选择性提取挥发性物质，缺点是提取时间长。

（三）超临界萃取

现代超临界萃取装置可以与液相色谱连接，并且进行自动操作。超临界萃取使用有机溶剂量少，萃取时间只需几分钟，还可以自动化，但溶剂化能力较弱限制了应用范围，用于痕量分析时，超临界的液体并不容易得到，而且成本高。

二、液体样品

（一）液—液萃取

液—液萃取是最普遍使用的萃取方法，它要求有适当的溶剂，采用连续或是逆流分配装置。液—液萃取简单，需要选择性高的改进剂（pH、缓冲盐或离子对试剂），但消耗大量的有毒有机溶剂，经常出现乳化，很难实现自动化操作。

（二）固相萃取

固相萃取原理是样品首先被吸入已初始化的固相小柱或圆盘，固体吸附剂将目的物保留在柱上，然后再用少量的有机溶剂将目的物洗脱出来。可以选择各种吸附剂来用于不同化合物的提取，也可以用两个或更多的固相小柱来保留样品中的每一个组分。固相萃取是发展很快的一种样品制备和净化技术，整个系统由机械系统和阀系统组成。利用泵抽取一定体积的样品，通过一个或几个装有填料的预柱，从而萃取和富集目标化合物，用适合的溶剂洗脱被吸附的化合物，然后进入液相进行定性和定量分析。固相萃取时有机溶剂的消耗量少，可以一次萃取多个样品，还可进行自动操作，但批与批的效率的不同会影响分析的重复性，还会发生不可逆的吸附而导致样品的丢失，有时会发生表面催化降解反应。

（三）凝胶过滤

凝胶过滤也称为体积排阻，凝胶过滤已成为从高分子质量的基质中（如脂肪或油）分段提取分子质量不同的化合物的标准方法，分离的原理是基于化合物的分子大小。凝胶过滤已成功用于调味品中农药的提取，蛋白质脱盐等。凝胶过滤的重复性高，自动化程度高，但溶剂消耗大，分离效率可能随每一批的不同而有所差别。

对组分简单的液体样品可通过微孔滤膜过滤（0.45μm 或 0.22μm）后直接进样分析。

第六节　高效液相色谱的数据定量方法

一、外标法（External Standard Method）

用待测组分的纯品作对照物质，以对照物质和样品中待测组分的响应信号相比较进行定量的方法称为外标法。此法可分为标准曲线法及外标一点法等。标准曲线法是用对照物质配制一系列浓度的对照品溶液以确定标准曲线，求出斜率、截距。在完全相同的条件下，准确加入与对照品溶液相同体积的样品溶液，根据待测组分的信号，从标准曲线上查出其浓度，或用回归方程计算。标准作曲线法也可以用外标二点法代替。通常截距应为零，若不等于零说明存在系统误差。工作曲线的截距为零时，可用外标一点法（直接比较法）定量。外标一点法是用一种浓度的对照品溶液对比测定样品溶液中组分的含量。将对照品溶液与样品溶液在相同条件下多次进样，测得峰面积的平均值，用式（7－4）计算样品中组分的量：

$$X_i = A_i W / A \qquad (7-4)$$

式中　X_i 与 A_i——分别代表在样品溶液进样体积中所含 i 组分的质量及相应的峰面积

W 及 A——分别代表在对照品溶液进样体积中含纯品 i 组分的质量及相应峰面积

外标法方法简便，不需用校正因子，不论样品中其他组分是否出峰，均可对待测组分定量。但此法的准确性受进样重复性和实验条件稳定性的影响。此外，为了降低外标一点法的实验误差，应尽量使配制的对照品溶液的浓度与样品中组分的浓度相近。外标物与被测组分同为一种物质，但要求它有一定的纯度，分析时外标物的浓度应与被测物浓度相接近，以利于定量分析的准确性。

二、内标法（Internal Standard Method）

内标法是色谱分析中一种比较准确的定量方法，尤其在没有标准物对照时，此方法更显其优越性。内标法是将一定质量的纯物质作为内标物加到一定量的被分析样品混合物中，然后对含有内标物的样品进行色谱分析，分别测定内标物和被测组分的峰面积（或峰高）及相对校正因子，按公式（7－5）即可求出被测组分在样品中的百分含量：

$$W_i(\%) = \frac{A_i \times f_i \times W_s}{A_s \times f_s \times W} \times 100 \qquad (7-5)$$

式中　W_i（%）——被测组分的百分含量

A_i、A_s——分别为组分和内标物的峰面积

f_i、f_s——分别为组分和内标物的相对校正因子

W_s——内标物的质量

W——样品的质量

选择内标物有 4 个要求：①内标物应是该试样中不存在的纯物质；②它必须完全溶于试样中，并与试样中各组分的色谱峰能完全分离；③加入内标物的量应接近于被测组分；④色谱峰的位置应与被测组分的色谱峰的位置相近，或在几个被测组分色谱峰中间。

内标法的优点是测定的结果较为准确，由于通过测量内标物及被测组分的峰面积的相

对值来进行计算，因而在一定程度上消除了操作条件等的变化所引起的误差。内标法的缺点是操作程序较为麻烦，每次分析时内标物和试样都要准确称量，并求得相对校正因子，有时寻找合适的内标物也有困难。

三、归一化法（Normalization Method）

归一化法是把样品中各个组分的峰面积乘以各自的相对校正因子并求和，此和值相当于所有组分的总质量，即所谓“归一”，样品中某组分 i 的百分含量可用式（7 - 6）计算。.

$$x_i(\%) = \frac{f_i \times A_i}{\sum (f_i \times A_i)} \times 100 \tag{7-6}$$

式中　f_i——可为质量校正因子，也可为摩尔校正因子

若各组分的定量校正因子相近或相同（如同系物中沸点接近的组分），则式（7 - 6）可简化为（7 - 7）：

$$x_i(\%) = \frac{A_i}{\sum A_i} \times 100 \tag{7-7}$$

该法简称为归一化法。式（7 - 7）的表述也被称为面积百分比法。

校正归一化法的优点是：简便、准确，当操作条件如进样量、流速变化时，对定量结果影响很小。缺点是：试样中所有组分都需出峰。该法适合于物质的纯度分析。

第七节　液质联用分析法

对于高极性、热不稳定、难挥发的大分子有机化合物，使用 GC - MS 分析较困难，然而液相色谱的应用不受沸点的限制，并能对热稳定性差的试样进行分离、分析。但是液相色谱的定性能力较弱，若将液相色谱与有机质谱联用，发挥各自优势，达到分离定性的目的，其意义是非常巨大的。由于液相色谱的一些特点，在实现联用时所遇到的困难比 GC - MS 大得多。它需要解决的问题主要有两方面：液相色谱流动相对质谱工作条件的影响以及质谱离子源的温度对液相色谱分析试样的影响。HPLC 流动相的流速一般约为 1mL/min，若为甲醇，其汽化后换算成常压下的气体流速为 560mL/min（水则为 1250mL/min）。质谱仪抽气系统通常仅在进入离子源的气体流速低于 10mL/min 时才能保持所要求的真空，另一方面，液相色谱的分析对象主要是难挥发和热不稳定物质，这与质谱仪常用的离子源要求试样汽化是不相适应的。只有解决上述矛盾才能实现联用。

早期 LC - MS 接口技术的研究主要集中在去除 LC 溶剂方面，并取得了一定成效。而电离技术中电子轰击离子源、化学电离源等经典方法并不适用于难挥发、热不稳定化合物。20 世纪 80 年代以后，LC - MS 的研究出现大气压化学电离（atmospheric pressure chemical ionization，APCI）接口、电喷雾电离（electrospray ionization，ESI）接口、粒子束（particle beam，PB）接口等技术后才有突破性发展。液相色谱技术中亚 2μm 颗粒固定相及细径柱的使用，提高了柱效，大大降低了流动相流量。这些都促进了 LC - MS 的发展。现在 LC - MS 已成为生命科学、医药和临床医学、化学和化工领域中最重要的分析工具之一，它的应用正迅速向环境科学、农业科学等众多方面发展。但是值得注意的是，各种接

口技术都有不同程度的局限性，迄今为止，还没有一种接口技术具有像 GC - MS 接口那样的普适性。因此对于一个从事多方面工作的现代化实验室，需要具备几种 LC - MS 接口技术，以适应 LC 分离化合物的多样性。

一、液质联用分析法的基本原理

液质联用又称为液相色谱—质谱联用技术（HPLC - MS），它以液相色谱作为分离系统，质谱作为检测系统。样品经液相色谱分离，在液相色谱与质谱的接口处被离子化后，质谱的质量分析器将离子碎片按质量数分开，经检测得到质谱图。液质联用体现了色谱和质谱优势的互补，将色谱对复杂样品的高分离能力与 MS 高选择性、高灵敏度及能够提供相对分子质量与结构信息的优点结合起来，在药物分析、食品分析和环境分析等许多领域得到了广泛的应用。色谱的优势在于分离，它为混合物的分离提供了最有效的选择，但其难以得到物质的结构信息，主要依靠与标准物对比来判断未知物。对无紫外吸收化合物的检测还要通过其他途径进行分析。质谱能够提供物质的结构信息，用样量也非常少，但其分析的样品需要进行纯化，具有一定的纯度之后才可以直接进行分析。因此，将色谱与质谱联接起来使用正好弥补了这两种仪器各自的不足。

据统计，已知化合物中约 80% 的化合物是亲水性强且挥发性低的有机物、热不稳定化合物及生物大分子，这些化合物不适宜用气相色谱分析，只能依靠液相色谱。如果能成功地将液相色谱与质谱联接使用，这一技术将在生物、医药、化工和环境等领域有很大应用前景。为达到这一目的需要一个起“接口”作用的装置将液相色谱与质谱联接起来。

这个接口要解决三个主要的问题：

（1）液相色谱中使用的流速较大，而质谱需要一个高真空环境工作。

（2）要从流动相中提供足够的离子供质谱分析。

（3）去除流动相中杂质对质谱可能造成污染。

液质联用接口技术主要是沿着三个分支发展的：

（1）流动相进入质谱直接离子化，形成了连续流动快原子轰击（continuous - flow fast atom bombardment，CFFAB）技术等。

（2）流动相雾化后除去溶剂，分析物蒸发后再离子化，形成了“传送带式”接口（moving - belt interface）和离子束接口（particle - beam interface）等。

（3）流动相雾化后形成的小液滴去溶剂化，气相离子化或者离子蒸发后再离子化，形成了热喷雾接口（thermo spray interface）、大气压化学离子化（atmospheric pressure chemical ionization，APCI）和电喷雾离子化（electrospray ionization，ESI）技术等。

二、液质联用仪

（一）液质联用仪的基本结构

液质联用仪的结构包括：液相色谱系统，主要用来分离样品中的各个组分；质谱部分，主要有进样系统（液相和质谱的接口）、离子源、质量分析器、检测器、数据处理系统（包括计算机及相应的处理软件）。图 7 - 11 所示为液质联用仪的基本结构图。

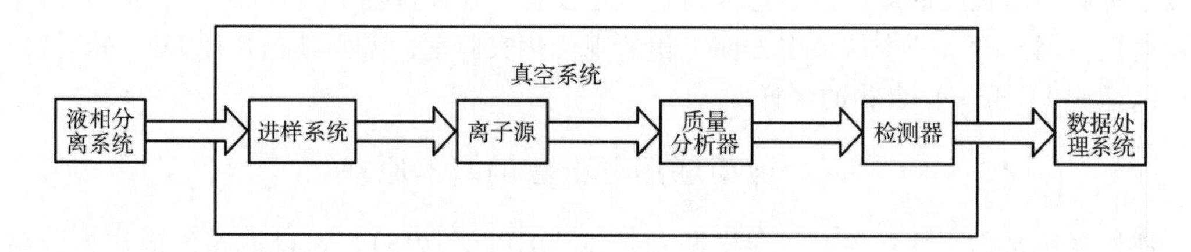

图 7-11　液质联用仪的基本结构

（二）液质联用谱图上的基本术语

1. 质谱图

质谱图一般都采用“条图”，或称为棒状图。在图中横轴表示质荷比（m/z，因为 z 接近于 1，故实际上 m/z 多为离子的质量）。纵轴则表示峰的相对强度（*RA*，相对丰度）。离子质量（以相对原子量单位计）与它所带电荷（以电子电量为单位计）的比值，写作 m/z。质谱图中的离子信号通常称为离子峰。峰越高表示形成的离子越多，也就是说，谱线的强度是与离子的多少成正比的。

2. 基准峰

在质谱图中，指定质荷比范围内强度最大的离子峰称作基准峰，其离子峰的峰高作为 100%，而以对它的百分比来表示其他离子峰的强度。

3. 总离子流图

在选定的质量范围内，所有离子强度的总和对时间或扫描次数所作的图，也称 TIC 图。

4. 质量色谱图

指定某一质量（或质荷比）的离子，以其强度对时间所作的图。利用质量色谱图来确定特征离子，在复杂混合物分析及痕量分析时是 LC/MS 测定中最有用的方式。当样品浓度很低时 LC/MS 的 TIC 上往往看不到峰，此时，根据得到的分子质量信息，输入 $M+1$ 或 $M+23$ 等数值，观察提取离子的质量色谱图，检验直接进样得到的信息是否在 LC/MS 上都能反映出来，确定 LC 条件是否合适，以后进行选择离子扫描（Selected Ion Monitor, SIM）等其他扫描方式的测定时可作为参考依据。

（三）液质联用仪常用离子源

1. 电喷雾电离源（ESI）

ESI 源在工作时，样品溶液通过毛细管喷嘴喷出，带电液滴被静电场吸向质谱入口，同时伴随干燥或加热干燥气体吹送，使液滴表面溶剂挥发，液滴体积变小，表面电荷密度变大，当同种电荷之间的库仑斥力达到雷利极限时，突破表面张力，液滴爆裂为更小的带电液滴，这一过程不断重复，使最终的液滴非常细小，呈喷雾状，此时液滴表面电场非常强大，使分析物离子化，带单电荷或多电荷。通常小分子得到带单电荷的分子离子，而大分子则得到多种多电荷离子，检测质量可提高几十倍。ESI 是很软的电离方法，通常碎片离子峰很少，只有整体分子的离子峰，十分有利于生物大分子的质谱测定。通常小分子得到 $[M+H]^+$、$[M+Na]^+$ 或 $[M-H]^-$ 单电荷离子，生物大分子产生多电荷离子。ESI 源的工作示意图如图 7-12 所示。

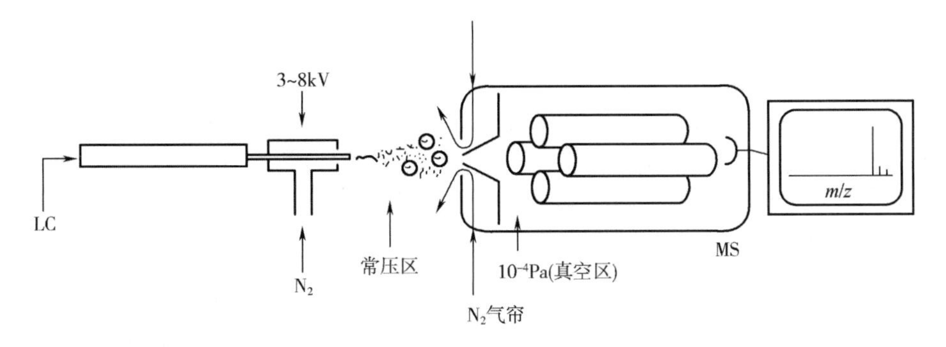

图 7－12　ESI 源工作示意图

离子源部位的电压在 3～8kV 范围内可调，主要作用是让液滴带上电荷，通过调节电压可改变液滴的带电量，控制形成离子的大小。N_2与高效液相色谱的液流一起进入离子源喷嘴周围，在液滴喷出的瞬间与液滴接触，使溶剂蒸发。常压区是溶剂挥发区，液滴在该处爆裂，生成带电的离子。N_2气帘是保护气，尽可能地减少溶剂进入真空区，而允许离子进入真空区。

ESI 离子化技术的突出特点：可以生成高度带电的离子而不发生碎裂，可将质荷比降低到各种不同类型的质量分析器都能检测的程度，通过检测带电状态可计算离子的真实分子质量，同时，解析分子离子的同位素峰也可确定带电数和分子质量。另外，ESI 可以很方便地与其他分离技术联接，如液相色谱、毛细管电泳等，可方便地纯化样品用于质谱分析。因此 ESI 在农残、药物代谢、蛋白质分析、分子生物学研究等诸多方面得到广泛的应用。其主要优点是：离子化效率高；离子化模式多，正负离子模式均可以分析；对蛋白质的分析分子质量测定范围高达 10^5u 以上；对热不稳定化合物能够产生高丰度的分子离子峰；可与大流量的液相联机使用；通过调节离子源电压（3～8kV）可以控制离子的断裂，给出结构信息。

2. 大气压化学电离源（APCI）

APCI 应用于液质联用仪是由 Horning 等人于 20 世纪 70 年代初发明的，直到 20 世纪 80 年代末才真正得到突飞猛进的发展，与 ESI 源的发展基本上是同步的。APCI 源的工作示意图如图 7－13 所示。但是 APCI 技术不同于传统的化学电离接口，它是借助于电晕放电启动一系列气相反应以完成离子化过程，因此也称为放电电离或等离子电离。从液相色谱流出的流动相进入一个具有雾化气套管的毛细管，被氮气流雾化，通过加热管时被气化。在加热管端进行电晕尖端放电，溶剂分子被电离，充当反应气，与样品气态分子碰撞，经过复杂的反应后生成分子离子。然后经筛选狭缝进入质量分析器。整个电离过程是在大气压条件下完成的，故称为大气压化学电离源。

APCI 的特点：形成的是单电荷的分子离子，不会发生 ESI 过程中因形成多电荷离子而发生信号重叠、降低图谱清晰度的问题；适应高流量的梯度洗脱的流动相；采用电晕放电使流动相离子化，能大大增加离子与样品分子的碰撞频率，比单纯的化学电离的灵敏度高 3 个数量级；液相色谱—大气压化学电离串联质谱成为精确、细致分析混合物结构信息的有效技术。

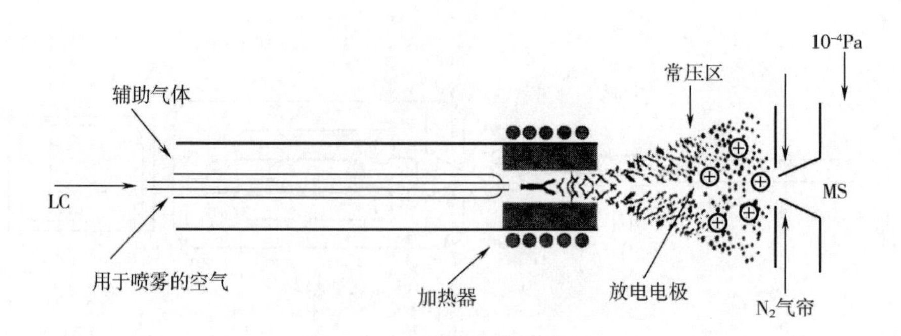

图 7－13　APCI 源工作原理示意图

ESI 源和 APCI 源相比较各有各的优点，区别如下：ESI 为电喷雾，即样品先带电再喷雾，带电液滴在去溶剂化过程中形成样品离子，从而被检测，对于极性大的样品效果好一些；APCI 为大气压化学电离源，样品先形成雾，然后电晕放电针对其放电，在高压电弧中，样品被电离，然后去溶剂化形成离子，最后检测，对极性小的样品效果较好。

（四）液质联用仪常用质量分析器

液质联用仪常用质量分析器有四极杆质量分析器（Quadrupole Mass Analyzer，QMA）、离子阱分析器（Ion Trap，IT）、飞行时间质谱（Time Of Flight，TOF）、傅立叶变换离子回旋共振质谱（FT－ICR）。

1. 四极杆质量分析器

四极杆质量分析器由四根平行的棒状电极组成而得名，其优点：

（1）结构简单，容易操作，价格便宜。

（2）仅用电场而不用磁场，无磁滞现象，扫描速度快，适合与色谱联机。

（3）操作时的真空度相对较低，特别适合与液相色谱联机。

四极杆质量分析器缺点：

（1）分辨率不高。

（2）对较高质量的离子有质量歧视效应。

2. 离子阱质量分析器

离子阱质量分析器与四极杆质量分析器的原理类似，因此也称为四极离子阱（Quadrupole Ion Trap）；或因其储存离子的性质而称为四极离子储存器（Quadrupole Ion Storage，QUISTOR）。

离子阱质量分析器优点：

（1）单一的离子阱可实现多极“时间上”的串联质谱。

（2）结构简单，价格便宜，性能价格比高。

（3）灵敏度高，较四极质量分析器高 10～10000 倍。

（4）质量范围大，可达 6000。

离子阱质量分析器缺点：质谱与标准谱有差别。

3. 飞行时间质谱

它是用一个脉冲将离子源中的离子瞬间引出，经加速电压加速，它们以相同的动能进入漂移管，质荷比小的离子具有最快的速度因而首先到达检测器，质荷比大的离子则最后到达检测器。

飞行时间质谱的优点：

（1）原理上检测离子的质荷比没有上限。

（2）特别适合于与脉冲产生离子的电离源（MALDI－TOF）。

（3）灵敏度高，适合于作串联质谱的第二级。

（4）扫描速度快，适合研究极快过程。

（5）结构简单，易于维护。

飞行时间质谱的缺点：分辨率随质荷比的增加而降低。

4. 傅立叶变换离子回旋共振质谱

它是通过同时激发分析时样品内的所有质荷比的离子，通过对检测信号进行傅立叶变换得到质谱图。

傅立叶变换离子回旋共振质谱的优点如下：

（1）分辨率极高，可达 1×10^6，但不导致灵敏度下降。

（2）可实现多极“时间上”的串联质谱。

（3）可采用各种电离源，便于与色谱仪器联机。

（4）灵敏度高，质量范围宽，速度快，性能可靠。

三、液质联用仪的应用

随着联用技术的日趋完善，HPLC－MS 逐渐成为最热门的分析手段之一。特别是在分子水平上可以进行蛋白质、多肽、核酸的分子质量确认，氨基酸和碱基对的序列测定及翻译后的修饰工作等，这在 HPLC－MS 联用之前都是难以实现的。HPLC－MS 作为已经比较成熟的技术，目前已在生化分析、天然产物分析、药物和保健食品分析以及环境污染物分析等许多领域得到了广泛的应用。

（一）生化方面的分析中的应用

生物体内的蛋白质、肽和核酸，都以混合物状态出现，具有强极性，难挥发性，又具有明显的热不稳定性，所以用 GC－MS 来分析生物大分子存在困难，需要经过深度降解，并需对降解生物作各种复杂的衍生化处理。而 HPLC 能分析强极性、不易挥发、高分子质量及对热不稳定的化合物；MS 具有高灵敏度，能在复杂基质中进行准确的化合物的定性定量，所以 HPLC－MS 作为生化分析的一个有力工具，正在得到日益的重视。

（二）天然产物分析中的应用

利用 HPLC－MS 分析混合样品，和其他方法相比高效快速，灵敏度高，只需进行简单预处理或衍生化，尤其适用于含量少、不易分离得到或在分离过程中易损失的组分。因此 HPLC－MS 技术为天然产物研究提供了一个高效、切实可行的分析途径。国内利用该技术在天然产物研究中已经有很多报道，如淫羊藿中的黄酮类化合物的分离分析。

（三）药物和保健食品分析中的应用

质谱作为液相色谱的检测器，与紫外和二极管阵列检测器相比较，兼有鉴定功能强大和灵敏度高的特点。所以近些年来 HPLC－MS 已经成为药物分析方面的有利工具。国内外有大量用 HPLC－MS 对各种药物尤其是违禁药物及其代谢产物进行研究的文献报道，如尿中的河豚毒素、抗生素、舒喘宁，血液中的安非他明、奥美拉唑、罗呱卡因、氨磺必利、前列腺素 EZ 以及艾滋病病毒等痕量残留的分析。可以预测，随着对 HPLC - MS 研究的深入和技术应用的普及，HPLC - MS 技术将在药物和保健食品中违禁成分分析中发挥更大的作用。

（四）环境分析中的应用

HPLC - MS 已经在环境分析中有很多的应用，如环境样品中的抗生素、多环芳烃、多氯联苯、酚类化合物、农药残留等。尤其是近些年，农药残留问题一直是个热门话题。由于农药正向高效和低毒方向发展，使农药的环境影响和残留农药的检测方法发生了变化。由于目前低浓度、难挥发、热不稳定和强极性农药分析方法并不是十分理想，因此发展高灵敏度的多残留可靠分析方法已成为环境分析化学及农业化学家的重要战略目标。高效液相色谱法弥补了气相色谱法不宜分析难挥发、热稳定性差的物质的缺陷，可以直接测定那些难以用 GC 分析的农药。但是常规检测器如紫外（UV）及二极管阵列（PAD）等定性能力有限，因而在复杂环境样品痕量分析时的化学干扰也常影响痕量测定时的准确性，从而限制了它们在多残留超痕量分析中的应用。自从 20 世纪 80 年代末大气压电离质谱（APIMS）成功地与 HPLC 联用以来，HPLC - MS 已经在农药残留分析中占了很重要的地位，成为农药残留分析最有力的工具。

四、液质联用仪使用中的注意事项

（一）常用流动相的选择

常用的流动相为甲醇、乙腈、水和它们不同比例的混合物以及一些易挥发盐的缓冲液，如甲酸铵、乙酸铵等，还可以加入易挥发酸碱如甲酸、乙酸和氨水等调节 pH。

LC/MS 接口避免进入不挥发的缓冲液，避免含磷和氯的缓冲液；含钠和钾的成分必须 <0.5mmol/L（盐分太高会抑制离子源的信号和堵塞喷雾针及污染仪器），含甲酸（或乙酸）$<1\%$，含三氟乙酸 $\leqslant 0.2\%$，含三乙胺 $\leqslant 0.5\%$，含乙酸铵 $\leqslant 5$mmol/L；三氟乙酸尽量不用，因为会在质谱内长期留有杂质峰。

测样前一定要确定 LC 条件，能够基本分离，缓冲体系符合 MS 要求。

（二）流量和色谱柱的选择

不加热 ESI 的最佳流速是 1 ~ 50μL/min，应用 4.6mm 内径 LC 柱时要求柱后分流，目前大多采用 1 ~ 2.1mm 内径的微柱，ESI 源最高允许 1mL/min，建议使用 200 ~ 400μL/min。

APCI 的最佳流速约 1mL/min，常规的直径 4.6mm 柱最合适。

为了提高分析效率，常采用 <100mm 的短柱［此时紫外图上并不能完全分离，由于质谱定量分析时使用多反应监测（Multi - Reaction Monitor，MRM）的功能，所以不要求各组分完全分离］。这使得大批量定量分析可以节省大量的时间。

（三）辅助气体流量和温度的选择

雾化气对流出液形成喷雾有影响，辅助气影响喷雾去溶剂效果，碰撞气影响第二级质谱碎片的产生。

操作中温度的选择一般情况下高于分析物的沸点 20℃ 左右即可。对热不稳定化合物，要选用更低的温度以避免显著的分解。选用温度和气体流量大小时还要考虑流动相的组成，有机溶剂比例高时可采用适当低的温度和减小流量。

（四）样品的预处理

从保护仪器角度出发，防止固体小颗粒堵塞进样管道和喷嘴，防止污染仪器，降低分析背景，以排除对分析结果的干扰。

从ESI电离的过程来看，ESI电荷存在于液滴的表面，样品与杂质在液滴表面存在竞争，不挥发物（如磷酸盐等）阻碍带电液滴表面挥发，大量杂质阻碍带电样品离子进入气相状态，增加了电荷中和的可能。

五、液质联用仪的数据分析

对质谱进行解析是一项繁杂的工作，只有经过大量的实践和深入地思考、学习，才能够较好地掌握它。并没有一个确定程序可以适应各种物质的解析工作，对不同的情况要施以不同的方法。

（一）获取关于被解析样品的详细资料

尽可能地收集关于样品的详细信息，包括光谱（红外、核磁等）化学性质、物理性质（熔点、晶体性质等）和样品的来历及样品的使用性质等。对这些信息进行进一步的综合考虑，以确定我们的整体解析方案。此步骤非常重要，但又往往容易被忽略。对简单的化合物直接根据质谱数据可以完成结构解析工作，但对复杂的化合物，获取这些信息往往成为解决问题的关键。

（二）确定离子的元素组成

根据同位素丰度或高分辨质谱，尽可能确定分子离子和所有碎片离子的元素组成以及它们的不饱和度。当无法直接使用同位素丰度分析和高分辨质谱确定分子离子的元素组成时，可以通过经典的元素分析方法获取它们。

（三）检验分子离子的判断是否正确

检验的分子离子必须满足：

（1）是质谱中最高质量的峰。

（2）属于奇电子离子。

（3）有合理的裂解过程，能够发生合理的电中性碎片丢失。

（四）标出“重要的”奇电子离子

奇电子离子往往是由特殊的复杂开裂产生的，它们常能给出分子结构的重要信息。

（五）研究质谱图的整体概貌

通过对质谱图的整体了解（如分子离子峰的稳定性、碎片离子的质量系列等），初步确定未知化合物的类型。

（六）对碎片离子进行分析

重要的低质量离子系列往往是由分子离子经过几次裂解过程产生的，虽然它不能直接说明分子的具体结构，但往往会对某一类化合物给出相似的系列碎片离子，所以也是非常重要的。

高质量的离子系列主要是由分子离子直接裂解产生的，因此它们往往是物质结构的最直接的反映。物质之间结构的区别也往往是由这些碎片离子反映出来的，它们的微小差异，经常是不同物质结构的表现。

上述两个质量区域的划分并没有明显的界限，更不可认为低质量的离子系列就只能进行物质分类的作用。

（七）导出未知物质的可能分子结构

根据上面的分析推导出各种可能的分子结构，对照参考质谱图和类似化合物的质谱图进行检验。目前计算机的使用为我们进行这些工作提供了很大的方便，并提供了许多归纳和整理数据的程序，也为检索参考质谱图提供了很大的方便。这些仅仅是质谱解析的辅助工具，不能忽视人们的经验和判断在质谱解析中所起的关键作用。

第八章　离子色谱分析

离子色谱是高效液相色谱的一种，故又称高效离子色谱（HPIC）或现代离子色谱，有别于传统离子交换柱色谱的特点是树脂具有很高的交联度和较低的交换容量，进样体积很小，用柱塞泵输送淋洗液，通常对淋出液进行在线自动连续电导检测。离子色谱法具有选择性好、灵敏、快速、简便、可同时测定多组分的优点。基于上述优点，离子色谱法自1975年问世以来发展很快，已在环境监测、电力、半导体工业、食品、石油化工、医疗卫生和生化等领域得到广泛应用。

第一节　离子色谱的基础理论

离子色谱作为高效液相色谱的一种模式，其色谱峰的迁移和扩展仍用柱色谱的理论进行描述，常用术语的定义与高效液相色谱相同。离子色谱按照分离原理不同分为三类，离子交换色谱（HPIC）、离子对色谱（MPIC）和离子排斥色谱（HPIEC）。这三种分离方式的柱填料的树脂骨架基本上都是苯乙烯—二乙烯基苯的共聚物，但是树脂的离子交换容量不同，所基于的分离机理也不相同。

一、HPIC 的基础理论

离子交换是一种经典的分离方式，用大孔离子交换树脂的经典柱色谱与 HPIC 之间的主要不同在于进样方式、分离类型和检测系统。经典的离子交换色谱中，树脂粒度较大（60～200 目），柱子也较长（10～50cm）。由重力驱动流动相从上往下移动，分离之后逐份收集起来做检测。由于柱子的离子交换容量很高，为了洗脱样品离子，用浓的电解质作流动相。而 HPIC 用低容量、高柱效的离子交换树脂，小的进样体积（10～100μL），在线自动连续检测，并引入电导检测器作为主要的检测器。

（一）离子交换选择性和离子交换平衡

HPIC 的分离机理主要是离子交换，是基于离子交换树脂上可离解的离子与流动相中具有相同电荷的溶质离子之间进行的可逆交换，依据这些离子对交换剂不同的亲和力而被分离。它是离子色谱的主要分离方式，用于亲水性阴、阳离子的分离。

HPIC 实验中将离子交换剂填充于柱中，并将其转变成“反离子”（用 E 表示）型。当含有与 E 相同电荷的溶质离子（以 S1、S2 表示）的样品溶液进入到填充离子交换树脂的分离柱时，将会发生离子交换，即样品离子附着到树脂上，树脂相上释放出等摩尔数的离子 E 到溶液中。用含有淋洗液离子 E 的溶液淋洗柱子时，样品离子被置换，并在溶液和树脂之间发生进一步交换，在柱中向淋洗液流动的方向移动。这种置换具有不同的选择性过程，是离子交换作为一种分离离子方法的关键，将使样品离子以不同的速度流出柱子。

典型的离子交换模式是样品溶液中的离子与分析柱的离子的交换位置之间直接的离子

交换。如用 NaOH 作淋洗液分析水中的 F^-、Cl^- 和 SO_4^{2-}，首先用淋洗液平衡阴离子交换分离柱，再将进样阀切换到进样位置，这时高压泵输送淋洗液，将样品带入分离柱，待测离子从阴离子交换树脂上置换 OH^- 基，并暂时选择地保留在固定相上。同时，保留的阴离子又被淋洗液中的 OH^- 基置换并从柱上被洗脱。由于各阴离子与树脂的亲和力的强弱不同，所以洗脱时间也不同。对树脂亲和力较 OH^- 弱的阴离子（如 Cl^-）比对树脂亲和力较 OH^- 强的阴离子（如 SO_4^{2-}）通过柱子快，与树脂的亲和力决定了样品中阴离子之间的分离。经过分离柱之后，洗脱液先后通过抑制器和电导池，进行电导检测。

离子交换色谱的固定相具有固定电荷的功能基，阴离子交换色谱中，其固定相的功能基一般是季胺基，阳离子交换色谱的固定相一般为磺酸基。离子交换树脂的制备反应见图 8-1。在离子交换进行的过程中，流动相连续提供与固定相离子交换位置的平衡离子电荷相同的离子，这种平衡离子（淋洗液淋洗离子）与固定相离子交换位置的相反电荷以库仑力结合，并保持电荷平衡。进样之后，样品离子与淋洗离子竞争固定相上的电荷位置，见图 8-2。当固定相上的离子交换位置被样品离子置换时，由于样品离子与固定相电荷之间的库仑力，样品离子将暂时被固定相保留。样品中不同离子与固定相电荷之间的库仑力不同，即亲和力不同，因此被固定相保留的程度不同。

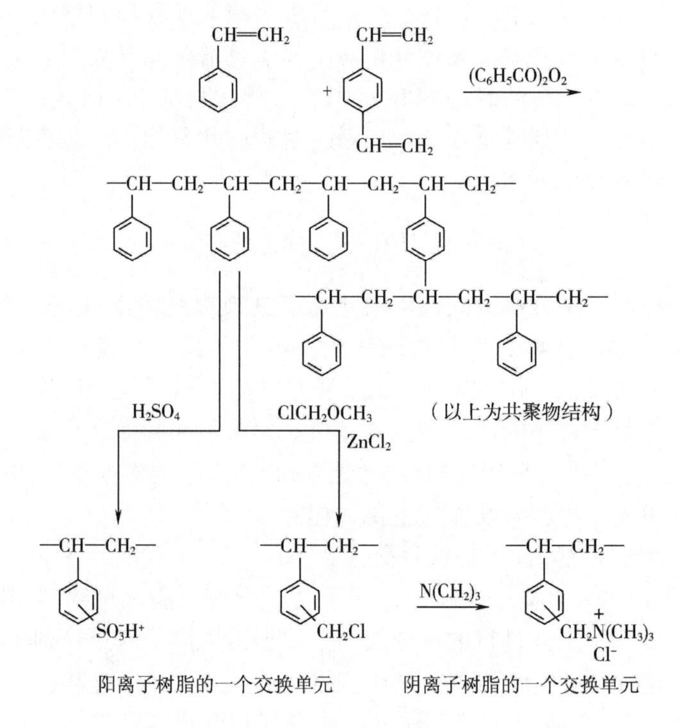

图 8-1　合成离子交换树脂的反应过程

1. 阳离子交换平衡过程

常用的阳离子交换剂是苯乙烯/二乙烯基苯聚合物经磺化之后得到的强酸型树脂，为简单起见，我们先讨论具有相等电荷数的离子在高磺化度的树脂上的离子交换行为。例如，将水溶液的 H^+ 型树脂与含有 Na^+ 的水溶液接触，将发生离子交换，Na^+ 进到树脂相，等摩尔 H^+ 离开树脂相进入水相。若溶液相含有可与 H^+ 强烈反应的 OH^-，而且 OH^- 离子

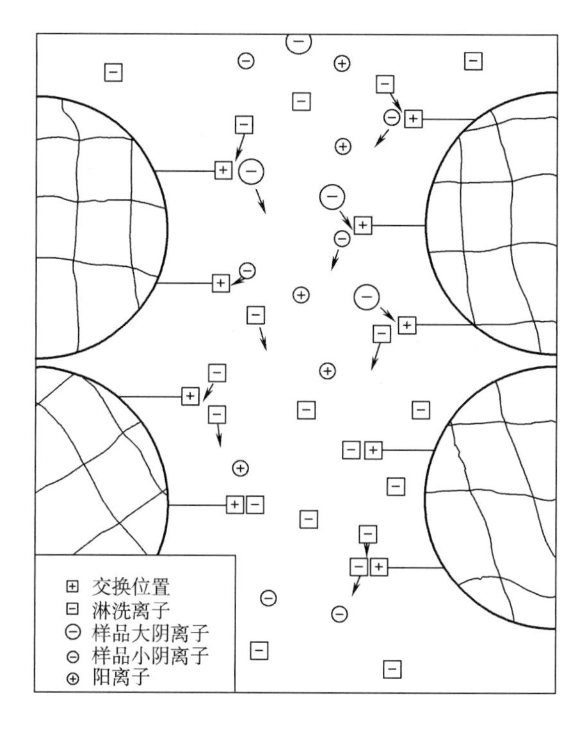

图 8－2　阴离子交换示意图

的量足够与所有的 H^+ 离子反应，则树脂应完全转变成 Na^+ 型，可将上述反应简单地表示如式（8－1）。

$$RSO_3^- H^+ + NaOH \longrightarrow RSO_3^- Na^+ + H_2O \tag{8-1}$$

溶液中与 Na^+ 伴随的阴离子，如 Cl^- 不与树脂相上的 H^+ 反应。经足够长的时间之后，离子交换将达到平衡状态，Na^+ 和 H^+ 分别部分停留在树脂和溶液相，可表示为

$$RSO_3^- H^+ + NaCl \longrightarrow RSO_3^- Na^+ + HCl \tag{8-2}$$

该反应为可逆反应。当溶液中的阴离子浓度较低，如小于 0.1mmol 时，溶液中的阴离子进入树脂相的量非常少。因此阴离子除了与系统中的一种或多种阳离子反应或络合，以及保持溶液的电中性之外，在普通的应用中，可将这种伴随的“非牵连”离子略去，因此上式可简化为

$$RSO_3^- H^+ + Na^+ \longleftrightarrow RO_3^- Na^+ + H^+ \tag{8-3}$$

在阴离子交换平衡中，也存在相似的反应方程。式（8－3）的平衡常数可表示

$$K_H^{Na} = [Na^+]_R [H^+]_S / [H^+]_R [Na^+]_S \tag{8-4}$$

式（8－4）中，K_H^{Na} 是反应（8－3）的平衡常数，下标 R 和 S 分别表示树脂相和淋洗液相，两相中离子的浓度可用下述任何一种方式表示：物质的量浓度（mol/L），质量摩尔浓度（mol/g）或摩尔分数。

若离子交换系统在完全理想状态，各种离子独立的以等量电荷相互作用，平衡状态只由 Na^+ 和 H^+ 的相应浓度来决定，K_H^{Na} 等于 1。但离子交换系统一般都是在非理想状态，则 K_H^{Na} 不等于 1。也就是说，离子交换剂对不同的离子的亲和力程度不同，用 K_H^{Na} 表示，可称为选择性系数。例如碱金属在磺化的聚苯乙烯阳离子交换剂上的亲和力顺序：

$$Cs^+ > Rb^+ > K^+ > Na^+ > Li^+$$

碱土金属的亲和力顺序：

$$Ba^{2+} > Sr^{2+} > Ca^{2+} > Mg^{2+}$$

此规律由离子水合半径决定。

表 8－1 总结了几种阳离子在磺化聚苯乙烯树脂上的选择性系数。树脂的交联度越高，对金属离子的选择性越大。选择性系数不仅与被分离的离子和树脂的交联度有关，而且与树脂的组成有关。

表 8－1　在磺化的聚苯乙烯（Dowex50）阳离子交换树脂上阳离子对 H^+ 交换的平衡常数

阳离子（M）	K_H^{Na}	阳离子（M）	K_H^{Na}	阳离子（M）	K_H^{Na}
H^+	1	Cs^+	2.02	Ba^{2+}	5.66
Li^+	0.76	Ag^+	3.58	Co^{2+}	2.45
Na^+	1.2	Tl^+	5.08	Ni^{2+}	2.61
NH_4^+	1.44	Mg^{2+}	2.23	Cu^{2+}	2.46
K^+	1.72	Ca^{2+}	3.14	Zn^{2+}	2.37
Rb^+	1.86	Sr^{2+}	3.56	Pb^{2+}	4.97

2. 阴离子交换平衡过程

阴离子交换树脂一般含有季铵功能基。表 8－2 总结了两种高容量树脂对阴离子的选择性。从表 8－2 可见，阴离子交换树脂对不同阴离子的选择性也不同。平衡常数的大小以及其随树脂组成不同而改变说明了系统的非理想性。若能得到离子在两相中的活度系数，则能得到真实的热力学平衡常数。对溶液相还可得到这种数据，而对树脂相确是相当困难的。在典型的 HPIC 实验中，淋洗液离子的浓度通常大大高于溶质离子的浓度，因而可设想选择系数是一个恒定的极限值。影响离子交换平衡的因素是复杂的。解决这个问题有两个基本方法，一种是热力学方法，通过独立测定离子树脂的性质，并结合对两相的活度系数关系来描述非理想状态；另一种是将离子选择性、静电效应、溶剂化作用、疏水性相互反应等物理因素联系。

表 8－2　阴离子交换平衡常数

阴离子	K（Dowex－1）	K（Dowex－2）	阴离子	K（Dowex－1）	K（Dowex－2）
β－萘磺酸盐	—	67	I^-	8.7	13.2
二氯酚盐	—	53	酚盐	5.2	8.7
水杨酸盐	32.2	28	硫酸氢盐	4.1	6.1
高氯酸盐	—	32	苯磺酸盐	—	4.0
硫氰酸盐	—	18.5	NO_3^-	3.8	3.3
三氯乙酸盐	—	18.2	Br^-	2.8	2.3
对甲苯磺酸盐	—	13.7	三氟乙酸盐	—	3.1

续表

阴离子	K（Dowex－1）	K（Dowex－2）	阴离子	K（Dowex－1）	K（Dowex－2）
二氯乙酸盐	—	2.3	HCO_3^-	0.32	0.53
NO_2^-	1.2	1.3	$H_2PO_4^-$	0.25	0.34
亚硫酸氢盐	1.3	1.3	一氯乙酸盐	—	0.21
CN^-	1.6	1.3	IO_3^-	—	0.21
Cl^-	1.0	1.0	甲酸盐	0.22	0.22
硅酸氢盐	—	1.13	乙酸盐	0.17	0.18
BrO_3^-	—	1.01	F^-	0.09	0.13
OH^-	0.09	0.65			

离子色谱中可由选择性系数来评价淋洗离子的分离效率。具有高选择性系数的离子是优先选择的淋洗离子，因为它们在较低的浓度也有较强的淋洗能力，若样品离子洗脱太快，则应用较低的浓度或改用选择性系数较小的淋洗离子。但淋洗离子的选择性系数和样品离子的选择性系数应相差不大。

（二）分配系数 K_D

分配系数 K_D表示溶质在固定相和流动相中的浓度比，即$K_D = C_R/C_S$，C_R和 C_S分别表示溶质在固定相和流动相中的浓度。HPIC 中用分配系数 K_D来描述离子的色谱保留行为。不同离子分配系数的差异是色谱分离的基础。影响溶质在两相间分配的主要因素包括：离子交换反应的选择性系数、离子交换剂的容量、流动相中电解质的浓度、淋洗离子和溶质离子的电荷、流动相的 pH 以及流动相中的络合反应。

回到前面讨论的 Na^+与 H^+交换的例子，重排方程（8－4）可导出 Na^+的分配系数：

$$K_D = [Na^+]_R/[Na^+]_S = K_H^{Na}[H^+]_R/[H^+]_S \tag{8-5}$$

式中　R 下标——在树脂相中的浓度

　　S 下标——在溶液相中的浓度

HPIC 中淋洗液的离子浓度远大于溶质离子的浓度。阳离子 IC 中，H^+是典型的淋洗离子，因此［H^+］$_R$的浓度接近树脂的容量 C_R，则（8－5）式可表示为：

$$K_D = [Na^+]_R/[Na^+]_S = K_H^{Na}C_R/[H^+]_S \tag{8-6}$$

（8－6）的通式为：

$$K_D = [S]_R/[S]_S = K_H^{Na}C_R/[E]_S \tag{8-7}$$

式中　S 和 E——分别代表样品离子和淋洗离子

方程（8－7）描述了一价溶质离子（S）在离子交换树脂和只含有一价淋洗离子 E 的溶液之间的分配过程。分配系数的重要性是它表明了离子交换剂对 E 和 S 的选择性（即亲和力）。

下式表示在磺酸树脂上 H^+与二价离子 Ca^{2+}的交换反应：

$$2RSO_3^-H^+ + Ca_S^{2+} \longleftrightarrow (RSO_3^-)_2Ca^{2+} + 2H_S^+ \tag{8-8}$$

方程（8－8）的平衡常数可表示为：

$$K_{H}^{Ca}=[Ca^{2+}]_{R}[H^{+}]_{S}^{2}/[H^{+}]_{R}^{2}[Ca^{2+}]_{S} \tag{8-9}$$

同理，Ca^{+}的浓度小于H^{+}浓度，重排上式得

$$[Ca^{2+}]_{R}/[Ca^{2+}]_{S}=K_{D}=K_{H}^{Ca}C_{R}^{2}/[H^{+}]_{S}^{2} \tag{8-10}$$

因为K_{H}^{Ca}和C_{R}为常数，则Ca^{2+}在树脂和溶液之间的分配系数与H^{+}浓度的平方成反比（更正确的说Ca^{2+}的分配系数与H^{+}的活度的平方成反比，在低浓度下，活度系数接近1）。因此流动相浓度的改变对高电荷离子保留行为的影响大于对低电荷离子保留行为的影响。这一离子交换反应规律对离子色谱有非常重要的意义。

除了纯的离子交换过程之外，某些离子也存在与固定相的非离子相互作用。最重要的非离子相互作用是吸附。若用具有芳香骨架的有机聚合物作为树脂基核，具有芳香和烯碳骨架的溶质离子会与芳香树脂发生$\pi-\pi$相互作用，产生吸附作用。不仅在芳香或烯属溶质的分离过程中存在吸附作用，而且分离易极化的无机和有机离子时，也能观察到吸附作用。有时甚至分析简单无机阴离子如Br^{-}和NO_{3}^{-}时，也观察到非离子型吸附作用。由一个简单的实验可证明这种作用，Br^{-}和NO_{3}^{-}的电荷数相同，但NO_{3}^{-}的疏水性大于Br^{-}，在Br^{-}和NO_{3}^{-}达基线分离的色谱条件下，在淋洗液中加入对氰基苯酚以阻塞树脂表面的吸附位置，结果Br^{-}和NO_{3}^{-}共同淋洗出来。

（三）抑制器的工作原理

化学抑制型电导检测法中，抑制反应是构成离子色谱的高灵敏度和选择性的重要因素，也是选择分离柱和淋洗液时必须考虑的主要因素。

离子色谱有几种检测方式可用，其中电导检测是最主要的，因为它对水溶液中的离子具有通用性。然而，正因为它的通用性，作为离子色谱的检测器，它本身就带来一个问题，即对淋洗液有很高的检测信号，这就使得它难以识别淋洗时样品离子所产生的信号。Small等人提出的简单而巧妙的解决方法是选用弱酸的碱金属盐为分离阴离子的淋洗液，无机酸（硝酸或盐酸）为分离阳离子的淋洗液。当分离阴离子时使淋洗液通过置于分离柱和检测器之间的一个氢（H^{+}）型强酸性阳离子交换树脂填充柱；分析阳离子时，则通过OH^{-}型强碱性阴离子交换树脂柱。这样，阴离子淋洗液中的弱酸盐被质子化生成弱酸；阳离子淋洗液中的强酸被中和生成水，从而使淋洗液本身的电导大大降低。这种柱子称为抑制柱。

抑制器主要起两个作用，一是降低淋洗液的背景电导，二是增加被测离子的电导值，改善信噪比。图8－3说明了离子色谱中化学抑制器的作用。图中的样品为阴离子F^{-}、Cl^{-}、SO_{4}^{2-}的混合溶液，淋洗液为NaOH。若样品经分离柱之后的洗脱液直接进入电导池，则得到图中右上部的色谱图。图中非常高的背景电导来自淋洗液NaOH，被测离子的峰很小，即信噪比不好，一个大的系统峰（与样品中阴离子相对应的阳离子）在F^{-}峰的前面。而当洗脱液通过化学抑制器之后再进入电导池，则得到图8－3中右下部的色谱图。在抑制器中，淋洗液中的OH^{-}与H^{+}结合生成水。样品离子在低电导背景的水溶液中进入电导池，而不是高背景的NaOH溶液；被测离子的反离子（阳离子）与淋洗液中的Na^{+}一同进入废液，因而消除了大的系统峰。溶液中与样品阴离子对应的阳离子转变成了H^{+}，由于电导检测器是检测溶液中阴离子和阳离子的电导总和，而在阳离子中，H^{+}的摩尔电导最高，因此样品阴离子A^{-}与H^{+}之摩尔电导总和也被大大提高。

抑制器的发展经历了四个阶段。最早的抑制器是树脂填充的抑制柱，主要的缺点是不

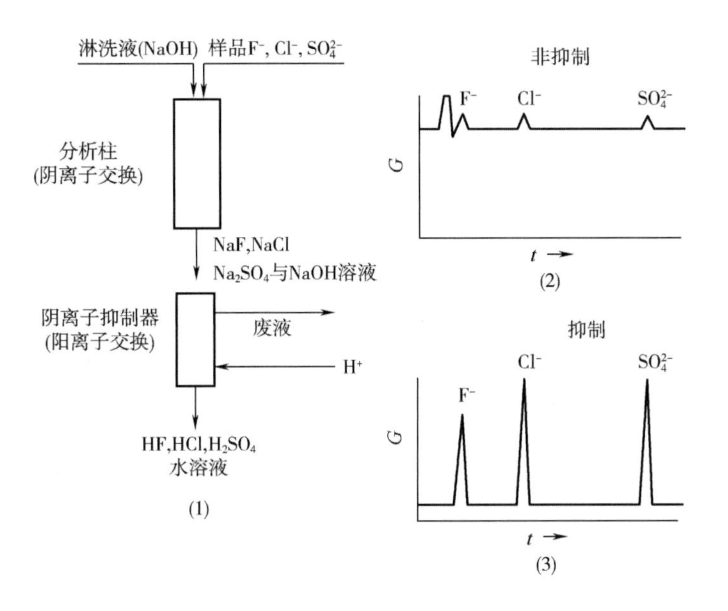

图 8－3　化学抑制器的作用

（1）流程图　（2）非抑制　（3）抑制

能连续工作，树脂上的 H^+ 或 OH^- 消耗之后需要停机再生。另一个缺点是死体积较大。1981 年出现的商品化的管状纤维膜抑制器不需要停机再生，可连续工作，缺点是抑制容量中等和机械强度较差。第三阶段是 1985 年发展起来的平板微膜抑制器，不仅可连续工作，而且具有高的抑制容量，满足梯度淋洗的要求。1992 年进入市场的自身再生抑制器是第四阶段，这种抑制器不用化学试剂来提供 H^+ 或 OH^-，而是通过电解水产生的 H^+ 或 OH^- 来满足化学抑制器所需的离子。这种抑制器平衡快，背景噪声低，坚固耐用，工作温度从室温到 40℃，并可在高达 4% 的有机溶剂（反相液相色谱用有机溶剂）存在下正常工作。虽然树脂填充的抑制器是第一代抑制器，由于其制作简单（可自己做），价格便宜，抑制容量为中等，至今仍在使用。

二、HPIEC 的基础理论

HPIEC 主要根据 Donnan 膜具有排斥效应，电离组分受排斥不被保存，而弱酸则有一定保存的原理制成。HPIEC 主要用于分离有机酸以及无机含氧酸根，如硼酸根、碳酸根和硫酸根、有机酸等，也可用于醇类、醛类、氨基酸和糖类的分离。由于 Donnan 排斥，完全离解的酸不被固定相保留，在死体积处被洗脱；而未离解的化合物不受 Donnan 排斥，能进入树脂的内微孔。分离是基于溶质和固定相之间的非离子性相互作用。离子排斥与离子交换色谱结合（HPIEC－HPIC），一次进样可将大量的无机阴离子和有机阴离子分开。主要的检测方式是电导。对短碳链有机酸的分析，电导与抑制器结合在选择性和灵敏度等方面明显优于其他的检测方法，如紫外和示差折光等。

HPIEC 分离柱较大（9mm×250mm），柱中填充粒度均匀的总体磺化的高容量阳离子交换树脂，其分离机理基于 Donnan 排斥、空间排阻和吸附 3 种。图 8－4 所示为在 HPIEC 柱上发生的分离过程简图。

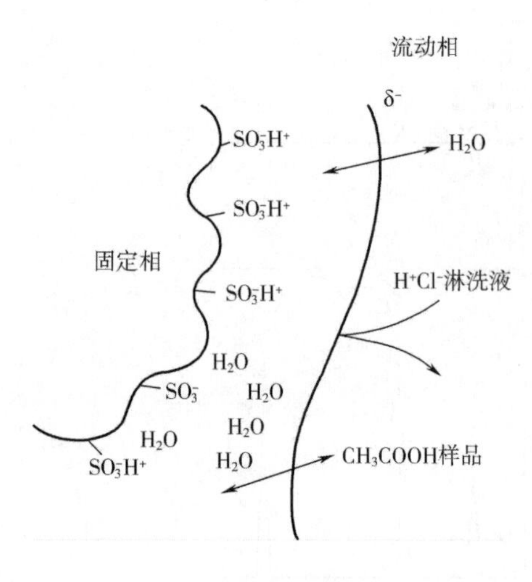

图 8-4 离子排斥柱上的分离过程

图 8-4 表明了树脂表面以及键合在上面的磺酸基（$-SO_3^-$）。若纯水通过分离柱，会围绕磺酸基形成一水合壳层。与流动相中的水分子相比，水合壳层的水分子有较整齐的有序排列。在这种保留方式中，类似 Donnan 膜的负电荷层表征了水合壳和流动相之间界面的特性，这个壳层只允许未解离的化合物通过；完全离解的盐酸淋洗液不能透过这个壳层，因为 Cl^- 的负电荷被排斥，不能接近或进入固定相。它们的保留体积称作排斥体积 V_e。另一方面，中性的水分子可进入树脂的孔穴并回到流动相，相应于水分子保留时间的体积叫做总的渗透体积 V_p。有机弱酸（如乙酸）被注入柱子之后，根据淋洗液的 pH，它可处于部分未离解的形式，因而不受 Donnan 排斥。虽然乙酸和水可与固定相作用，但乙酸的保留体积大于 V_p，这种现象只能解释为乙酸在固定相表面发生了吸附，因此这种一元脂肪族羧酸的分离机理包括 Donnan 排斥和吸附两种。保留时间随酸的烷基键长的增加而增加。加入有机溶剂乙腈或丙醇到淋洗液中，脂肪族一元羧酸的保留时间缩短，这说明有机溶剂分子阻塞了固定相的吸附位置，同时增加了有机酸在流动相中的溶解度。二元或三元羧酸，如草酸和柠檬酸，在排斥和总的渗透体积之间洗脱。除 Donnan 排斥之外，起主要作用的分离机理还包括空间排阻，保留与样品分子的大小有关。因为树脂的微孔体积是由树脂的交联度决定的，所以改善分离度的一种方法是改变固定相的交联度。

三、MPIC 的基础理论

（一）MPIC 的形成过程

Haney 等人和 Knox 等人发现在流动相中加入亲脂性离子，如烷基磺酸或季铵化合物，能在化学键合的反相柱上分离相反电荷的溶质离子。用 UV 作检测器，并将这种方法称为反相离子对色谱（RPIPC）。MPIC 将 RPIPC 的基本原理和抑制型电导检测结合起来，用高交联度、高比表面积的中性无离子交换功能基的聚苯乙烯大孔树脂为柱填料，可用于分离多种分子质量大的阴阳离子，特别是带局部电荷的大分子（如表面活性剂）以及疏水性的阴阳离子，主要包括：大分子质量的脂肪族酸、阴离子和阳离子表面活性剂、烷基磺酸盐、芳香磺酸盐和芳香硫酸盐、季铵化合物、水可溶性的维生素、硫的各种含氧化合物、金属氰化物络合物、酚类和烷醇胺等。用于离子对色谱的检测器包括电导和紫外。化学抑制型电导检测主要用于脂肪羧酸、磺酸盐和季铵离子的检测。

（二）MPIC 的分离影响因素

离子交换的选择性受流动相和固定相两种因素的影响，主要的影响因素是固定相，而离子对分离的选择性主要由流动相决定。流动相水溶液包含两个主要成分，离子对试剂和有机溶剂。改变离子对试剂和有机溶剂的类型及浓度可达到不同的分离要求。

离子对试剂是一种较大的离子型分子，所带的电荷与被测离子相反。一般离子对试剂有两个区，一个是与固定相作用的疏水区，另一个是与被分析离子作用的亲水性电荷区。固定相是中性疏水的苯乙烯/二乙烯基苯树脂或键合的硅胶。这种固定相既可用来分离阴离子，又可用于分离阳离子。

（三）MPIC 的分离机理

MPIC 的分离机理目前还没有统一的说法，主要形成了三种假说：离子对形成假说、动态离子交换假说、离子相互作用假说。

1. 离子对形成假说

这种假说认为被分析离子与离子对试剂形成中性“离子对”，分布在流动相和固定相之间，与经典反相色谱相似，可由改变流动相中有机溶剂的浓度来控制被分析物的保留时间。

2. 动态离子交换假说

该假说认为离子对试剂的疏水性部分吸附到固定相并形成动态的离子交换表面，被分离的离子像经典的离子交换那样被保留在这个动态的离子交换表面上。用这种模式，流动相的有机试剂被用于阻止离子对试剂与固定相的相互作用，因而改变了柱子的“容量”。

图 8－5 所示为上述两种假说的模型。图中被分析的阳离子为 C^+，流动相为乙腈和离子对试剂辛烷磺酸的水溶液，中性的苯乙烯/二乙烯基苯聚合物为固定相。阳离子通过与吸附到固定相上（疏水环境）的辛烷磺酸和在流动相（亲水环境）中的辛烷磺酸的相互作用而被保留。

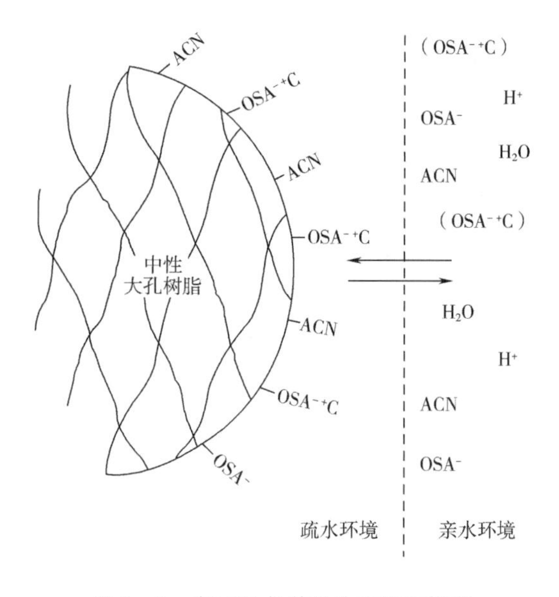

图 8－5　离子对色谱的分离机理模型

淋洗液：辛烷磺酸＋乙腈＋水；样品：阳离子 C^+

3. 离子相互作用假说

这种假说认为被分离离子的保留取决于几种模式，其中包括前两种理论介绍的模式。这种理论认为，非极性固定相与极性流动相之间的表面张力很高，因此固定相对流动相中能减少这种表面张力的分子如极性有机溶剂、表面活性剂和季铵碱等有较高的亲和力。

离子相互作用的概念为固定相表面双电层模型的提出做了准备。下面以表面不活泼阴离子的分析为例来说明双电层模式。如图 8－6 所示，亲脂性离子四丁基胺（TBA^+）和有机改进剂乙腈被吸附到非极性固定相表面的内区，因为所有亲脂性阳离子的电荷相同，这种相同离子电荷之间会相互排斥，因此固定相的表面只会部分被这种离子覆盖。与亲脂性离子相应的反离子（当用电导检测器时一般是 OH^-）与样品阴离子则在扩散外区。当流动相中亲脂离子的浓度增加时，由于流动相与固定相之间的动力学平衡，吸附到固定相表面的离子浓度也增加。溶质离子通过双电层的迁移是静电和范德华力的函数。若具有相反电荷的溶质离子被带电荷的固定相表面吸引，则保留是库仑引力和溶质离子的亲脂性部分与固定相的非极性表面之间的吸附作用。加一个负电荷到双电层的正电荷内区就相当于在这个区移出一个电荷。为了再建立静电平衡，另一个亲脂性离子将被吸附到表面上，则两个相反电荷的离子（不一定是离子对）被吸附在这个固定相上。近似的说法能用于表面非活性阳离子的分离，分离表面非活性阳离子时亲脂性阴离子被吸附在树脂表面，被分析的阳离子被保留在双电层外区。

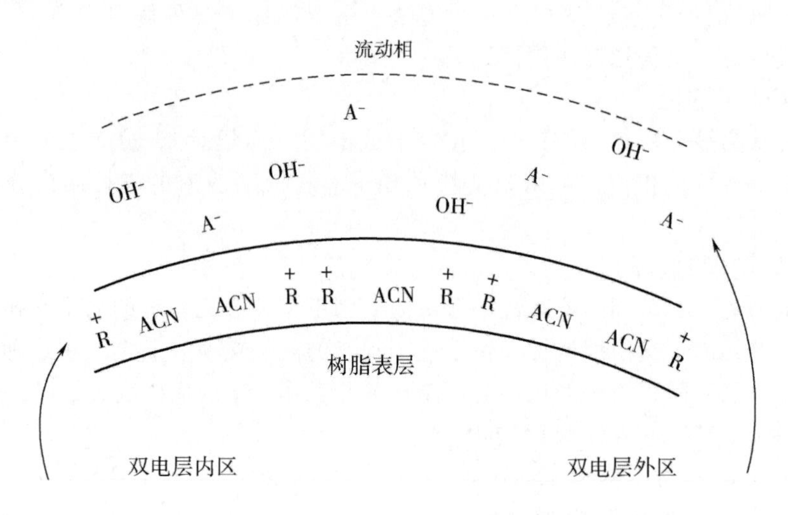

图 8-6　离子对色谱的双电层假说

与一般的溶质离子不同，表面活性离子可以进入到双电层的内区，并被吸附到固定相的表面。保留由其碳链长短和疏水性决定，随表面活性离子碳链的增加而增加。有机改进剂乙腈也被吸附在树脂的表面，处于与亲脂性离子的竞争平衡中。当分析表面活性和表面非活性离子时，由于有机改进剂占用了树脂表面的吸附位置，因而使保留时间减少。对于表面活泼离子，保留时间变短是由于有机改进剂与表面活泼性离子对固定相吸附位置的直接竞争；对于表面非活泼性离子，则是与亲脂离子（$R^-SO_3^-$ 和 R_4N^+）的竞争。

第二节　离子色谱仪

和一般的 HPLC 仪器一样，离子色谱仪最基本的组件是流动相容器、高压输液泵、进样器、色谱柱、检测器和数据处理系统。此外，可根据需要配置流动相在线脱气装置、自动进样系统、流动相抑制系统、柱后衍生系统和全自动控制系统等。

离子色谱仪的工作流程是：输液泵将流动相以稳定的流速（或压力）输送至分析体系，在色谱柱之前通过进样器将样品导入，流动相将样品带入色谱柱，在色谱柱中各组分被分离，并依次随流动相流至检测器，抑制型离子色谱则在电导检测器之前增加一个抑制系统，在抑制器中，流动相的背景电导被降低，然后将流出物导入电导检测池，检测到的信号送至数据系统记录、处理或保存。离子色谱仪的各部件示意图见图 8-7。

离子色谱的检测器分为两大类，即电化学检测器和光学检测器。电化学检测器包括电导、直流安培、脉冲安培和积分安培；光化学检测器包括紫外—可见光和荧光。随着离子色谱的广泛应用，离子色谱的检测技术已由单一的化学抑制型电导法发展为包括电化学、光化学和与其他多种分析仪器联用的方法。主要有抑制电导检测法、直接电导检测法、紫

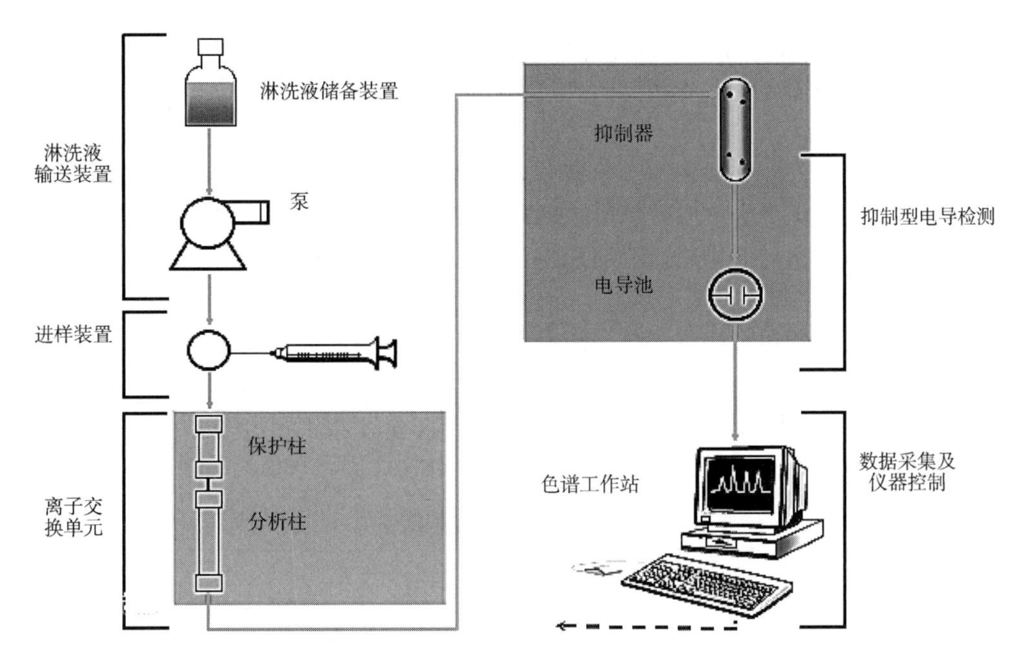

图 8-7　离子色谱仪的部件工作示意图

外吸收光度法、柱后衍生光度法、电化学法、与元素选择性检测器联用法等。

第三节　分析方法的选择

一、无机阴离子的分析

无机阴离子是发展最早，也是目前最成熟的离子色谱检测方法，包括水相样品中的氟、氯、溴等卤素阴离子、硫酸根、硫代硫酸根、氰根等阴离子，可广泛应用于饮用水水质检测、啤酒、饮料等食品的安全，废水排放达标检测，冶金工业水样、石油工业样品等工业制品的质量控制。特别由于卤素离子在电子工业中的残留受到越来越严格的限制，因此离子色谱被广泛地应用到无卤素分析等重要工艺控制部门。

无机阴离子交换柱通常采用带有季铵功能团的交联树脂或其他具有类似性质的物质，常见的阴离子交换柱如 Ion Pac AS14，Ion Pac AS9 - HC 等。常用的淋洗液为 Na_2CO_3 和 $NaHCO_3$ 按一定比例配制成的稀溶液，改变淋洗液的组成比例和浓度，可控制不同阴离子的保留时间和出峰顺序。

阴离子的分离过程如下：在色谱柱中，填充了无数的离子交换剂作为离子分离的固定相，固定相上吸附了很多阳离子。充满色谱柱的流动相为某种盐（如 Na_2CO_3 和 $NaHCO_3$）的溶液，在没有样品进入时，流动相中的阴离子和固定相的阳离子保持平衡。样品中含有两种待分离阴离子，假设其中 A 与固定相的正电荷作用力较大，而 B 与固定相的正电荷作用力小。在样品进入色谱柱后，阴离子 A、B 与流动相阴离子一同前进，三种离子不断地交替占据与固定相阳离子相吸的位置；样品阴离子 A 与正电荷的作用力较大因而移动较慢，而B移动较快，从而实现了分离。最终，因为流动相阴离子的数量有绝对优势，所以样品阴离子A、B都流出色谱柱，在抑制器中流动相的阴离子与H^+反应生成水和二氧化碳，然后再流进检测器，对在不同时间流出色谱柱的样品离子进行检测，就可以知道样品组分的种类与含量。

阴离子种类众多，经常采用离子色谱分离的阴离子见表8-3。阴离子的洗脱过程是按照一定的规律进行的。由于水的特殊结构和离子与水分子之间的特别的相互作用机理，必须考虑水对盐所显示出的非常好的溶剂性质。当离子被水溶剂化时，水的氢键断开（空化腔效应），水的结构被破坏。离子越大，形成分子空穴所需的能量越大。另一方面，发生静电的离子偶极互相作用将导致新结构的形成。离子半径越小，离子电荷数越大，这种效应就越强。对相同电荷的离子，如卤素离子，其分子水合焓随离子半径的减小而增大。离子半径越大，如I^-，对阴离子交换剂的亲和力越大，在这种大离子中，水合焓部分地被孔穴形成能抵消，这种离子称为可极化离子，下面将分开讨论其色谱行为。

表8-3　离子色谱分离的无机阴离子

种类	阴离子
卤素	F^-，Cl^-，Br^-，I^-
卤素含氧酸根	OCl^-，ClO_2^-，ClO_3^-，ClO_4^-，BrO_3^-，IO_3^-
含氧的磷化合物	PO_2^{3-}，PO_3^{3-}，PO_4^{3-}，$P_2O_3^{4-}$，$P_3O_{10}^{5-}$，$P_4O_{13}^{6-}$，PO_3F^{2-}
硫化合物	S^{2-}，SO_3^{2-}，SO_4^{2-}，$S_2O_3^{2-}$，SCN^-
氮氰化合物	CN^-，OCN^-，NO_2^-，NO_3^-，N_3^-
硅化合物	SiO_3^{2-}，SiF_6^{2-}
硼化合物	$B_4O_7^{2-}$，BF_4^-
非金属含氧阴离子	AsO_2^-，AsO_4^{3-}，SeO_3^{2-}，SeO_4^{2-}
金属含氧阴离子	MoO_4^{2-}，WO_4^{2-}，CrO_4^{2-}

离子的极化性直接与其水合态的离子半径有关，水合离子半径是决定离子对固定相的亲和力的主要溶质特性之一。一般情况下，保留随水合离子半径（极化度）的增加而增加。因此，卤素离子的保留时间按下述顺序增加：$F^- < Cl^- < Br^- < I^-$。Br^-和I^-之间的保留时间相差很大，需用特别的淋洗液或分离柱才可于一次进样同时分析它们。

除水合离子半径之外，离子的价数是另一个影响保留的主要溶质特性。一般价数越高保留越强。因此一价的NO_3^-在二价的SO_4^{2-}前洗脱。一个例外是多价离子如PO_4^{3-}，由于它有不同的离解常数，其保留时间取决于溶液的pH。然而在亲水性较弱的固定相上，离子的大小对保留的影响常大于离子的价数对保留的影响。例如二价的SO_4^{2-}的保留时间小于一价的SCN^-。

离子色谱的发展主要是离子色谱柱的开发和应用，发展到现在，出现了许多商品化的阴离子分离柱，以戴安公司为主。典型的阴离子分离柱的应用见表8-4。下面介绍两款常用的阴离子分析柱。AS14柱是戴安公司开发的一种能分离多种阴离子的分析柱，主要用于分离卤素离子和常见的酸根离子，在环境分析中应用广泛。图8-8所示为Ion Pac AS14

色谱柱分离常见阴离子的色谱图。色谱条件如下，淋洗液为：4.8mmol/L Na_2CO_3 + 0.6mmol/L $NaHCO_3$，流速1.5mL/min，采用抑制型电导检测器，进样体积10μL。在AS14色谱柱上，F^-的峰与水负峰相隔较远，而且与弱保留有机酸分离较好，保证了F^-定量的准确性，改善了NO_2^-与Cl^-的分离，可直接分析含Cl^-高的样品中的NO_2^-。AS9-HC柱是一款用于分析饮用水消毒副产品、卤素含氧酸的离子色谱柱，在饮用水安全性分析上应用广泛。图8-9所示为AS9-HC柱分离卤素离子及其含氧酸离子的色谱图。色谱条件如下，淋洗液为：12mmol/L Na_2CO_3 + 5mmol/L $NaHCO_3$，流速1.5mL/min，采用抑制型电导检测器，进样体积25μL。

表8-4　典型阴离子分离柱的基本应用

分离柱	基本应用范围
Ion Pac AS4-SC	7种常见阴离子的常规分析（F^-峰与死体积峰分离不满意）； 高的耐用性和长的使用时间
Ion Pac AS9-SC	无机阴离子和卤素含氧酸的快速分析
Ion Pac AS9-HC	无机阴离子和卤素含氧酸的分析； 高Cl^-中NO_2^-的分析，（Cl^-与NO_2^-，浓度比为10000:1）
Ion Pac AS10	高NO_3^-基体中痕量无机阴离子
Ion Pac AS11-HC	未知样品中有机酸和无机阴离子的综合信息； 一元羧酸的分析； 痕量有机酸和无机阴离子的大体积进样
Ion Pac AS12A	高CO_3^{2-}中Cl^-和SO_4^{2-}的分析； F^-的常规分析
Ion Pac AS14	常见7种阴离子分析（CO_3^{2-}选择性柱）； F^-的常规分析（F^-与乙酸分离好）； 用$B_4O_7^{2-}$作梯度淋洗分离常见阴离子和乙醇酸、乙酸及甲酸
Ion Pac AS15	高纯水中痕量无机阴离子和低分子量有机酸； 大体积进样分析μg/L数量级阴离子； 超痕量分析的预浓缩（μg/L）
Ion Pac AS16	各种基体中可极化阴离子SCN^-、$S_2O_3^{2-}$、I^-的分析； 饮用水中ClO_4^-的分析； 高电荷阴离子：聚（多）磷酸、多羧酸和多硫酸盐的分析
Ion Pac AS17	常见7种阴离子分析（OH^-选择性柱）； F^-的常规分析； OH^-梯度淋洗分离常见7种阴离子和乙酸、丙酸、甲酸； 低容量，用于简单基体
YSA 4	常见7种阴离子分析
YSA 8800	常见7种阴离子分析；易极化阴离子分析

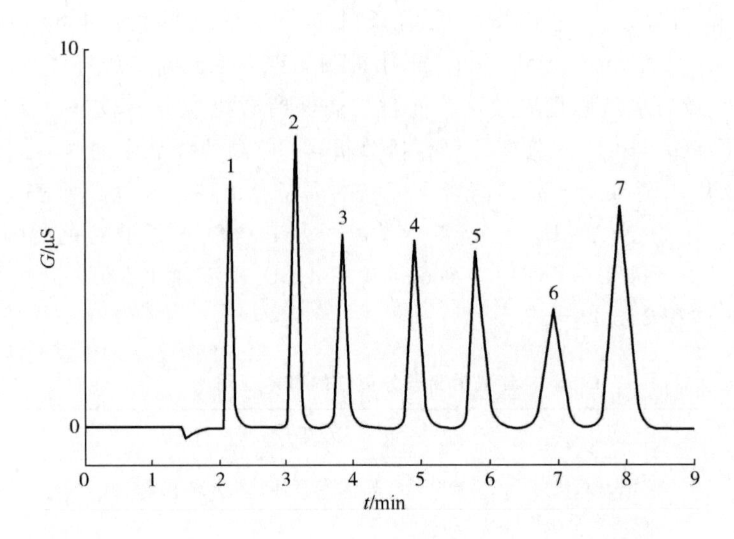

图 8－8 Ion Pac AS14 色谱柱分离常见阴离子的色谱图

色谱峰及含量（mg/L）：1—F^-（5） 2—Cl^-（10） 3—NO_2^-（15） 4—Br^-（25） 5—NO_3^-（25） 6—HPO_3^{2-}（40） 7—SO_4^{2-}（30）

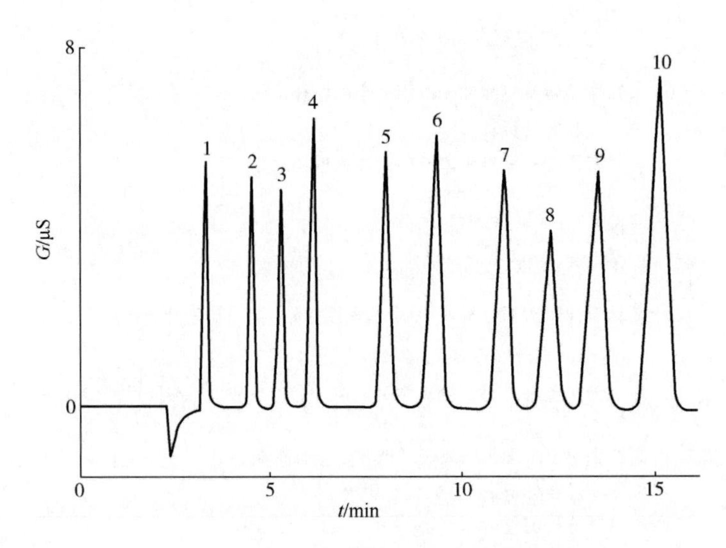

图 8－9 AS9－HC 柱分离卤素离子及其含氧酸离子的色谱图

色谱峰及含量（mg/L）：1—F^-（3） 2—Cl^-（10） 3—BrO_3^-（20） 4—ClO^-（20） 5—NO_2^-（15） 6—Br^-（25） 7—ClO_3^-（25） 8—NO_3^-（25） 9—PO_4^{3-}（40） 10—SO_4^{2-}（30）

二、无机阳离子分析

对无机阳离子的分析本文只涉及碱金属、碱土金属及胺类，不涉及重金属和过渡金属。无机阳离子的分离机理、抑制原理与阴离子的分析相似，所不同的是采用了磺酸基阳离子交换柱，如 Ion Pac CS12 等。常用的淋洗液系统如酒石酸/二甲基吡啶酸系统，可有效分析水相样品中的 Li^+、Na^+、NH_4^+、K^+、Ca^{2+}、Mg^{2+} 等离子。表面磺化的薄壳型苯乙烯—二乙烯基苯阳离子交换树脂是使用较广的离子交换剂。与阴离子分离柱相同，阳离子交换剂也用胶乳和接枝两种树脂。胶乳型的离子交换功能基主要是磺酸基，这种强酸型磺酸功能基阳离子交换剂对 H^+ 的选择性不高，对一价碱金属离子和两价碱土金属离子的亲和力不同，二价的碱土金属离子对磺酸型阳离子交换树脂的亲和力大于一价碱金属离子，因此在磺酸型阳离子交换树脂柱上若不采用梯度洗脱，很难一次进样同时分离碱金属和碱土金属离子。阴离子交换色谱中，淋洗液的类型和浓度主要由是否用抑制器来决定，而阳离子交换色谱中，这种先决条件则不是必须的。对碱金属、铵和小分子脂族胺的分离，常用的淋洗液是矿物酸，如 HCl 或 HNO^3，常用的浓度为 2 ~ 40mmol/L。用矿物酸难以洗脱对磺酸型离子交换树脂亲和力强的碱土金属离子（二价阳离子），用增加矿物酸浓度的方法不能用于碱土金属离子的分离，因为在无化学抑制器的系统中，若淋洗液的浓度太大，会导致高的背景电导，降低用电导检测碱土金属离子的灵敏度。在用化学抑制器的系统中，淋洗液的背景电导也不能降到要求值。为有效地洗脱二价的碱土金属离子，应选用二价的淋洗离子，例如二胺基丙酸（DAP）、组胺酸、乙二酸、柠檬酸等。一种较好的选择是用2，3－二氨基丙酸（简称 DAP）和 HCl 的混合溶液作淋洗液，这种淋洗液的优点是可通过羧基的离解平衡（pK_a = 1.33）来调节淋洗液的强度。

$$H_2C(NH_3^+)-CH(NH_3^+)-COOH \rightleftharpoons H_2C(NH_3^+)-CH(NH_3^+)-COO^- + H^+$$

从上式可见，淋洗液中 DAP 的存在形式可以分别是一价阳离子、二价阳离子，或者一价和二价的混合物。抑制反应的产物是电导非常低的两性离子：

$$H-CH(NH_2)-CH(\overset{+}{N}H_3)-COO^-$$

非抑制型离子色谱中，乙二胺、酒石酸或草酸是常用的淋洗液。对接枝型的阳离子交换树脂，离子交换功能基主要是弱酸性的羧基（－COOH），只用简单的 H^+ 即可有效地淋洗一价和二价的阳离子。硫酸和甲磺酸是常用的淋洗液。表 8－5 列出了几种典型的阳离子交换分离柱的有关性质。

表 8－5　几种典型的阳离子交换分离柱的性质

分离柱	胶乳（L）或接枝（G）	柱容量（4mm）	功能基	疏水性
Ion PacCS10	L	80μmol	磺酸	中
Ion Pac CS11	L	35μmol	磺酸	中
Ion Pac CS12	G	2.8mmol	羧酸/膦酸	中
Ion Pac CS14	G	1.3mmol	羧酸	低
Ion Pac CS15	G	2.8mmol	羧酸/膦酸/冠醚	中
YSC	L	20mmol	磺酸	低

因为用简单的酸作淋洗液，其操作和抑制都较二价的淋洗液方便，因此对无机阳离子

的常规分析，推荐的分离柱是填充弱酸功能基的CS12柱，其所用淋洗液为18mmol/L甲磺酸，流速1.0mL/min，进样体积25μL，检测器采用抑制型电导，CSRS循环模式（化学再生抑制器的一种运行模式）。色谱图见图8-10，可实现一次进样能同时分析碱金属、碱土金属和铵。

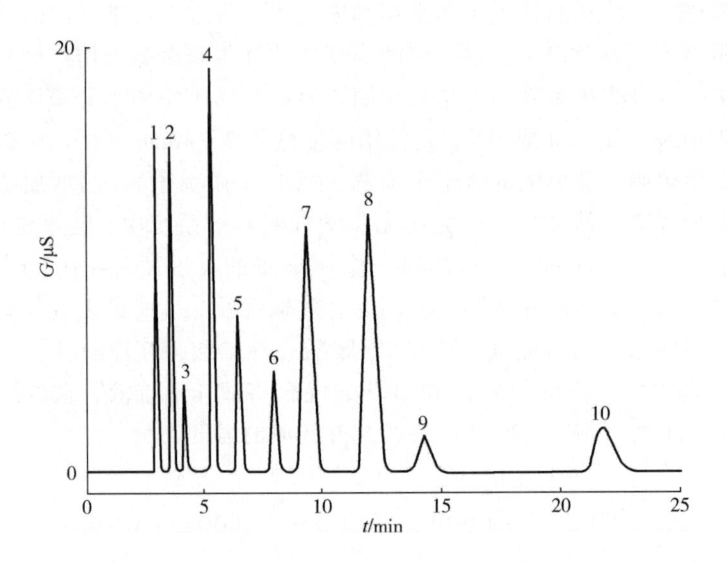

图8-10 常见无机阳离子的分离

色谱峰（μg/ml）：1—L^+（1.0） 2—Na^+（4.0） 3—NH_4^+（5.0） 4—K^+（10.0） 5—Ru^+（10.0） 6—Cs^+（10.0） 7—Mg^{2+}（5.0） 8—Ca^{2+}（10.0） 9—Sr^{2+}（10.0） 10—Ba^{2+}（10.0）

对淋洗液的抑制，若用甲基磺酸或硫酸作淋洗液，阳离子抑制器可用电解自动抑制循环模式；用HCl作淋洗液时，应采用外加水模式或化学抑制模式，用化学抑制模式时，用四丁基氢氧化铵或氢氧化钾作再生液。

三、其他离子的分析

随着离子色谱技术的发展，新的分析设备和分离手段不断出现，逐渐发展到分析生物样品中的某些复杂的离子。

目前较成熟的应用包括：

（1）生物胺的检测 Metrosep C1分离柱；2.5mmol/L硝酸/10%丙酮淋洗液；3μL进样。可有效分析腐胺、组胺、尸胺等成分，已经成为刑事侦查系统和法医学的重要检测手段。

（2）有机酸的检测 Metrosep Organic Acids分离柱，MSM（超微化学填充嵌体结构）抑制器；0.5mmol/L H_2SO_4作为淋洗液。可有效分析包括乳酸、甲酸、乙酸、丙酸、丁酸、异丁酸、戊酸、异戊酸、苹果酸、柠檬酸等各种有机酸成分，在微生物发酵工业、食品工业都是简便有效的分离方法。

（3）糖类分析 现已经开发出各种糖类的分析手段，包括葡萄糖、乳糖、木糖、阿拉伯糖、蔗糖等多种糖类分析方法。在食品工业中的应用尤其广泛。

第四节　样品的前处理

随着被测样品的种类和形态的增加，传统的离子色谱样品处理方法如稀释、过滤等已无法满足分析的要求，越来越多的样品处理方法被离子色谱分析所采用，其中包括不同形态的样品提取、复杂基体的前处理及在线样品的浓缩和富集等。这些技术对提高测定结果的准确性、避免色谱柱的损坏和提高分离和检测的选择性和灵敏度方面具有十分关键的作用，因此探索快速、高效、简便、易自动化的样品前处理新方法已成为目前离子色谱分析的前沿课题和重要研究方向之一。针对离子色谱的样品前处理技术，本章从离子色谱样品的提取、样品基体干扰的去除、在线浓缩和富集、特殊样品的处理等几个方面，对离子色谱的样品前处理方法加以讨论。

一、样品中待测离子的提取

除了水溶液采用离子色谱分析可以直接进样测定外，其他类型的样品要用离子色谱测定，都需要经过样品的提取或吸收，将其转化为水溶液然后进行测定，不同类型的样品需要的转化过程不同，下面我们分别进行讨论。

（一）气体样品的提取

气体样品的提取主要有溶剂吸收法和膜吸收法两种。溶剂吸收法是最简便的气体样品提取方法，即用吸收剂吸收气体中的可溶性成分，然后用离子色谱测定吸收液。一般情况下阴离子宜采用碱性吸收液，而阳离子宜采用酸性吸收液吸收。膜吸收法主要用来提取大气中的可溶性盐，因为它们多以气溶胶和悬浮物的形式存在于空气中，具体方法是先用大气采样器采样，用滤膜吸收气溶胶和悬浮物，分析时将滤膜放入超纯水中超声提取，滤液经过微孔膜过滤后，进入离子色谱进行分析。膜材料有 Whatman 滤膜、Teflon 滤膜、Nylon 滤膜、过氯乙烯膜、玻璃膜、滤纸和石英膜等。Teflon 滤膜主要用于气溶胶中常见的无机阴、阳离子和简单的有机阴离子，而石英滤膜常用于水溶性有机物的分析。因此滤膜的选择应视具体的分析对象而定。

（二）固体样品的提取

固体样品的提取主要采用溶剂浸提法，在此基础上又开发出了加速溶剂浸提（ASE）和微波辅助浸提（MAE）。对于不溶性固体样品中可溶性组分的提取，最简便有效的方法是浸提法，即直接用超纯水或淋洗液提取，也可以用适量的酸、碱、盐或缓冲溶液以提高提取的效率；为了充分提取，一般辅以振荡或超声波处理。ASE 是一种新型的快速浸提技术，这种技术的原理是应用传统的溶剂在加热（50～200℃）、加压（10.3～13.8 MPa）的条件下进行快速浸提。ASE 浸提与传统浸提相比具有耗时短、溶剂用量少等优点，是目前公认的固体样品中有机化合物浸提的最佳前处理方法之一。另外，与传统的振荡浸提和超声浸提相比，ASE 具有更高的浸提效率，且浸提时间较短并易于实现自动化。MAE 利用微波能强化溶剂浸提的效率，使固体或半固体试样中的分析对象与基体物质有效地分离且可保持分析对象的原本化合物状态。MAE 整个过程包括样品粉碎、与溶剂混合、微波辐射、分离浸提等步骤。浸提一般在特定的密闭容器内进行，由于微波能的作用，体系的温度升高、压力增大，且因微波能是内部均匀加热，热效率高，因此浸提效率大大提高。

由于 MAE 同时对时间、温度和压力进行控制，防止了浸提过程中有机物的降解，具有快速和精密度高的优点，因此是一种高效的液固浸提技术。

（三）固体样品中元素的提取

用离子色谱测定固体样品中元素的含量，可以通过将固体样品中的元素转化为对应的离子，然后再行检测。一般离子色谱法主要用于测定非金属元素，与常规金属离子的分析不同，由于用酸消化往往会引进大量的阴离子，干扰测定，也会使部分待测元素以气体形式逸出（例如 F 会以 HF 形式逸出），导致测定结果偏低，因此离子色谱测定元素主要采用燃烧吸收法。氧瓶（弹）燃烧法和燃烧管吸收法是常采用的手段。氧瓶（弹）燃烧法比较简便，具体方法是将样品放入氧瓶（弹）中，通入氧气燃烧数秒，待测元素直接转换为气体或离子，瓶（弹）内、外吸收液将气体吸收后转化为待测离子，将吸收液定容后即可进行离子色谱分析。燃烧管吸收法的原理是将被分析样品放入管式炉中，与氧气混合燃烧，经裂解氧化待测元素转化为气体随载气一起进入吸收液，而后用离子色谱法分析测定。与氧瓶（弹）燃烧法相比，燃烧管吸收法对待测元素吸收更完全，仪器设备造价较低。

二、基体干扰的去除

为了准确测量样品中待测物的含量，基体干扰是不可避开的困难。常采用的去除基体干扰的方法主要有膜法和固相萃取法（SPE）。

当样品含有颗粒物时，采用微孔滤膜过滤样品溶液后直接进样是离子色谱分析最通用的水溶液样品前处理方法，所用滤膜的孔径一般为 0.45 或 0.22μm。由于一般的滤膜不能耐高压，因此滤膜过滤只能用于离线样品处理。如需要在线样品处理，或者将该方法用于仪器管路中时，应采用砂芯滤片。然而，由于水相滤膜制作工艺的问题，滤膜中带有一些阴离子，在过滤的过程中会随着溶液进入待测样，如果待测对象就是这些阴离子，将会干扰测定结果。可以通过空白试验对样品的测定结果进行校正，或者采用淋洗液对滤膜进行洗涤。为克服滤膜法的局限性，可采用超滤法。半透膜渗析也是常用的方法，采用半透膜作为滤膜，使试样中的小分子经扩散作用不断透出膜外，而大分子不能透过而被保留，直到膜两边达到平衡，可实现在线的样品处理。电渗析是新开发出来的一种去除复杂基体的方法，与其他的膜处理方法相比，电渗析处理法有一定的选择性，因此不仅可以有效地去除颗粒物、有机污染物，而且也可以去除重金属离子的污染，是处理复杂基体样品最有效的方法之一。

SPE 于 20 世纪 70 年代问世，是近年来发展最快的色谱样品前处理技术之一。与溶剂萃取相比，该法操作简单、所需样品体积较少、样品制备迅速、样品不易被污染，且已有商品化的一次性、可再生和可多次使用的固相萃取柱，因此成为最常用的既快速又灵活的一种样品前处理方法。对于不同样品中的杂质，可以分别利用反相萃取、离子交换等方法进行去除。反相固相萃取是液相色谱中样品浓缩和去除基体干扰的反过程，当样品溶液通过反相萃取柱时，有机杂质或亲脂性物质被色谱柱保留，而无机离子不被保留，从而达到有机物和无机离子分离，除去基体干扰的目的。离子交换树脂是分离和消除干扰离子的有效方法，不同类型的离子交换树脂可以有针对性地去除不同的杂质离子，如阳离子交换树脂可以去除金属离子的干扰，而 H 型阳离子交换树脂不仅可以去除样品中的金属离子还可

除去 CO_3^{2-}、HCO_3^- 和 OH^- 等阴离子的干扰；阴离子交换树脂可以去除基体中含量过高的阴离子，如 Ag 型阴离子交换树脂可除去卤素离子 Cl^-、Br^- 和 I^- 等的干扰，而 Ba 型阴离子交换树脂可以将过量的 SO_4^{2-} 去除；有时，通过离子交换树脂也可以去除一些有机物，如果将离子交换树脂与吸附或反相树脂混合使用，则可以同时去除有机物和离子态化合物。

三、在线富集和去除干扰

与离线的样品处理方式相比，在线方式更方便，分析速度更快，因此是离子色谱样品处理的发展方向。在线浓缩、富集一般是通过柱切换技术来实现的，具体步骤是将富集、浓缩柱接在六通阀的定量环位置上，用泵向浓缩柱输送样品溶液，待测物被浓缩柱保留，富集一段时间后，切换六通阀，用淋洗液洗脱待测物使之进入分析柱进行分析。在离子色谱分析中，基体干扰的在线去除一般是通过两种方式实现的。其一是柱切换技术，在线浓缩、富集的过程本身也是去除基体干扰的过程；其二是安装保护柱，在分析柱前串联保护柱是离子色谱分析中最常用的在线去除基体干扰的方法。

四、其他离子色谱样品处理方法

在离子色谱的样品前处理方法中还有用到微波浓缩、沉淀、电解、离子液体萃取等技术。离子色谱的样品前处理涉及各种不同类型的物理和化学方法，包括过滤、沉淀、吸附、电化学和化学反应等，通过选择合适的样品前处理方法，可以有效拓宽离子色谱的应用范围。另外，样品前处理直接影响到离子色谱分析的速度、灵敏度和精密度，因此，在测定实际样品时应根据样品的性质、测试要求及仪器选择合适的样品前处理方法，从而达到快速、准确分析的目的。

第九章　氨基酸分析

氨基酸（Amino Acid，AA）是含有氨基和羧基的一类有机化合物的统称，是生物功能大分子蛋白质的基本组成单位。氨基酸中含有碱性氨基和酸性羧基，氨基连在 α - 碳上的为 α - 氨基酸。组成蛋白质的氨基酸均为 α - 氨基酸。作为机体内第一营养要素的蛋白质，它在食物营养中的作用是显而易见的，但它在人体内并不能直接被利用，而是通过变成氨基酸小分子后被利用的。即它在人体的胃肠道内并不直接被人体所吸收，而是在胃肠道中经过多种消化酶的作用，将高分子蛋白质分解为低分子的多肽或氨基酸后，在小肠内被吸收，沿着肝门静脉进入肝脏。一部分氨基酸在肝脏内进行分解或合成蛋白质；另一部分氨基酸继续随血液分布到各个组织器官，任其选用，合成各种特异性的组织蛋白质。在正常情况下，氨基酸进入血液中与其输出速度几乎相等，所以正常人血液中氨基酸含量相当恒定。如以氨基氮计，每百毫升血浆中含量为 4 ~ 6mg，每百毫升血球中含量为 6.5 ~ 9.6mg。食物蛋白质经消化分解为氨基酸后被人体所吸收，人体利用这些氨基酸再合成自身的蛋白质。人体对蛋白质的需要实际上是对氨基酸的需要。所以说氨基酸是一切营养的源泉，因此，对氨基酸组成和含量的分析就变得十分重要了。氨基酸分析是指用于测定蛋白质、肽及其他制剂的氨基酸组成或含量的方法。

第一节　氨基酸分析的基础理论

氨基酸的一个重要光学性质是对光有吸收作用。20 种蛋白质氨基酸在可见光区域均无光吸收，在远紫外区（<220nm）均有微量的光吸收，在紫外区（近紫外区）（220 ~ 300nm）只有三种氨基酸具有光吸收能力，这三种氨基酸是苯丙氨酸、酪氨酸、色氨酸，因为它们的分子中含有苯环共轭双键系统。根据氨基酸组成分析可以对蛋白质及肽进行鉴别，氨基酸分析法可用于确定蛋白质、肽及氨基酸的含量，及测定可能存在于蛋白质及肽中的非典型氨基酸。进行氨基酸分析前，必须将蛋白质及肽水解成单个氨基酸，具体水解方法由于样品不同略有差异。蛋白质及肽水解后，其氨基酸分析过程与用于其他药物制剂中游离氨基酸的分析过程相同。

氨基酸的分析方法包括四种柱前衍生法，分别为异硫氰酸苯酯（PITC）法、6 - 氨基喹啉 - *N* - 羟基琥珀酰亚氨基甲酸酯（AQC）法、邻苯二醛（OPA）和 9 - 芴甲基氯甲酸甲酯（FMOC）法和 2，4 - 二硝基氟苯（DNFB）法，以及一种茚三酮柱后衍生法。对于不同的样品应针对其所含的氨基酸种类及各种氨基酸的含量选择适宜的氨基酸分析方法并做相应的方法学验证。柱前衍生的氨基酸分析和常规的液相色谱分析几乎完全一样；柱后衍生的氨基酸分析相当于在液相色谱检测器前端加装一个衍生装置，具体的分析方法的建立和液相色谱并无本质区别，故本章只对氨基酸分析的具体操作进行阐述，相关的理论知识请参考高效液相色谱分析。

一、PITC 柱前衍生氨基酸分析法

本法根据氨基酸与异硫氰酸苯酯（PITC）反应，生成有紫外响应的氨基酸衍生物苯氨基硫甲酰氨基酸（PTC－氨基酸），PTC－氨基酸经反相高效液相色谱分离后用紫外检测器在254nm 波长下进行检测，在一定范围内其吸光值与样品中氨基酸浓度成正比。本方法对每一种氨基酸的线性浓度范围为0.025～1.25mmol/L。

（一）所用试剂

1. 流动相 A

0.1mol/L 乙酸钠溶液（取无水乙酸钠 8.2g，加水 900mL 溶解，用冰乙酸调 pH 至6.5，然后加水至1000mL）—乙腈（93+7）。

2. 流动相 B

乙腈—水（8+2）。

3. 1mol/L 的三乙胺乙腈溶液

准确吸取三乙胺 1.39mL，置于 10mL 容量瓶中，用色谱纯乙腈定容，备用。

4. 0.1mol/L 的 PITC－乙腈溶液

准确称取 0.1352g PITC 置于 10mL 容量瓶中，用乙腈定容，备用。

洗脱梯度见表 9－1。

表 9－1　PITC 柱前衍生氨基酸分析法洗脱梯度表

时间/min	流动相 A/%	流动相 B/%	流速/（mL/min）
0	100	0	1.0
14	85	15	1.0
29	66	34	1.0
30	0	100	1.0
37	0	100	1.0
37.1	100	0	1.0
45	100	0	1.0

（二）色谱条件与系统适用性试验

用十八烷基硅烷键合硅胶为填充剂（4.6mm×250mm，5μm）；流速为 1.0mL/min；柱温为 40℃；检测波长为 254nm。各氨基酸峰间的分离度均应大于 1.0。

（三）样品制备

准确吸取混合氨基酸标准品溶液 200μL，置入一 2mL 塑料离心管中；准确加入 1mol/L 三乙胺乙腈溶液 100μL，混匀；准确加入 0.1mol/L 的 PITC－乙腈溶液 100μL，混匀，室温放置 1h，加 800μL 正己烷，剧烈振摇，放置 10min；准确吸取正己烷层溶液 2μL，注入氨基酸分析仪，记录色谱图；另准确吸取样品溶液 200μL，自“置入一 2mL 塑料离心管中”起同法测定。

二、AQC柱前衍生氨基酸分析法

本法根据氨基酸与AQC反应，生成具有紫外与荧光响应的不对称尿素衍生物（AQC-氨基酸）。AQC-氨基酸经反相高效液相色谱分离，用紫外或荧光检测器进行检测，在一定的范围内其吸光值与氨基酸浓度成正比。本方法对每一种氨基酸的线性浓度范围为2.5~200μmol/L。

（一）所需试剂

（1）流动相A　取乙酸铵10.8 g或无水乙酸钠11.5 g，加水900mL溶解，用磷酸调pH至5.0，然后加水至1000mL。

（2）流动相B　乙腈—水（3+2）。

（3）0.4mol/L硼酸盐缓冲液（pH 8.8）　取硼酸12.36 g，加水400mL溶解，用400 g/L氢氧化钠溶液调pH至8.8，然后加水稀释至500mL。

（4）AQC溶液　取AQC适量，加乙腈溶解并稀释配制成1mg/mL的AQC乙腈溶液。

（二）色谱条件与系统适用性试验

用十八烷基硅烷键合硅胶为填充剂（4.6mm×250mm，5μm）；流速为1.4mL/min；柱温为37℃；检测波长为248nm。各氨基酸峰间的分离度均应大于1.0。洗脱梯度条件见表9-2。

表9-2　AQC柱前衍生氨基酸分析法洗脱梯度表

时间/min	流动相A/%	流动相B/%	流速/（mL/min）
0	88	12	1.4
14	88	12	1.4
29	80	20	1.4
30	59	41	1.4
37	59	41	1.4
37.1	88	12	1.4
45	88	12	1.4

（三）样品制备

准确吸取混合氨基酸标准品溶液10μL，置入一直径为0.4 cm、高度为5 cm的小试管中；准确加入70μL的0.4mol/L硼酸盐缓冲液（pH8.8），在涡旋混匀器上混匀；准确加入AQC溶液20μL，混匀，取5μL注入氨基酸分析仪，记录色谱图；另准确吸取样品溶液10μL，自“置入一直径为0.4 cm”起同法测定。

三、OPA和FMOC柱前衍生氨基酸分析法

本法根据一级氨基酸在巯基试剂存在下，首先与邻苯二醛（OPA）反应，生成OPA-氨基酸；反应完毕后，加入9-芴甲基氯甲酸甲酯（FMOC），剩余的二级氨基酸与FMOC继续反应，生成FMOC-氨基酸，两次反应生成的氨基酸衍生物经反相高效液相色谱分离

后用紫外或荧光检测器检测，在一定的范围内其吸光值与氨基酸浓度成正比。本方法的线性浓度范围为0.025～2.5μmol/mL。

（一）所用试剂

（1）流动相A　称取乙酸钠7.5 g，加水4000mL溶解，加三乙胺800μL，四氢呋喃24mL，混匀，用2%乙酸调pH至7.2。

（2）流动相B　称取乙酸钠10.88 g，加水800mL溶解，用2%醋酸调pH至7.2，加乙腈1400mL，甲醇1800mL，混匀。

（3）0.4mol/L硼酸盐缓冲液　取硼酸24.73 g，加水800mL溶解，用400g/L氢氧化钠溶液调pH至10.4，然后加水稀释至1000mL。

（4）OPA溶液　准确称量OPA 80mg，加0.4mol/L硼酸盐缓冲液（pH10.4）7mL，加入乙腈1mL，3－巯基丙酸125μL，混匀。

（5）FMOC溶液　准确称量FMOC 40mg，加入乙腈8mL溶解。

（二）色谱条件与系统适用性试验

用十八烷基硅烷键合硅胶为填充剂（4.6mm×150mm，5μm）；柱温为40℃；检测波长为338nm（一级氨基酸），262nm（二级氨基酸）。各氨基酸峰间的分离度均应大于1.0。洗脱梯度见表9－3。

表9－3　OPA和FMOC柱前衍生氨基酸分析法洗脱梯度表

时间/min	流动相A/%	流动相B/%	流速/（mL/min）
0.0	100	0	1.0
17.0	50	50	1.0
45.0	0	100	1.0
45.1	0	100	1.5
50.0	0	100	1.5
50.1	100	0	1.0
53	100	0	1.0

（三）样品制备

准确吸取混合氨基酸标准品溶液50μL，置入一1.5mL塑料离心管中，准确加入0.4mol/L硼酸盐缓冲液250μL，混匀，准确加入OPA衍生剂50μL，混匀，放置30s，准确加入FMOC衍生剂50μL，混匀，准确吸取4μL，注入氨基酸分析仪，记录色谱图；另准确吸取样品溶液50μL，自“置入一1.5mL塑料离心管中”起同法测定。

由于OPA－氨基酸不稳定，因此衍生后应立即进行分离测定。另外，本方法的衍生过程也可由自动进样器完成，安捷伦公司推荐的氨基酸测定方法即采用自动进样器完成衍生。

四、DNFB柱前衍生氨基酸分析法

本法根据氨基酸与2，4－二硝基氟苯（DNFB）反应，生成有紫外响应的二硝基苯－

氨基酸（DNP－氨基酸），DNP－氨基酸经反相高效液相色谱分离后采用紫外检测，在一定的范围内其吸光值与氨基酸浓度成正比。本方法的线性浓度范围为0.0015～0.007μmol/mL。本法所用的2，4－二硝基氟苯属易爆、剧毒物质，有强致癌性，且该法对色谱柱要求较高，易损坏色谱柱，衍生试剂水解生成的2，4－二硝基苯易干扰丝氨酸的测定。除另有规定外，一般不宜采用本法。

（一）所用试剂

（1）流动相A　0.05mol/L乙酸钠溶液（取4.1 g无水乙酸钠，加水800mL溶解，加二甲基甲酰胺10mL，用稀乙酸调pH至6.4，用水稀释至1000mL）。

（2）流动相B　流动相A－乙腈（1∶1）。

（二）色谱条件与系统适用性试验

用十八烷基硅烷键合硅胶为填充剂（4.6mm×250mm，5μm）；流速为1.0mL/min；柱温为40℃；检测波长为360nm。各氨基酸峰间的分离度均应大于1.0。洗脱梯度见表9－4。

表9－4　DNFB柱前衍生氨基酸分析法洗脱梯度表

时间/min	流动相A/%	流动相B/%	流速/（mL/min）
0	75	25	1.0
6	75	25	1.0
6.1	65	35	1.0
11	59	41	1.0
14	59	41	1.0
14.1	50	50	1.0
22	45	55	1.0
32	10	90	1.0
37	10	90	1.0
39	75	25	1.0
50	75	25	1.0

（三）样品制备

准确吸取混合氨基酸标准品溶液2mL，置入一50mL量瓶中，加0.5mol/L碳酸氢钠溶液2mL，2，4－二硝基氟苯衍生化试剂（取2，4－二硝基氟苯1mL，用乙腈稀释至100mL）1mL，混匀，在60℃水浴中反应1h，取20μL，注入氨基酸分析仪，记录色谱图；另准确吸取样品溶液2mL，自“置入一50mL量瓶中”起同法测定。

五、茚三酮柱后衍生氨基酸分析法

本法根据氨基酸经阳离子交换色谱柱分离后，与茚三酮反应，一级氨基酸生成在570nm处具有最大吸收的紫色化合物，二级氨基酸（如脯氨酸）生成在440nm处具有最大吸收的黄色化合物，分别在570nm和440nm下检测上述反应产物，在一定的范围内其吸光值与氨基酸浓度成正比。本方法的线性响应范围为0.00002～0.0005μmol。

（一）所用试剂

（1）流动相A　取无水柠檬酸钠1.7g，盐酸1.5mL，加水溶解并稀释至100mL，用盐酸调pH至3.0。

（2）流动相B　取无水柠檬酸钠1.7g，盐酸0.7mL，加水溶解并稀释至100mL，用盐酸调pH至4.3。

（3）流动相C　取氯化钠5g，无水柠檬酸钠1.9g，苯酚0.1 g，加水溶解并稀释至100mL，用盐酸调pH至6.0。

（4）色谱柱再生溶液　取氢氧化钠0.8g，加水溶解并稀释至100mL，用盐酸调pH至1.3。

（5）柱后衍生试剂　取茚三酮18g，茚氮蓝0.7g，加［76.7%（体积分数）二甲基亚砜－7g/L二水合乙酸锂－0.1%（体积分数）乙酸，加水溶解］溶液900mL使溶解，在氮气下混合至少3h。

（6）样品缓冲液　20g/L无水柠檬酸钠－1%（体积分数）盐酸－0.5%（体积分数）硫代二乙醇－1g/L苯甲酸，加水溶解。

（二）色谱条件与系统适用性试验

用磺化苯乙烯—二乙烯苯共聚物为填充剂（4.0mm×120mm，7.5μm）；流动相流速为0.45mL/min；柱后衍生试剂的流速为0.25mL/min，反应器温度为135℃；检测波长为440nm（二级氨基酸），570nm（一级氨基酸）。各氨基酸峰间的分离度均应大于1.0。洗脱梯度如下：开始时用流动相A平衡色谱柱，在25min时流动相的组成变为100%流动相B，在37min时，流动相组成变为100%流动相C，在75min时，最后一个氨基酸被洗脱后，用色谱柱再生溶液再生色谱柱1min。柱温程序如下：开始时柱温48℃，11.5min后，以3℃/min的速率升至65℃，约35min后，以3℃/min的速率升至77℃，最后在约52min后，以3℃/min的速率降至77℃。

（三）测定法

准确吸取混合氨基酸标准品溶液适量，注入氨基酸分析仪，记录色谱图；另准确吸取样品溶液适量，同法测定。

该柱后衍生方法主要用于专用的氨基酸自动分析仪，目前市场上有多种氨基酸自动分析仪，不同品牌的氨基酸分析仪，应根据仪器的要求，对流动相、色谱柱再生溶液、衍生试剂、缓冲液和洗脱梯度做适当调整。

第二节　氨基酸分析仪

当前氨基酸分析领域上用量较多的是全自动氨基酸分析仪。国内主要使用的是欧洲的Biochrom氨基酸分析仪和日本的日立氨基酸分析仪。本节以Biochrom 30＋氨基酸分析仪为例介绍氨基酸分析仪的组成和使用。该仪器采用阳离子交换层析柱，利用缓冲液的浓度、pH和温度的变化进行梯度洗脱，分离后氨基酸经茚三酮衍生显色，再测量吸收峰，通过和标样的吸收峰比对定量未知样品的氨基酸含量。整个过程完全自动化，通过设定专门的短程序可在数分钟内完成大部分食品饲料营养成分氨基酸的定量。使用时只需把水解好的样品放到自动加样器中，系统即自动进行分析，作出各氨基酸的含量报告，使用非常方便。

氨基酸分析仪的用途非常广泛，覆盖几乎一切饲料食品的氨基酸鉴定领域，包括饲料鉴定，加工原料鉴定，食品贮存方法研究，建立原料的氨基酸数据库，鉴定原产地（葡萄酒、红酒），鉴定产品质量（肉制品、奶制品、果汁、氨基酸饮料、啤酒），食品变质鉴定（饼干、奶粉、麦片、肉类、鱼类、蔬菜、水果），检测原料中待添加的氨基酸样品的纯度等。氨基酸分析仪的原理图见图 9－1，内部结构见图 9－2。下面对各部分的功能进行介绍。

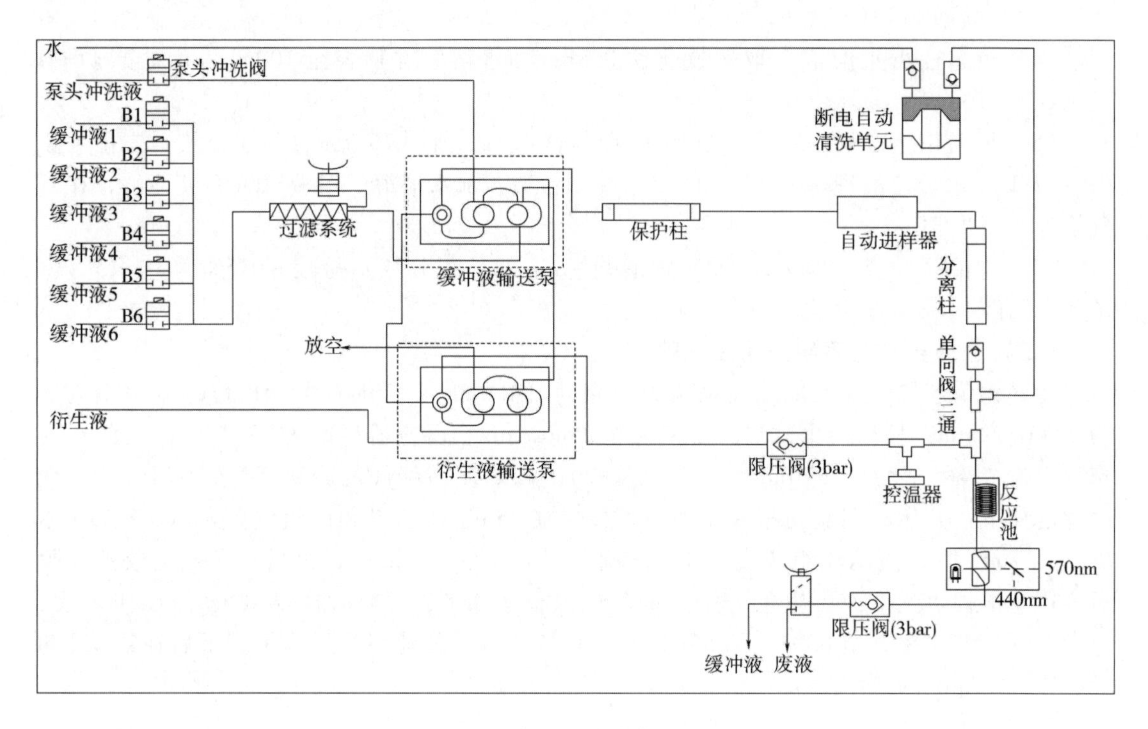

图 9－1　氨基酸分析仪原理图

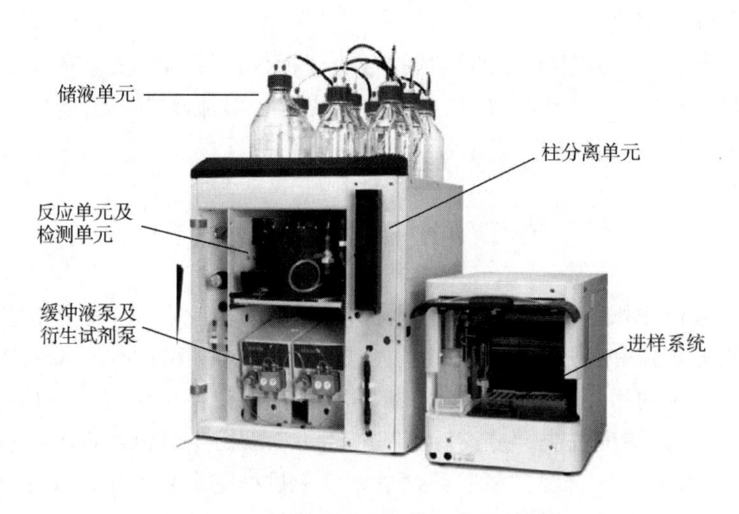

图 9－2　氨基酸分析仪的内部结构

（1）试剂单元　主要用来存放试剂，由于采用 N_2保存试剂，可使试剂长期稳定存放。一般存放试剂为预混合试剂，可保证高浓度多种离子试剂混合均匀，结果重复性好，灵敏度高。

（2）缓冲液泵及衍生试剂泵　采用高压小体积电子陶瓷泵，液流脉冲小，噪声低，更耐腐蚀，耐磨损。内置在线脱气机，可脱去液流中小气泡。内置在线过滤，可保证从泵开始整个高压区没有固体小颗粒影响。内置柱塞自动清洗装置，防止盐析磨损柱塞杆及密封圈。

（3）柱温箱　采取柱前预热溶剂的小体积梯度控温柱温箱，消除进入色谱柱溶剂受到环境的影响及提高结果的分离度和重复性，使用 4.6mm×200mm 分离柱，具有较好的分离效果。

（4）自动进样器　采用定量环进样，保证进样的准确性；在 0～200μL 任意设置进样体积，具有扩展到 5000μL 进样量的功能；样品盘上预留了 3 个样品位；自动清洗接触样品部分，最大程度消除记忆效应。

（5）反应单元及检测单元　采用油浴加热反应单元，较空气浴更稳定，加热更均匀。

（6）材料　全部与液体接触部分均采用陶瓷及 PEEK 等惰性材料，仪器不会因为腐蚀漏液或堵塞。

氨基酸分析仪的自动性大大节省了研究者的测试时间，且仪器的性能如今有了明显的提高。Biochrom 30＋的性能指标已达到较高水平，检测限达到 2.5pmol（信噪比 $S/N=2$，天冬氨酸）和 9pmol（全部氨基酸平均）；保留时间重复性≤0.05%（变异系数，以精氨酸），≤0.07%（变异系数，以丙氨酸），≤0.1%（变异系数，以全部氨基酸平均）；峰面积重复性≤0.2%（变异系数，以甘氨酸），≤0.4%（变异系数，以组氨酸），≤0.5%（变异系数，以全部氨基酸平均）；分离度，全部氨基酸＞1.4，平均值 3.3。

氨基酸分析仪根据用途分为三种：

（1）水解蛋白型：分析常见 18 种氨基酸，可加入标准品扩展至 20 多种（钠盐系统分析）；

（2）生理体液型：游离氨基酸，常见 43 种，有的氨基酸分析仪可以最多分析 56 种氨基酸（锂盐系统分析）；

（3）氧化水解型：主要用于饲料中含硫氨基酸的准确分析（钠盐系统分析）。

图 9－3 所示为在不同分析用途下得到的氨基酸分离测试图谱。

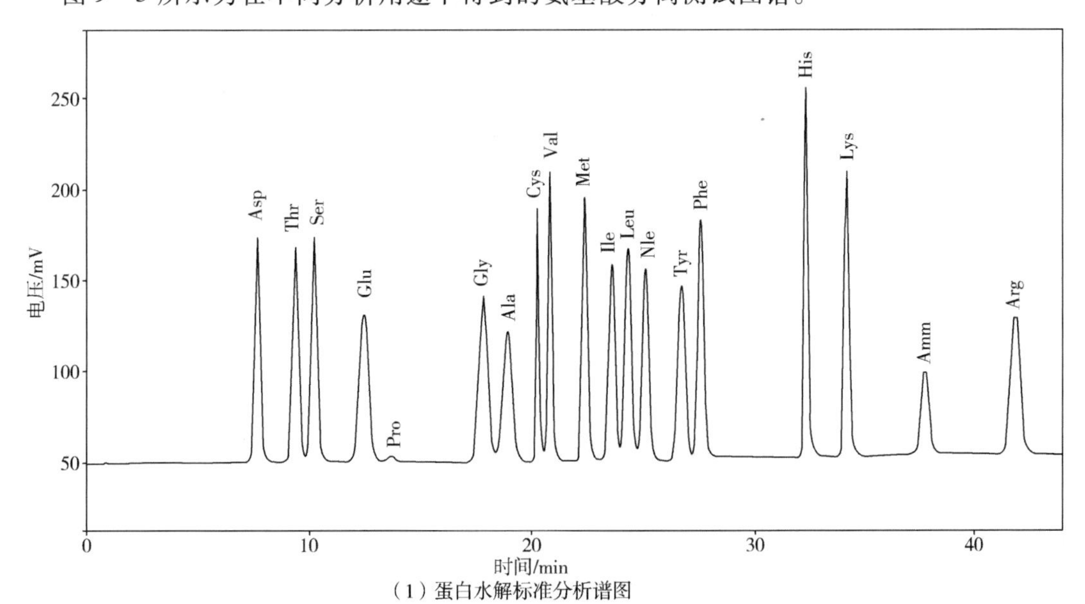

（1）蛋白水解标准分析谱图

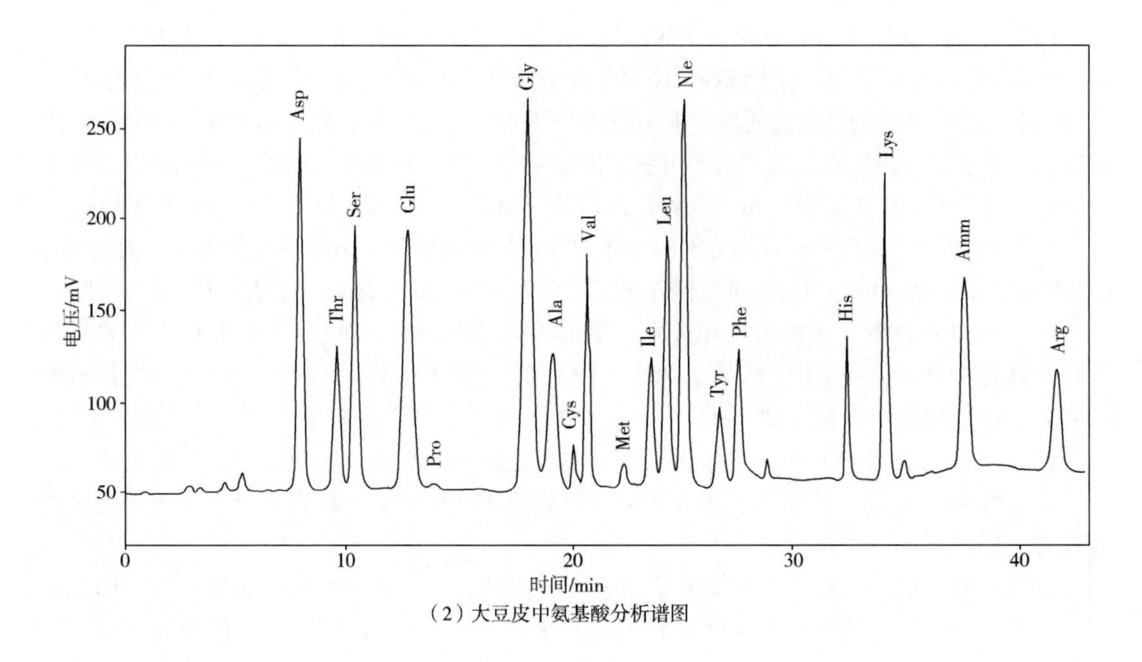

（2）大豆皮中氨基酸分析谱图

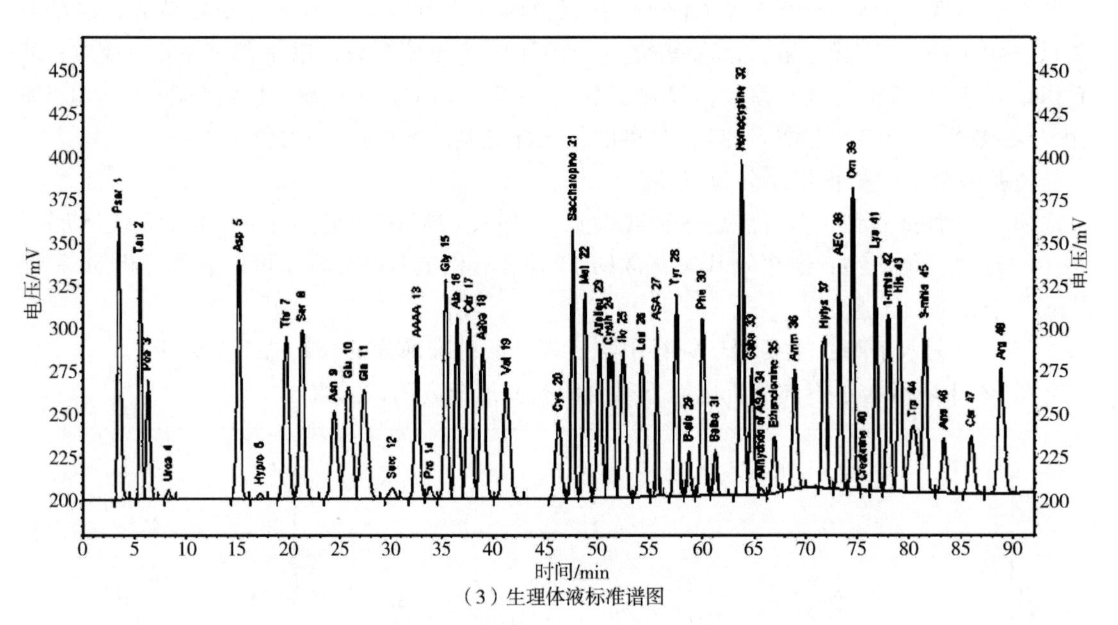

（3）生理体液标准谱图

图 9－3　不同分析条件下氨基酸测试图谱（1）（2）（3）

第三节　样品的前处理

由于本书中只涉及发酵及食品类物质中氨基酸的分析，发酵产品中的游离氨基酸的测定可采用过滤去除基体的方式进行检测分析，所以本文只介绍蛋白质类样品中氨基酸分析的前处理方法，也即蛋白质的水解方法。进行蛋白质的氨基酸组成分析时，蛋白质水解液的制备是十分重要的一步。样品水解的好坏直接影响测定结果的准确性。蛋白质完全水解的方法有酸法水解和碱法水解。

酸法水解通常以 5～10 倍的 6mol/L HCl 煮沸回流 16～20h，或 110℃在密封管条件下恒温水解 24h，可将蛋白质水解成氨基酸。此法常用于蛋白质的分析与制备。该方法的优点是水解彻底，水解的最终产物是 L－氨基酸，没有旋光异构体的产生；缺点是营养价值较高的色氨酸几乎全部被破坏，而与含醛基的化合物（如糖）作用生成一种黑色物质，称为腐黑质，因此水解液呈黑色。在这条件下进行水解，蛋白质分子中的丝氨酸（Ser）、苏氨酸（Thr）、色氨酸（Trp）、半胱氨酸（Cys）、酪氨酸（Tyr）、甲硫氨酸（Met）仍可能因氧化、降解等反应影响回收率。为此，要求在封管时减压或充氮以提高回收率，但这又需要特殊装置。有研究报道选用 1.5mL 聚丙烯带盖的离心管代替玻璃管进行蛋白质水解。实验结果表明用这两种管子水解结果相同，而使用聚丙烯离心管可以免去加热封管等步骤，减少了样品的损失。

碱法水解是用 6mol/L 的 NaOH 或 4mol/L 的 $Ba(OH)_2$ 煮沸 6h 即可完全水解得到氨基酸。此方法的优点是色氨酸不被破坏，水解液清亮；缺点是水解产生的氨基酸发生旋光异构作用，产物有 D－型和 L－型两类氨基酸。D－型氨基酸不能被人体分解利用，因而营养价值减半；此外，Ser、Thr、Lys、Cys 等大部分被破坏，因此碱水解法一般很少使用，但可与酸水解形成互补（色氨酸分析）。

第二篇　实验部分

第一章　糖类分析

第一节　原料中粗淀粉的测定（斐林法）

一、原理

淀粉经酸或酶水解生成葡萄糖，所生成的葡萄糖用斐林法测定。斐林试剂由甲、乙液组成。甲液为 $CuSO_4$溶液，乙液为 NaOH 与酒石酸钾钠溶液。平时甲、乙液分别贮存，测定时甲、乙液等体积混合。混合后，$CuSO_4$与 NaOH 反应生成 $Cu(OH)_2$沉淀，$Cu(OH)_2$沉淀与酒石酸钾钠反应生产酒石酸钾钠铜络合物，络合物中的二价铜是氧化剂，能使还原糖中的羰基氧化，自身还原为一价的氧化亚铜沉淀。反应终点用次甲基蓝指示剂显示，二价铜全部被还原后，过量一滴还原糖立即使次甲基蓝还原，溶液蓝色消失，为滴定终点。

$$2NaOH + CuSO_4 \longrightarrow Cu(OH)_2 + Na_2SO_4$$

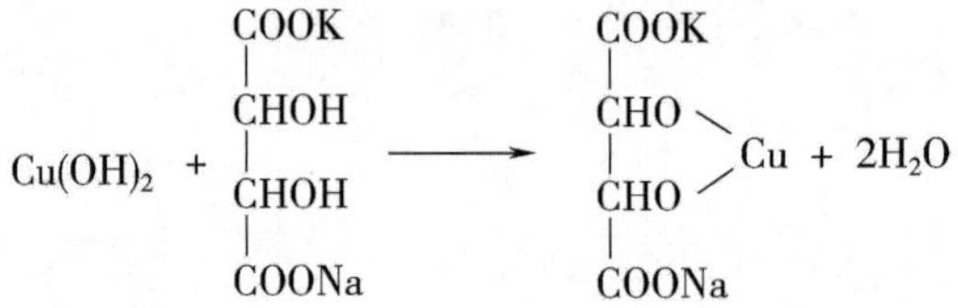

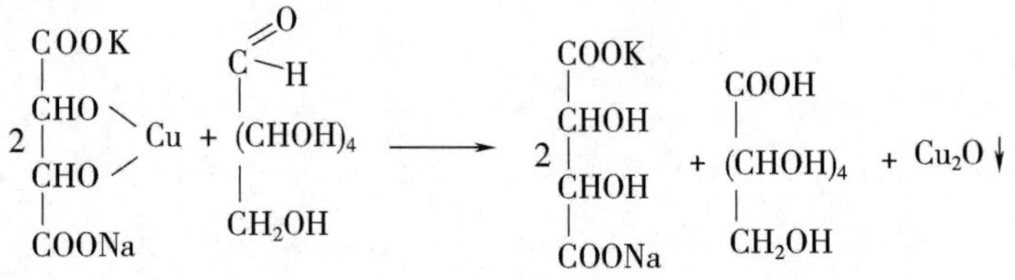

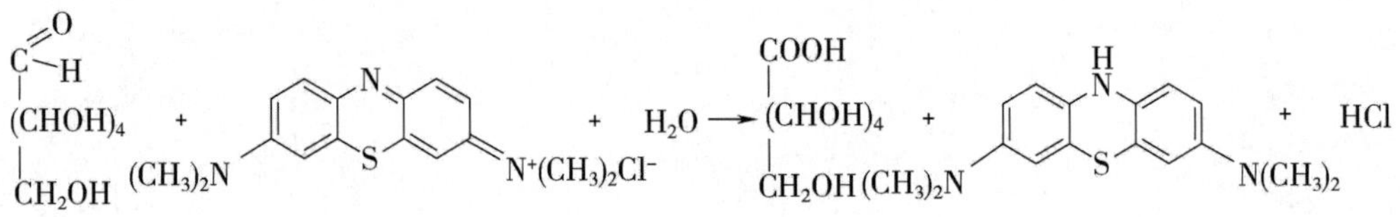

$$Cu(OH)_2 + \begin{array}{c} COOK \\ | \\ CHOH \\ | \\ CHOH \\ | \\ COONa \end{array} \longrightarrow \begin{array}{c} COOK \\ | \\ CHO \\ | \\ CHO \\ | \\ COONa \end{array} \!\!\!> Cu + 2H_2O$$

$$2\begin{array}{c} COOK \\ | \\ CHO \\ | \\ CHO \\ | \\ COONa \end{array} \!\!\!> Cu + \begin{array}{c} CHO \\ | \\ (CHOH)_4 \\ | \\ CH_2OH \end{array} \longrightarrow 2\begin{array}{c} COOK \\ | \\ CHOH \\ | \\ CHOH \\ | \\ COONa \end{array} + \begin{array}{c} COOH \\ | \\ (CHOH)_4 \\ | \\ CH_2OH \end{array} + Cu_2O\downarrow$$

$$\begin{array}{c} CHO \\ | \\ (CHOH)_4 \\ | \\ CH_2OH \end{array} + \text{次甲基蓝}\ [(CH_3)_2N\text{—}\cdots\text{=}N^+(CH_3)_2Cl^-] + H_2O \longrightarrow \begin{array}{c} COOH \\ | \\ (CHOH)_4 \\ | \\ CH_2OH \end{array} + \text{还原型次甲基蓝}\ [(CH_3)_2N\text{—}\cdots\text{—}N(CH_3)_2] + HCl$$

二、试剂

（1）斐林试剂

甲液：称取 69.3g 硫酸铜（$CuSO_4 \cdot 5H_2O$），用水溶解并稀释至 1000mL，如有不溶物可用滤纸过滤。

乙液：称取346g酒石酸钾钠，100g NaOH，用水溶解并稀释至1000mL。

（2）2%（质量分数）HCl溶液　取4.5mL浓盐酸，用水稀释至100mL。

（3）200g/L NaOH溶液　称取20g NaOH溶于水并稀释至100mL。

（4）2g/L标准葡萄糖溶液　准确称取0.5g的无水葡萄糖（预先于105℃烘干至恒重）于烧杯中，用水溶解并定容于250mL。

（5）10g/L次甲基蓝溶液　称取1g次甲基蓝，溶于100mL水中。

三、操作步骤

1. 试样水解

准确称取2g（精确至0.1mg）高粱粉置入250mL三角瓶中，加100mL 2%（质量分数）HCl溶液，瓶口接上回流冷凝管或长玻璃管，于沸水浴中回流水解3h，取出，迅速冷却，并用200g/L NaOH溶液中和至中性或微酸性。脱脂棉过滤，滤液用500mL容量瓶接收。用水充分洗涤残渣，然后用水定容至刻度，摇匀，为供试糖液。

2. 斐林试剂的标定

吸取斐林试剂甲、乙液各5mL，置入250mL三角瓶中，加20mL水，并从滴定管中预先加入约24mL 2g/L标准葡萄糖溶液，摇匀，于电炉上加热至沸，并保持微沸2min。加2滴10g/L次甲基蓝溶液，以2～3s 1滴的速度继续用2g/L标准葡萄糖溶液滴定到蓝色消失。此滴定操作需在1min内完成，其消耗2g/L标准葡萄糖溶液应控制在1mL以内。总消耗标准葡萄糖溶液的体积为V_0mL。

3. 定糖

（1）预备实验　吸取斐林试剂甲、乙液各5mL，置入250mL三角瓶中，加10mL水，准确加入10mL水解糖液，摇匀，于电炉上加热至沸，加2滴10g/L次甲基蓝溶液，用2g/L标准葡萄糖溶液滴定至蓝色消失，其消耗标准葡萄糖溶液的体积为V_1mL。

（2）正式实验　吸取斐林试剂甲、乙液各5mL，置入250mL三角瓶中，准确加入10mL水解糖液，补加水（$10+V_0-V_1$）mL，并从滴定管中预先加入约（V_1-1）mL 2g/L标准葡萄糖溶液，摇匀，于电炉上加热至沸，并保持微沸2min。加2滴10g/L次甲基蓝溶液，以2～3s 1滴的速度继续用2g/L标准葡萄糖溶液滴定到蓝色消失。此滴定操作需在1min内完成，其消耗2g/L标准葡萄糖溶液应控制在1mL以内。总消耗标准葡萄糖溶液的体积为VmL。

四、计算

$$淀粉(\%)=(V_0-V)\times C\times\frac{1}{m}\times\frac{500}{10}\times0.9\times100$$

式中　V_0——标定斐林试剂消耗标准葡萄糖溶液的体积，mL

V——定糖时消耗标准葡萄糖溶液的体积，mL

C——标准葡萄糖溶液的浓度，g/mL

m——试样的质量，g

$\frac{500}{10}$——10为测定时所取水解糖液的体积（mL），500为水解糖液总体积，mL

0.9——葡萄糖与淀粉的换算系数

五、讨论

（1）斐林法测糖的实质是二价铜被糖中的醛基还原。其反应是在强碱性溶液中，沸腾情况下进行，反应产物极为复杂，为得到正确的结果，必须严格遵循操作规程进行。

①斐林试剂甲、乙液平时应分别贮存，用时才混合，否则酒石酸钾钠铜络合物长期在碱性条件下会发生分解。

②斐林试剂吸量要准确，特别是甲液，因为起反应的是二价铜，故吸量不准会引起较大误差。

③测定时反应液的酸碱度要一致，这就需严格控制反应液的体积。

④反应时温度需一致，沸腾时间要控制一致，否则溶液蒸发量不同，引起反应液的浓度发生变化，从而引起误差。

⑤滴定速度需一致，一般以 2～3s 一滴的速度进行。滴定速度过快，消耗糖量增加，反之消耗糖量减少。

⑥次甲基蓝指示剂也是一种氧化还原物质，过早加入或过量加入会导致滴定误差。

⑦反应产物氧化亚铜极不稳定，易被空气所氧化而增加耗糖量。所以滴定时不能随意摇动三角瓶，更不能从电炉上取下后再行滴定。

⑧滴定终点判断要一致，减少滴定误差。

（2）用酸水解测定原料淀粉时，由于原料中的半纤维素、多缩戊糖等也被水解而被测定，故测得的淀粉称粗淀粉。

（3）淀粉酸水解为葡萄糖时，酸浓度与水解时间有较大影响。一般讲，酸浓度越大水解时间越短，经典准确的测定方法是稀酸［2%（质量分数）HCl］，但水解时间长（沸水浴，3h），为快速测定，可利用 1＋4 HCl 水解，水解时间为沸水浴 30min。结果准确度稍差。

（4）2%（质量分数）HCl 溶液配制方法　浓盐酸浓度为 37%（质量分数），密度为 1.19g/mL，故 1mL 浓盐酸中含 HCl 量为 1.19×37%＝0.44（g/mL），100mL 2%（质量分数）盐酸溶液中含 HCl 2g，需浓盐酸的体积为 2÷0.44＝4.5（mL）。

（5）100mL 2%（质量分数）HCl 溶液摩尔数为 12×4.5＝54，200g/L NaOH 的浓度为 200÷40＝5（mol/mL），故中和时取 200g/L NaOH 体积为 54÷5≈11（mL）。故在中和水解液时应先加 200g/L NaOH 约 10mL，然后再慢慢滴加至中性或弱酸性。

（6）淀粉经酸水解生成葡萄糖

$$(C_6H_{10}O_5)_n + nH_2O \longrightarrow nC_6H_{12}O_6$$

故换算系数为：

$$\frac{(C_6H_{10}O_5)_n\text{分子质量}}{n\,C_6H_{12}O_6\text{相对分子质量}} = 0.9$$

（7）对于原料中含多缩戊糖、半纤维素较多的壳类原料的淀粉测定时，可用酶（淀粉酶）水解法测定。

对单宁含量较多的原料应在酸水解后用乙酸铅澄清过滤，过量乙酸铅再用除铅剂除去（除铅剂为磷酸氢二钠与草酸钾混合液）。

第二节　发酵液中还原糖的测定（斐林法）

一、原理

发酵液中还原糖的测定采用快速法，除去蛋白质等干扰物的样品溶液直接滴定标定过的斐林试剂溶液。其反应与粗淀粉测定相似，不同点为斐林试剂中硫酸铜量小，适用于含糖量较少的样品。另外斐林试剂中加入亚铁氰化钾（黄血盐），使红色氧化亚铜沉淀生成可溶性的复盐，反应终点更为明显。

$$Cu_2O + K_4Fe(CN)_6 + H_2O = K_2Cu_2Fe(CN)_6 + 2KOH$$

二、试剂

（1）斐林试剂 A 液　称取硫酸铜（$CuSO_4 \cdot 5H_2O$）15g 及 0.05g 次甲基蓝，溶于水并稀释至 1000mL。

（2）斐林试剂 B 液　称取酒石酸钾钠 50g 及氢氧化钠 54g，溶于水中，再加入 4g 亚铁氰化钾，完全溶解后，用水稀释至 1000mL。

（3）1g/L 葡萄糖标准溶液　准确称取 1.0000g 经过 105℃ 干燥至恒重的无水葡萄糖，加水溶解，并以水稀释定容至 1000mL。

三、操作步骤

1. 样品处理

吸取 5～10mL 发酵液，置于 100mL 容量瓶中，加水并定容至刻度，糖浓度控制约为 1g/L，用脱脂棉或干燥滤纸过滤，滤液备用。

2. 斐林试剂的标定

吸取 5mL 斐林试剂 A 液及 5mL 斐林试剂 B 液，置于 150mL 锥形瓶中，加 20mL 水，通过滴定管加入约 9mL1g/L 葡萄糖标准溶液，控制加热使其在 2min 内沸腾，在沸腾条件下以 2～3s 1 滴的速度继续滴加葡萄糖标准溶液，直至溶液蓝色刚好褪去为终点，溶液呈橙黄色。记录消耗葡萄糖标准溶液总体积 V_1。

3. 样品溶液滴定

吸取 5mL 斐林试剂 A 液及 5mL 斐林试剂 B 液，置于 150mL 锥形瓶中，加 20mL 水，通过滴定管加入一定量的样品滤液，要求后滴定消耗样品滤液小于 1mL，加热使其在 2min 内沸腾，在沸腾条件下以 2～3s 1 滴的速度继续滴加样品溶液，直至溶液蓝色刚好褪去为终点，溶液呈橙黄色。记录样品溶液消耗总体积 V_2。

四、计算

$$\text{还原糖(以葡萄糖计 } g/100mL) = V_1 \times C \times \frac{1}{V_2} \times 100 \times \frac{1}{V} \times \frac{1}{1000} \times 100$$

式中　V_1——标定斐林试剂消耗葡萄糖标准溶液体积，mL

C——葡萄糖标准溶液浓度，mg/mL

V_2——测定时消耗样品溶液总体积，mL

100——样品稀释体积，mL

V——吸取样品体积，mL

五、讨论

亚铁氰化钾测定还原糖的方法称为快速法，测定范围小于10mg还原糖。还原糖在碱性环境中反应产物极其复杂，因此要求整个滴定过程须在1min内完成。

第三节　麦芽糖化力的测定（碘量法）

啤酒生产中，麦芽糖化力是麦芽质量的重要指标之一，主要取决于淀粉糖化酶活力大小。酶活性越强，糖化中可溶性糖越多，麦芽的糖化能力越高。

麦芽糖化酶活力定义：100g无水麦芽在20℃，pH4.3，30min条件下水解淀粉产生麦芽糖的克数。良好的淡色麦芽糖化力为250~350g，次品在150g以下。

一、原理

淀粉经糖化酶水解为葡萄糖，采用碘量法测定产生的葡萄糖。葡萄糖的醛基被弱氧化剂次碘酸钠氧化，过量的碘用硫代硫酸钠滴定。反应方程式为：

$$I_2 + 2NaOH \rightleftharpoons NaIO + NaI + H_2O$$

$$NaIO + \begin{array}{c} C(=O)H \\ | \\ (CHOH)_4 \\ | \\ CH_2OH \end{array} \longrightarrow \begin{array}{c} C(=O)OH \\ | \\ (CHOH)_4 \\ | \\ CH_2OH \end{array} + NaI$$

$$I_2 + 2Na_2S_2O_3 \longrightarrow Na_2S_4O_6 + 2NaI$$

二、试剂

（1）淀粉指示剂　将0.5g可溶性淀粉，加约80mL水，煮沸至透明，冷却后稀释至100mL。

（2）pH4.3 NaAC-HAc缓冲液　称取30g冰乙酸，加1000mL水稀释。另取34g乙酸钠（$CH_3COONa \cdot 3H_2O$），加500mL水溶解，将两溶液混合。

（3）基准物质$K_2Cr_2O_7$。

（4）0.1mol/L（1/2 I_2）溶液　称取12.7g碘，40g碘化钾，置于研钵中，加少量水研磨至完全溶解，用水稀释至1000mL，贮存于棕色瓶中。

（5）20g/L的淀粉溶液　准确称取5.000 g可溶性淀粉（预先于100~105℃烘干），加少量水调匀，倒入约200mL的水中煮沸至透明，冷却后用水定容至250mL。

（6）1mol/L HCl溶液　取8.4mL的浓盐酸用水稀释至100mL。

（7）2mol/L HCl溶液　取16.8mL的浓盐酸用水稀释至100mL。

（8）1mol/L NaOH溶液　称取4gNaOH，溶于100mL水中。

（9）0.1mol/L $Na_2S_2O_3$溶液

①配制：称取 $Na_2S_2O_3 \cdot 5H_2O$ 25g 于烧杯中，加水溶解稀释到 1000mL。

②标定：准确称取 0.1g$K_2Cr_2O_7$（110℃烘干 2h）置于碘量瓶中，加 20mL 水溶解，加 1.8g KI，加 15mL 2mol/L HCl 溶液摇匀，盖好，于暗处反应 15min，加约 100mL 水稀释，立即用 0.1mol/L $Na_2S_2O_3$溶液滴定至浅黄色，加 1mL 淀粉指示剂，继续滴定至蓝色消失呈绿色。

反应方程式为：

$$Cr_2O_7^{2-} + 6I^- + 14H^+ \longrightarrow 2Cr^{3+} + 3I_2 + 7H_2O$$

$$I_2 + 2Na_2S_2O_3 \longrightarrow Na_2S_4O_6 + 2NaI$$

计算如下：

$$Na_2S_2O_3\ (mol/L) = \frac{m}{\frac{M}{6} \times V} \times 1000$$

式中　m——称取 $K_2Cr_2O_7$的质量，g

M——$K_2Cr_2O_7$的相对分子质量，294.21

V——滴定消耗 0.1mol/L $Na_2S_2O_3$溶液的体积，mL

三、操作步骤

1. 酶浸出液的制备

称 20g 粉碎麦芽于已知质量的烧杯中，加 480mL 水，40℃水浴中，以 180r/min 的速度搅拌，保温浸取 1h，将内容物调至 520g，双层滤纸过滤，得酶浸出液。

2. 糖化液的制备

（1）样品糖化液　吸取 50mL 20g/L 淀粉溶液于 100mL 容量瓶中，加 5mL pH4.3 NaAc－HAc 缓冲液，于 20℃水浴预热 20min，准确加入 2.5mL 酶浸出液摇匀，20℃准确保温 30min，立即加 2mL 1mol/L NaOH 溶液（使酶失活），用水定容至 100mL。

（2）空白糖化液　吸取 50mL 20g/L 淀粉溶液于 100mL 容量瓶中，先加 2mL 1mol/L NaOH 溶液，再加 5mL pH4.3 的缓冲液和 2.5mL 酶浸出液，此条件下酶浸出液中的酶已失去水解活性，理论上不会水解淀粉，因此无需后续保温过程，可直接用水定容至 100mL 作为空白糖化液。

3. 定糖

分别准确吸取 50mL 空白和样品糖化液分别置于 250mL 碘量瓶中，加 25mL 0.1mol/L（$1/2I_2$）溶液，加 3mL 1mol/L NaOH 溶液，于暗处反应 15min，加 50mL 水，加 5mL 1mol/L HCl 溶液，用 0.1mol/L $Na_2S_2O_3$滴定，滴定终点为蓝色消失，记录消耗的 $Na_2S_2O_3$的体积。

四、计算

$$麦芽糖化力 = (V_0 - V) \times C \times \frac{1}{2} \times 342 \times 10^{-3} \times \frac{50}{2.5} \times \frac{100}{20} \times \frac{100}{100 - W}$$

式中　V_0——空白糖化液消耗 $Na_2S_2O_3$溶液的体积，mL

V——样品糖化液消耗 $Na_2S_2O_3$溶液的体积，mL

C——$Na_2S_2O_3$溶液的物质的量浓度，mol/L

342——麦芽糖的相对分子质量，g/mol

100——糖化液的定容体积，mL

50——吸取糖化液的体积，mL

500——制备酶浸出液的体积，mL

2.5——吸取酶液的体积，mL

20——称取麦芽的质量，g

100——100g 的麦芽的糖化力

10^{-3}——毫相对分子质量换算成相对分子质量的系数

$\frac{1}{2}$——$Na_2S_2O_3$换算成麦芽糖的毫相对分子质量的系数

W——麦芽水分

五、讨论

（1）麦芽糖化酶浸取时，浸取温度、浸取时间、搅拌速度应固定。

（2）20g/L 可溶性淀粉溶液应准确配制，因底物浓度对酶活力有影响。

（3）定糖中由于反应产生的I_2容易挥发，因此反应在碘量瓶密闭体系中进行，反应结束后加水的目的是为稀释溶液，使I_2浓度降低，减少挥发造成的测定误差。

（4）碘量法测定还原糖是糖测定中唯一能严格按反应式进行的反应。测定时试剂加入次序有影响，应先加糖液，然后加碱和碘（碘和碱加入次序无影响），原因是若先加碘和碱，则生成次碘酸钠后，立即反应生成碘酸钠，而碘酸钠氧化力比次碘酸钠弱，故再加入糖，就不能氧化糖中的醛基。

（5）用$K_2Cr_2O_7$标定$Na_2S_2O_3$浓度时，由于$K_2Cr_2O_7$与 KI 反应速度慢，为加快反应速度，故反应时体积要小，KI 要过量，酸也要过量。暗处反应是为了防止产生的I_2遇光分解，反应后加水可降低产生I_2的挥发，滴定终点呈绿色是三价铬的颜色。

第四节　五碳糖的测定（苔黑酚法）

一、原理

五碳糖，如木糖、核糖，与浓盐酸共热时形成糠醛，在三氯化铁存在的条件下与苔黑酚煮沸时呈蓝绿色，在 670nm 测定吸光值，在一定的范围内显色程度与糖浓度成正比，以标准曲线法定量。

二、试剂

（1）1g/L 三氯化铁盐酸溶液　称取 0.1g 三氯化铁，加入到 100mL 浓盐酸中。

（2）苔黑酚乙醇溶液　1g 苔黑酚（3，5 - 二硝基甲苯）溶于 100mL 95% 乙醇溶液中。

（3）木糖标准溶液（100μg /mL）　准确称取 0.1g（精确至 0.0001g）木糖溶于少量

水中并定容至100mL。准确吸取上述溶液1mL稀释至10mL，此溶液每mL含100μg木糖。

三、操作步骤

1. 标准曲线的制作

吸取100μg/mL木糖标准溶液0、0.1、0.2、0.3、0.4、0.6、0.8、1.0mL，分别置入10mL比色管中，用水补足到每管3mL，各管的木糖含量分别为0、10、20、30、40、60、80、100μg。各管分别加入1g/L三氯化铁盐酸溶液3mL，再加入苔黑酚乙醇溶液0.3mL，混合后放入沸水浴加热20min，立即放入流水中冷却，用水稀释定容至10mL。在670nm波长处测定吸光值。以木糖含量为横坐标，吸光值为纵坐标，绘制标准曲线或求得回归方程。

2. 样品测定

取3mL待测样品（糖含量控制在10～100μg），其余操作与标准曲线相同，根据测定的吸光值查标准曲线或从回归方程中计算出含糖量。

四、计算

$$\text{木糖含量（mg/100mL）} = C \times \frac{1}{3} \times \frac{1}{1000} \times 100$$

式中　C——从标准曲线中求得试样糖量，μg

3——吸取试样体积，mL

1000——μg换算成mg

五、讨论

本法对木糖的测定范围在10～100μg。测定时要严格控制反应条件，特别是反应时间，才能取得比较满意的效果。

第五节　原料中粗纤维素的测定

一、原理

试样经酸、碱处理后，使淀粉、半纤维素、蛋白质、脂肪等转化成可溶性物质而被除去，残剩的纤维素和其他植物质的膜壁等统称为粗纤维素，称重定量。

二、试剂

（1）12.5g/L H_2SO_4溶液　吸取6.8mL浓硫酸（98%），缓慢倒入适量水中，并用水稀释至1000mL。

（2）12.5g/L NaOH溶液　称取12.5g NaOH，溶于水并稀释至1000mL。

（3）乙醚。

（4）乙醇。

三、操作步骤

准确称取2～3g试样，置入500mL三角瓶中，加100mL乙醚，摇匀，盖严，静置过夜，以除去脂肪。用倾泻法除去乙醚层，再用乙醚洗涤残渣，残存少量乙醚于水浴中蒸发除去（或直接取测定粗脂肪后的残渣进行测定）。

残渣用200mL 12.5g/L H_2SO_4溶液转入500mL烧杯中，盖上表面皿，煮沸0.5h，抽滤（滤器可用布氏漏斗，上铺亚麻布或府绸或用1～2号耐酸玻璃过滤器），用热水洗涤至滤液呈中性。

将残渣用200mL 12.5g/L NaOH溶液转入500mL烧杯中，盖上表面皿，煮沸0.5h，用经灼烧过的古氏坩埚抽滤（内铺分别用50g/L NaOH溶液和1+3盐酸溶液处理并灼烧过的石棉纤维层），用热水洗涤至滤液呈中性，再用乙醇、乙醚洗涤。

将古氏坩埚连同纤维素，于100～105℃干燥至恒重（W_1），然后灼烧至恒重（W_2）。

四、计算

$$粗纤维素(\%) = \frac{(W_1 - W_2)}{m}$$

式中　W_1——古氏坩埚连同纤维素干燥至恒重的质量，g

W_2——古氏坩埚连同纤维素灼烧至恒重的质量，g

m——称取试样质量，g

第二章　含氮量分析

第一节　原料中粗蛋白质的测定（凯氏定氮法）

一、原理

蛋白质测定常采用凯氏定氮法（Kjeldahl），其原理是将试样与浓硫酸共热消化，使蛋白质分解，其中氮与硫酸化合生成硫酸铵，然后碱化蒸馏使氨游离，用标准酸接收，过量酸用标准碱滴定。

凯氏定氮法测得的为试样中的总氮量，除蛋白质中的氮外，还包括氨基酸、酰胺、核酸中的氮，换算成蛋白质，称为粗蛋白质。

浓硫酸的作用有两个：脱水使有机物炭化，同时氧化。

$$2H_2SO_4 \longrightarrow SO_2 + 2H_2O + O_2$$

$$C + O_2 \longrightarrow CO_2 \uparrow$$

$$2H_2 + O_2 \longrightarrow 2H_2O \uparrow$$

浓硫酸在338℃以上分解产生氧气，能使有机物破坏，生成二氧化碳和水。

$$蛋白质 \xrightarrow{浓硫酸} RCH\ (NH_2)\ COOH \xrightarrow{浓硫酸} NH_3 \uparrow + CO_2 \uparrow + SO_2 \uparrow + H_2O \uparrow$$

$$2NH_3 + H_2SO_4\ (过量) \longrightarrow (NH_4)_2SO_4$$

硫酸铜的作用是催化剂：

$$2CuSO_4 \longrightarrow Cu_2SO_4 + SO_2 + O_2$$

$$C + O_2 \longrightarrow CO_2 \uparrow$$

$$2H_2 + O_2 \longrightarrow 2H_2O \uparrow$$

$$Cu_2SO_4 + 2H_2SO_4 \longrightarrow 2CuSO_4 + SO_2 + 2H_2O$$

硫酸钾的作用：

$$K_2SO_4 + H_2SO_4 \longrightarrow 2KHSO_4$$

使沸点提高到400℃。

过氧化氢的作用：

$$H_2O_2 + 2H^+ \longrightarrow 2H_2O \qquad E_0 = 1.77V$$

$$O_2 + 4H^+ \longrightarrow 2H_2O \qquad E_0 = 1.229V$$

过氧化氢氧化能力比氧强，能加速有机物分解。

300g/L 氢氧化钠的作用：

$$(NH_4)_2SO_4 + 2NaOH \longrightarrow 2NH_4OH + Na_2SO_4$$

$$NH_4OH \xrightarrow{加热} NH_3 + H_2O$$

蒸馏出的氨被硫酸吸收：

$$2NH_3 + H_2SO_4 \longrightarrow (NH_4)_2SO_4$$

过量的硫酸用氢氧化钠滴定：

$$H_2SO_4 + 2NaOH \longrightarrow Na_2SO_4 + 2H_2O$$

二、试剂

（1）浓硫酸。

（2）硫酸钾。

（3）硫酸铜（$Cu_2SO_4 \cdot 5H_2O$）。

（4）300g/L NaOH 溶液配制　称取 30g NaOH，溶于水并稀释至 100mL。

（5）0.1mol/L（1/2 H_2SO_4）标准溶液

①配制：量取 2.8mL 浓硫酸，用水稀释至 1000mL。

②标定：吸取 20mL 0.1mol/L（1/2 H_2SO_4）硫酸溶液，置入 100mL 三角瓶中，加 2 滴 0.1% 甲基红指示剂，用已标定过的 0.1mol/L 氢氧化钠溶液滴定至黄色。

计算：

$$\frac{1}{2}H_2SO_4\ (mol/L) = \frac{M_1V_1}{V}$$

式中　M_1、V_1——标准氢氧化钠溶液的物质的量浓度与消耗体积，mL

V——硫酸溶液的体积（20mL）

（6）0.1mol/L NaOH 溶液

①配制　称取 4g NaOH，用水溶解并稀释至 1000mL。

②标定　准确称取 0.4g 邻苯二甲酸氢钾（预先于 120℃ 烘 2h），置入 250mL 三角瓶中，加 50mL 水溶解，加 2 滴 5g/L 酚酞指示剂，用配制的 0.1mol/L NaOH 溶液滴定至微红色。

计算：

$$NaOH\ (mol/L) = \frac{W}{204.2 \times V} \times 1000$$

式中　W——邻苯二甲酸氢钾称取量，g

V——消耗氢氧化钠溶液的体积，mL

204.2——邻苯二甲酸氢钾的相对分子质量，g

（7）5g/L 酚酞指示剂

称取 0.5g 酚酞，用 100mL75% 乙醇溶解。

（8）1g/L 甲基红指示剂

称取 0.1g 甲基红，溶于 100mL95% 乙醇中。

（9）甲基红—溴甲酚绿混合指示剂

取 0.2% 甲基红的乙醇（95%）溶液 1 份和 0.2% 溴甲酚绿的乙醇（95%）溶液 5 份混合。

三、操作步骤

1. 试样消化

准确称取 2g 试样，置入 250mL 凯氏定氮瓶中，加 3g 硫酸钾和 1g 硫酸铜，加入 20mL

浓硫酸，瓶口安放一只小三角漏斗，于电炉上加热消化。直至消化液清澈透明，再继续加热 30min。

消化液冷却后转入 100mL 容量瓶中（瓶中预先加入约 20mL 水），用水充分洗涤凯氏定氮瓶，冷却至室温，再用水定容至刻度，摇匀。

2. 加碱蒸馏

吸取 50mL 稀释消化液，置入 500mL 烧瓶中，加约 100mL 水和数粒沸石或素瓷（素瓷需预先用酸碱处理或煅烧过），摇动下缓慢加入 60mL 300g/L NaOH 溶液，立即盖严，蒸馏约 45min。接收瓶中预先准确加入 25 或 50mL 0.1mol/L（$1/2\ H_2SO_4$）溶液。

3. 滴定

蒸馏完后，用水洗涤冷凝器，取出接收瓶，加 4 滴 1g/L 甲基红指示剂，用 0.1mol/L NaOH 标准溶液滴定至黄色。

四、计算

$$全氮(\%) = (M_1 V_1 - M_2 V_2) \times 0.01401 \times \frac{100}{50} \times \frac{1}{m} \times 100$$

式中　$M_1 V_1$——接收瓶中 H_2SO_4溶液的物质的量浓度与体积，mL

$M_2 V_2$——滴定时消耗 NaOH 溶液的物质的量浓度与体积，mL

0.01401——氮的毫摩尔质量，g

50——吸取稀释消化液体积，mL

100——稀释消化液总体积，mL

m——称取试样质量，g

$$粗蛋白质(\%) = 6.25 \times 全氮(\%)$$

五、讨论

（1）凯氏定氮法既适用于有机氮，又适用于无机氮，其测定范围较宽。常量法可测定约 40mg 氮，而用水蒸气蒸馏的半微量定氮可测定至数毫克氮，最低可检出 0.05mg 氮。

（2）凯氏定氮法消化时，必须在通风柜中进行。开始消化时宜用文火加热，防止消化液溢出凯氏瓶，稳定后，才可用强火加热，中途需摇动凯氏定氮瓶，使附在瓶壁上的黑点冲下。消化终点是消化液无色透明，因无水硫酸铜呈无色，也可略带含水硫酸铜的浅蓝色。放置冷却后会析出结晶，这是过多硫酸盐析出所致。

（3）凯氏定氮法蒸馏时，不宜用玻璃珠，因玻璃珠起不到防爆沸作用；接收液也可采用 30～50mL 20g/L 硼酸溶液，用标准酸滴定，其指示剂为甲基红—溴甲酚绿混合指示剂，终点变色敏锐，其反应式：

$$2NH_3 + 4H_3BO_3 = (NH_4)_2B_4O_7 + 5H_2O$$

$$(NH_4)_2B_4O_7 + H_2SO_4 + 5H_2O = (NH_4)_2SO_4 + 4H_3BO_3$$

应该指出，硼酸与氨反应产物不是硼酸铵，而是聚合的四硼酸铵。

（4）氮与蛋白质的换算系数是由实验确定，不同原料，其蛋白质的换算系数稍有不同。蛋白质中含氮量一般在 16% 左右，故换算系数为：$\frac{100}{16} = 6.25$。

常见食品原料的氮与蛋白质换算系数：整粒小麦 5.83，黑麦 5.83，大麦 5.83，燕麦 5.83，大米 5.95，玉米 6.25，棉籽 5.30，向日葵籽 5.30，芝麻 5.30，椰子 5.30，榛子 5.30，核桃 5.30，花生 5.46，大豆 5.71，蓖麻 5.30，乳 6.30，蛋 6.25，肉 6.25，明胶 5.55。

第二节 酱油中氨基氮的测定（甲醛法）

一、原理

氨基酸是具有碱性的氨基和同时具有酸性的羧基的两性化合物，不能用 NaOH 溶液直接滴定，而是加入甲醛溶液，生成羟甲基氨基酸，使氨基的碱性被掩蔽，呈现羧基酸性，再用 NaOH 溶液滴定。

$$R-\underset{H}{\overset{NH_2}{\overset{|}{C}}}-COOH \xrightarrow{HCHO} R-\underset{H}{\overset{NHCH_2OH}{\overset{|}{C}}}-COOH \xrightarrow{HCHO} R-\underset{H}{\overset{N(CH_2OH)_2}{\overset{|}{C}}}-COOH$$

$$R-\underset{H}{\overset{N(CH_2OH)_2}{\overset{|}{C}}}-COOH + NaOH \longrightarrow R-\underset{H}{\overset{N(CH_2OH)_2}{\overset{|}{C}}}-COONa + H_2O$$

二、试剂

（1）0.05mol/L 的 NaOH 标准溶液。

（2）基准物质邻苯二甲酸氢钾。

（3）酚酞指示剂　称取 0.5g 酚酞，溶于 100mL 95% 乙醇中。

（4）中性甲醛溶液（36% ~38%）　36% ~38% 甲醛溶液加入数滴酚酞指示剂，用 0.05mol/L NaOH 溶液滴定至微红。

三、操作步骤

1. 0.05mol/L NaOH 标准溶液的配制和标定

（1）配制饱和氢氧化钠　取 110g 氢氧化钠，溶于 100mL 无二氧化碳的水中摇匀，置入聚乙烯容器中，密闭放置溶液澄清，NaOH 浓度约 20mol/L。吸取 2.5mL 饱和 NaOH 溶液，加水至 1000mL，即为 0.05mol/L NaOH 溶液，准确浓度须标定。

（2）标定　准确称取 0.2g 邻苯二甲酸氢钾（105 ~110℃ 预烘至恒重）溶于 50mL 水中，加 3 滴酚酞试剂，用配制好的 NaOH 溶液滴定至微红，做两次平行实验（平行实验摩尔浓度差应小于 0.0004）。

计算：

$$\text{NaOH (mol/L)} = \frac{m}{204.2 \times V} \times 1000$$

式中　m——称取邻苯二甲酸氢钾的质量，g

204.2——邻苯二甲酸氢钾相对分子质量，g

V——滴定消耗 NaOH 溶液的体积，mL

2. 测定

准确吸取 10mL 酱油，用水稀释定容至 100mL。吸取 2mL 稀释液于 100mL 三角瓶中，加 80mL 水，搅拌下，用 0.05mol/L NaOH 溶液滴定至 pH 8.20（用酸度计测定），此为游离酸度，不予计量。加 10mL 中性甲醛溶液，用 NaOH 溶液滴定至 pH 9.20（用酸度计测定）。读取并记录加甲醛后消耗的 NaOH 溶液的体积 V。

另取 80mL 水，不加酱油稀释液，作为空白液，同上操作，计为 V_0。

四、计算

$$\text{氨基氮（mg/100mL）} = M(V - V_0) \times 14.01 \times \frac{1}{2} \times 100 \times \frac{1}{10} \times 100$$

式中　V——加入甲醛后样品溶液消耗 NaOH 溶液的体积，mL

V_0——加入甲醛后空白溶液消耗 NaOH 溶液的体积，mL

M——NaOH 溶液的浓度，mol/L

2——吸取稀释样体积，mL

100——样品稀释液体积，mL

10——吸取样品体积，mL

14.01——氮的相对分子质量，g

五、讨论

（1）甲醛法中除氨基氮外别的氮也能起反应，故误差较大。另外由于各种氨基酸的滴定终点不同，故确定一个合适的滴定终点较为困难。氨基氮较为正确的测定方法宜用范斯莱克定氮法（Van Slyke）或氨基酸分析仪测定。

（2）酱油色泽较深，采用指示剂方法进行滴定其误差较大。若经活性炭脱色，则许多芳香族氨基酸易被吸附，使结果偏低。

（3）酸度计必须经过 pH 标准溶液的校准后才可测量样品的 pH。尽管 pH 计种类很多，但其校准方法均采用两点校准法，即选择两种标准缓冲液：一种是 pH7.0 标准缓冲液，第二种是 pH9.0 标准缓冲液或 pH4.0 标准缓冲液。先用 pH7.0 标准缓冲液对仪器进行定位，再根据待测溶液的酸碱性选择第二种标准缓冲液。如果待测溶液呈酸性，则选用 pH4.0 标准缓冲液；如果待测溶液呈碱性，则选用 pH9.0 标准缓冲液。若是手动调节的 pH 计，应在两种标准缓冲液之间反复操作几次，直至不需再调节其零点和定位（斜率）旋钮，pH 计即可准确显示两种标准缓冲液 pH，则校准过程结束。此后，在测量过程中零点和定位旋钮就不应再动。若是智能式 pH 计，则不需反复调节，因为其内部已贮存几种标准缓冲液的 pH 可供选择，而且可以自动识别并自动校准。但要注意标准缓冲液选择及其配制的准确性。智能式 0.01 级 pH 计一般内存有三至五种标准缓冲液 pH。

用 pH 计测量溶液 pH 时，溶液搅拌速度不宜过快。其次，在校准前应特别注意待测溶液的温度。以便正确选择标准缓冲液，并调节仪器面板上的温度补偿旋钮，使其与待测溶液的温度一致。不同的温度下，标准缓冲溶液的 pH 是不一样的。如下表所示：

表 2－1　　不同温度下的标准缓冲溶液 pH

温度/℃	pH7	pH4	pH9.2
10	6.92	4.00	9.33
15	6.90	4.00	9.28
20	6.88	4.00	9.23
25	6.86	4.00	9.18
30	6.85	4.01	9.14
40	6.84	4.03	9.10
50	6.83	4.06	9.02

校准工作结束后，对使用频繁的 pH 计一般在 48h 内仪器不需再次标定。如遇到下列情况之一，仪器则需要重新标定：①溶液温度与标定温度有较大的差异时；②电极在空气中暴露过久，如半小时以上时；③定位或斜率调节器被误动；④测量过酸（$pH<2.0$）或过碱（$pH>12.0$）的溶液后（pH 计测定 $pH<2.0$ 或 $pH>12.0$ 时由于产生酸效应与碱效应而不能测定）；⑤换过电极后；⑥当所测溶液的 pH 不在两点标定时所选溶液的中间，且距 pH7.0 又较远时。

（4）标准缓冲液的配制及保存

①pH 标准物质应保存在干燥的地方，如混合磷酸盐 pH 标准物质在空气湿度较大时就会发生潮解，一旦出现潮解，pH 标准物质即不可使用。

②配制 pH 标准缓冲溶液应使用二次蒸馏水或者是去离子水。如果是用于 0.1 级 pH 计测量，则可以用普通蒸馏水。

③pH 标准溶液的配制：

pH7 标准缓冲溶液：称取 3.39gKH_2PO_4和 3.53gNa_2HPO_4（预先都应于 115℃烘干）溶于水并定容至 1000mL。

pH4 标准缓冲溶液：称取 10.21g 邻苯二甲酸氢钾（预先于 115℃烘干）溶于水并定容至 1000mL。

pH9 标准缓冲溶液：称取 3.814g 硼砂（$Na_2B_4O_7\cdot 10H_2O$）溶于水并定容至 1000mL。

④配制好的标准缓冲溶液一般可保存 2～3 个月，如发现有浑浊、发霉或沉淀等现象时，不能继续使用。

⑤碱性标准溶液应装在聚乙烯瓶中密闭保存。防止二氧化碳进入标准缓冲溶液后形成碳酸，降低其 pH。

（5）电极的使用注意事项和保养

复合电极不用时，应浸泡于 3mol/L 氯化钾溶液中。切忌用洗涤液或其他吸水性试剂浸洗。

使用前，检查玻璃电极前端的球泡，正常情况下，电极应该透明而无裂纹；球泡内要充满溶液，不能有气泡存在；测量浓度较大的溶液时，尽量缩短测量时间，用后仔细清洗，防止被测液粘附在电极上而污染电极；清洗电极后，不要用滤纸擦拭玻璃膜，而应用滤纸吸干，避免损坏玻璃薄膜、防止交叉污染，影响测量精度；电极不能用于强酸、强碱或其他腐蚀性溶液；严禁在脱水性介质如无水乙醇、重铬酸钾等中使用。

第三节　蛋白质中氨基酸的测定（氨基酸分析仪法）

一、原理

食物中蛋白质经盐酸水解成为游离氨基酸，经氨基酸分析仪的离子交换柱分离后，与茚三酮溶液产生颜色反应，再通过检测器测定氨基酸含量。此方法可同时测定天冬氨酸、苏氨酸、丝氨酸、谷氨酸、脯氨酸、甘氨酸、丙氨酸、缬氨酸、甲硫氨酸、异亮氨酸、亮氨酸、酪氨酸、苯丙氨酸、组氨酸、半胱氨酸、色氨酸、赖氨酸和精氨酸18种氨基酸，其最低检出限为10 pmol。

本法适用于一切食品、饲料的氨基酸鉴定领域，包括饲料鉴定，加工原料鉴定，食品贮存方法研究，建立原料的氨基酸数据库，鉴定原产地（葡萄酒、红酒），鉴定产品质量（肉制品、奶制品、果汁、氨基酸饮料、啤酒），食品变质鉴定（饼干、奶粉、麦片、肉类、鱼类、蔬菜、水果），检测原料中待添加的氨基酸纯品的纯度等。

二、试剂

1. 所需试剂

全部试剂除注明外均为分析纯，实验用水为超纯水。

浓盐酸（优级纯），氢氧化钠（优级纯），柠檬酸三钠（二水合），柠檬酸，硼酸，乙醇，EDTA-2Na，辛酸，茚三酮（晶体），乙酸钾（优级纯），乙酸钠（三水合，优级纯），乙酸（优级纯），维生素C，甲醇（色谱纯），苯酚（重蒸馏），高纯氮气（纯度99.99%）。

2. 配制方法

（1）37%（体积分数）HCl　准确量取37mL浓盐酸，缓慢加入到含有50mL超纯水的烧杯中，最后定容至100mL。

（2）6mol/L HCl　浓盐酸和超纯水1+1混合而成。

（3）10 g/L NaOH　称取1 g NaOH用超纯水溶解并定容至100mL。

（4）混合氨基酸标准液（每种氨基酸的浓度均为0.0025mol/L）。

表2-2　18种混合氨基酸标准液

氨基酸	含量/（g/L）	氨基酸	含量/（g/L）	氨基酸	含量/（g/L）
天冬氨酸（Asp）	1.077	组氨酸（His）	1.247	苏氨酸（Thr）	1.512
谷氨酸（Glu）	3.073	甘氨酸（Gly）	1.500	丙氨酸（Ala）	2.095
丝氨酸（Ser）	1.934	脯氨酸（Pro）	1.226	半胱氨酸（Cys）	0.654
精氨酸（Arg）	1.188	甲硫氨酸（Met）	1.100	亮氨酸（Leu）	1.309
赖氨酸（Lys）	2.042	异亮氨酸（Ile）	1.703	苯丙氨酸（Phe）	1.549
缬氨酸（Val）	1.193	色氨酸（Trp）	1.321	酪氨酸（Tyr）	1.381

（5）流动相缓冲液

①具体缓冲液的配方如表2-3所示。

表2-3　缓冲液配方

	相对分子质量	缓冲液 A	缓冲液 B	再生液 D	样品稀释液
pH	—	3.45	10.85	—	2.20
柠檬酸三钠（二水）	294.07	11.8 g	19.6 g	—	11.8 g
NaOH	40.01	* pH	3.1g * pH	20.0 g	* pH
柠檬酸	192.12	6.0 g	—	—	6.0 g
硼酸	61.83	—	5.0 g	—	—
乙醇	—	65mL	—	—	—
37% HCl	—	5.6mL * pH	* pH	—	10.4mL * pH
EDTA-2Na	—	—	—	0.2 g	—
辛酸	—	0.1mL	0.1mL	—	0.1mL
总体积	—	1L	1L	1L	1L

注：

a. 所有溶液均应用0.45μm膜过滤后使用；* pH表示可用此成分调整pH。

b. 固体试剂所含结晶水可能和上表不同，需要根据相对分子质量换算；液体试剂也需要根据浓度的不同换算实际需要量。

c. EDTA用于络合重金属，不加不影响试剂使用；辛酸是抑菌剂，延长试剂存放期，不加也不影响使用。

②配制方法：1L缓冲液必须按以下方法制备：将大约800mL超纯水倒入清洗干净的1L烧杯中，另用适当大小的干净烧杯称出晶体。依照配制清单称出所需的NaOH和柠檬酸，加入后搅拌使其溶解。可用搅拌棒来加快物质溶解。注意：不要过多或过快地搅动，否则缓冲液容易被氧和氨污染。

依照配制清单加入氯化钠并搅动，直到盐完全溶解。如果需要的话，依照配制清单，可以加入HCl、硼酸和有机溶剂。

将缓冲液转移到一干净的1000mL容量瓶中，快满1000mL时（刻度下1 cm左右），用超纯水定容，摇匀。

溶液放置至少15min以上，用精确校准过的能显示到0.01的pH计来检查溶液的pH（新配制的缓冲液的pH需要12～24h才能完全稳定）。在稳定过程中，使用柠檬酸盐配制时pH将会降低，而使用柠檬酸时pH则会升高。当配制柠檬酸钠缓冲液时，需要用4.44mol/L HCl或12.5mol/L NaOH来调整pH。

应尽量避免调整pH时从不足调到超出，因为NaOH会改变缓冲液的浓度（溶液的pH受温度影响，因此，标准缓冲液须在相同温度中校正）。

把配制好的缓冲液用0.45μm的滤膜过滤就可以上机使用了，长期使用的试剂最好加入0.1mL辛酸防腐。

（6）衍生溶液

①钠钾缓冲液（pH 5.51 ± 0.03）　准确称取 196.0g 乙酸钾置入烧杯中，加入 400～500mL 超纯水，用搅拌器缓慢搅拌使其完全溶解，然后再准确称取 272.0g 三水乙酸钠加入烧杯中，一边搅拌，一边慢慢地将 200mL 乙酸加入溶液中，超声并适当搅拌直到乙酸钠完全溶解（为避免试剂吸收空气中的氨气，不能对试剂加热）；溶液冷却到室温后定容到 1L，最后用 0.45μm 的滤膜过滤，过滤后溶液放在密封的玻璃瓶中，在室温下保存。

②茚三酮衍生溶液　准确称取 20.0 g 茚三酮晶体，2 .0g 苯酚于烧杯中，向烧杯中加入 600mL 甲醇，用搅拌器搅拌，直到所有的茚三酮晶体完全溶解；用 0.45μm 的有机系滤膜过滤，然后加入 400mL 过滤后的钾钠缓冲液（pH 5.51），混匀后转移到茚三酮试剂瓶中；用氮气从底部吹 3～5min；最后直接加入 0.2g 抗坏血酸（或用少量甲醇溶解 0.2g 抗坏血酸后加入到茚三酮溶液中）；再用氮气从底部吹 3～5min；将此茚三酮溶液用氮气密封 10h（气压约 0.05MPa）后使用效果更佳。

（7）清洗液　30% 甲醇溶液。

（8）进样器清洗液　5% 甲醇溶液。

三、操作步骤

1. 样品处理

样品采集后用匀浆机打成匀浆（或尽量将样品粉碎），于低温冰箱中冷冻保存。分析使用时将其解冻后使用。

2. 取样

准确称取一定量样品，精确到 0.0001g（均匀性好的样品如奶粉等，使样品蛋白质含量在 10～20mg 范围内；均匀性差的样品如鲜肉等，为减少误差可适当增大称样量，测定前再稀释）。将称好的样品放入水解管中。

3. 水解

在水解管内加入 6mol/L 盐酸 10～15mL（加酸量视样品蛋白质含量而定，含水量高的样品如牛奶，可加入等体积的浓盐酸），加入新蒸馏的苯酚 3～4 滴，再将水解管放入冷冻剂中，冷冻 3～5min，再接到真空泵的抽气管上，抽真空（1.333～2.666kPa），然后充入高纯氮气；再抽真空充氮气，重复 3 次后，在充氮气状态下封口或拧紧螺丝盖。将已封口的水解管放在（110 ± 1）℃的恒温干燥箱内，水解 22h 后，取出冷却后得水解液。

打开水解管，将水解液全部转移到 50mL 容量瓶内，用超纯水多次冲洗水解管，冲洗液也置入容量瓶内，用超纯水定容。将定容后的水解液过滤后，吸取 1mL 于 5mL 容量瓶内，用真空干燥器在 40～50℃干燥，残留物用 1～2mL 超纯水溶解，再干燥，反复进行 2 次，最后用同样的方法真空干燥，用 1mL pH 2.2 的柠檬酸钠缓冲液溶解，此液为样品测定液，供仪器测定用。

4. 测定

准确吸取 1mL 混合氨基酸标准液经 0.45μm 滤膜过滤后测定混合氨基酸标准液的氨基酸含量，同时测定样品测定液中氨基酸的含量。

测定条件

以德国 SYKAM 公司的 S－433D 型氨基酸自动分析仪为例；

模块 S7130：提供4℃恒温环境，贮存流动相；
模块 S5200：自动进样器；
模块 S2100：四元梯度输液单元，输送流动相，内置真空脱气机；
模块 S4300：反应单元，同时输送衍生溶液；
缓冲液流量：0.45mL/min；
衍生液流量：0.25mL/min；
色谱柱：LCA K06/Na，50mm；
检测波长：570nm + 440nm；
柱温：58～74℃梯度控温；
反应池温度：130℃。
表2-4所示为柱温梯度表，表2-5所示为流动相梯度表。

表2-4　柱温梯度表

	时间/min	温度/℃		时间/min	温度/℃
1	初始的	57	4	48.0	74
2	22.0	57	5	53.0	57
3	27.0	74	6	58.0	57

表2-5　流动相梯度表

	时间/min	缓冲液 A/%	缓冲液 B/%	再生液 D/%
1	0	100.0	0.0	0.0
2	2.50	100.0	0.0	0.0
3	11.00	85.0	15.0	0.0
4	17.00	80.0	20.0	0.0
5	23.00	67.0	33.0	0.0
6	27.00	20.0	80.0	0.0
7	29.00	20.0	80.0	0.0
8	30.00	0.0	100.0	0.0
9	42.00	0.0	100.0	0.0
10	42.10	0.0	0.0	100.0
11	45.10	0.0	0.0	100.0
12	45.20	100.0	0.0	0.0
13	58.20	100.0	0.0	0.0
14	58.30	100.0	0.0	0.0

四、计算

计算公式：

$$X = \frac{A \times F}{A_s \times m} \times X_s \times V$$

式中　X——样品中氨基酸含量，g/g

F——样品的稀释倍数

m——样品质量，g

A——样品溶液中被测氨基酸的峰面积

A_S——混合氨基酸标准混合液中被测氨基酸的峰面积

X_S——标品中氨基酸含量，g/μL

V——进样体积，μL

五、讨论

（1）为了称出正确的量，必须考虑盐的结晶水，可通过分子质量进行换算。

（2）氨基酸分析仪运行时的氮气压力为0.4MPa，不得过高，过高会损坏仪器。

（3）使用浓盐酸时需注意安全，浓盐酸具有强腐蚀性，切勿滴到衣服或皮肤上。

（4）配制缓冲液时，不要过多或过快地搅动，否则缓冲液容易被氧和氨污染。

（5）允许差　同一实验室的平行测定或连续两次测定结果相对偏差绝对值≤12%。

附氨基酸分离色谱图（图2-1）。

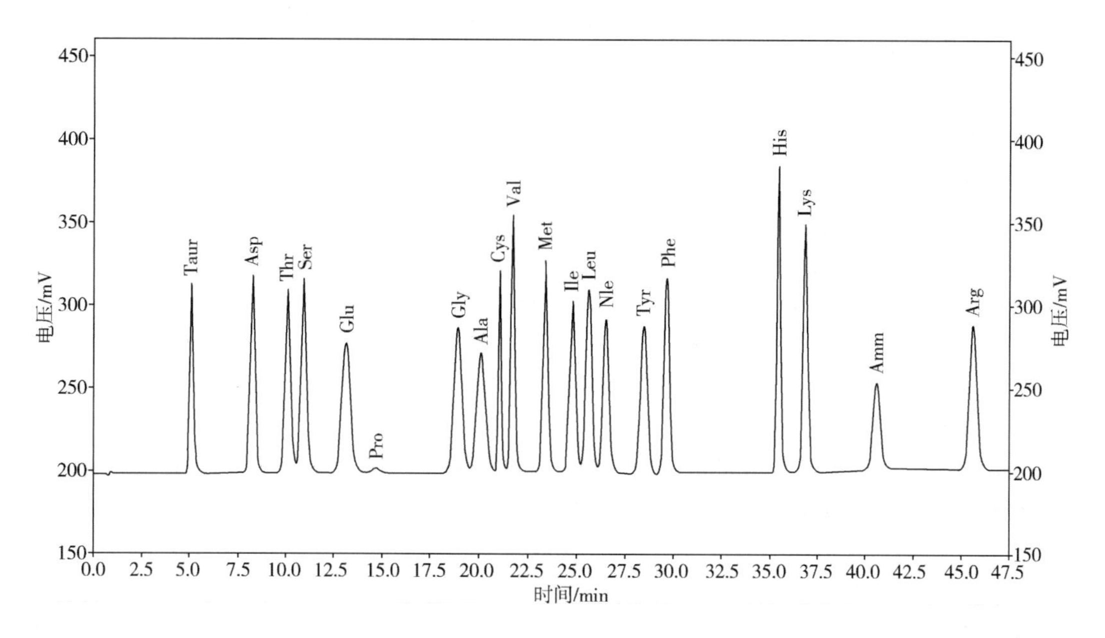

图2-1　蛋白水解氨基酸分析测试图

第三章　有机酸分析

酸的测定不仅对微生物发酵过程具有一定的指导意义，而且酸对产品质量也有重要影响。如酒和酒精的生产中，对麦芽汁、发酵液、酒醅、固体曲、液体曲、酒母醪中的酸都有一定的要求。发酵制品如白酒、啤酒、酱油、食醋等中的酸又是一个重要的质量指标。

发酵中产生的酸类很多，有脂肪酸、羟基酸等，其中低碳链的直链脂肪酸，如甲酸、乙酸等称为挥发酸，而乳酸、柠檬酸等称为非挥发酸。

酸的测定方法常采用中和法，也有采用电位滴定法、比色法、色谱法。

酸的表示方法，除色谱法外，常以样品中主要的酸来计算，如白酒中酸以乙酸计，食醋中非挥发酸以乳酸计。

第一节　白酒中总酸、挥发酸、非挥发酸的测定（中和法）

一、原理

白酒中总酸以中和法直接测定，挥发酸用水蒸气蒸馏，馏出液以中和法测定，总酸与挥发酸之差即为非挥发酸。

二、试剂

1. 5g/L 酚酞指示剂

称取 0.5g 酚酞，溶于 100mL 95% 乙醇中。

2. 0.1mol/L NaOH 溶液

配制与标定参阅“第二篇第二章含氮量分析”。

三、操作步骤

1. 总酸的测定

吸取 50mL 白酒，置入 500mL 三角瓶中，加 50mL 水和 2 滴 5g/L 酚酞指示剂，用 0.1mol/L NaOH 溶液滴定至微红色。

2. 挥发酸的测定

吸取 100mL 白酒，加 100mL 水蒸馏，以 100mL 容量瓶正确接收 100mL。

吸取 25mL 馏出液，置入 100～150mL 三角瓶中，加 2 滴 5g/L 酚酞指示剂，以 0.1mol/L NaOH 溶液滴定至微红色。

四、计算

1.
$$总酸（以乙酸计\ g/L）=MV\times 0.06006\times \frac{1}{50}\times 1000$$

式中　M、V——NaOH溶液的物质的量浓度与消耗体积，mL

0.06006——乙酸的毫相对分子质量，g/mmol

50——吸取酒样体积，mL

1000——换算成1L酒样中酸量

2. 挥发酸（以乙酸计 g/L）$= MV \times 0.06006 \times \frac{1}{25} \times 100 \times \frac{1}{100} \times 1000$

3. 非挥发酸（以乳酸计，g/L）= 总酸（以乳酸计，g/L）- 挥发酸（以乳酸计，g/L）

五、讨论

（1）本方法也适用于葡萄酒、黄酒、酒精、食醋以及发酵醪中总酸、挥发酸、非挥发酸的测定。

（2）本方法中计算结果以乙酸计，公式中0.06006为乙酸的毫相对分子质量（g）。若以乳酸计，只需将乙酸的毫相对分子质量换成乳酸的毫相对分子质量（0.09008）即可，同理，苹果酸的换算系数为0.1341，酒石酸0.1501，柠檬酸0.1921。

第二节　啤酒总酸度的测定（电位滴定法）

啤酒中含有多种有机酸和无机酸。啤酒中的酸类有小部分来源于原料大麦，称为原始酸度。大部分酸来源于浸麦、发芽、糖化到发酵等工艺过程中酶和酵母的作用，称为酵解酸度。

一、原理

啤酒的总酸度是指啤酒中各种酸的总和，它是以标准碱（1mol/L NaOH）中和一定量（100mL）啤酒中的全部酸所消耗的体积表示。

电位滴定法测定啤酒的总酸度滴定终点用酸度计指示，与目视比色法相比，有操作简单、结果准确等优点。

二、试剂

0.1mol/L NaOH溶液：配制与标定同白酒中总酸、挥发酸、非挥发酸的测定。

三、操作步骤

吸取50mL除气啤酒（反复倾倒20次以除去啤酒中的CO_2）于小烧杯中，放入一转子，置入磁力搅拌器上，将玻璃电极和甘汞电极（或复合电极）插入啤酒试样中，开动搅拌器，按下酸度计读数开关，用0.1mol/L氢氧化钠溶液匀速滴定啤酒试样，到接近pH 9.0时应每加半滴停一停，直至恰好到pH 9.0时即为终点。

四、计算

$$总酸度 = MV \times \frac{100}{50}$$

式中　M、V——NaOH 溶液的物质的量浓度与滴定消耗体积，mL

50——吸取试样体积，mL

第三节　果醋中酒石酸、苹果酸、乳酸、琥珀酸、柠檬酸的测定（HPLC 法）

一、原理

有机酸是果醋酸味的主要成分，其种类和含量高低与果醋的品质和风味有密切关系。果醋中的有机酸主要是醋酸，其他比较重要的还有乳酸、琥珀酸、酒石酸、苹果酸、柠檬酸等有机酸。准确测定果醋中有机酸的种类和含量，对于评价果醋的品质具有重要意义。

二、仪器及试剂

（1）高效液相色谱仪，高速离心机，恒温水浴锅。

（2）5mmol/L 硫酸　准确量取浓硫酸 55.56mL，缓慢加入含有超纯水的烧杯中，用容量瓶定容至 1L，然后准确吸取 5mL，再用容量瓶定容至 1L，最后经 0.45μm 醋酸纤维薄膜抽滤，备用。

（3）有机酸标准溶液　分别准确称取酒石酸、苹果酸、乳酸、琥珀酸、柠檬酸各 0.500g；混合后用超纯水溶解，并用容量瓶定容至 50mL。酒石酸、苹果酸、乳酸、琥珀酸、柠檬酸的质量浓度均为 10.0mg/mL，此液为混合有机酸标准使用液。

（4）醋酸纤维薄膜　0.45μm 水系微孔过滤膜。

（5）聚酰胺粉　分析纯。

三、操作步骤

1. 色谱条件

色谱柱：Agilent Hi - Plex H 6.5mm × 30 cm 有机酸柱；柱温：65℃；进样体积：20μL；流速：0.6mL/min；流动相：5mmol/L 硫酸溶液；检测波长：210nm。

2. 标准曲线的绘制

分别取混合有机酸标准使用液 0mL、0.001mL、0.01mL、0.05mL、0.50mL、1.00mL、2.00mL、5.00mL、9.00mL 于 10mL 容量瓶中，用超纯水定容至 10mL，混匀。得到 0.001 ~9mg/mL 的系列混合有机酸标准溶液。将系列混合有机酸标准溶液经 0.45μm 的水系微孔滤膜过滤后进样 20μL，以峰面积（X）对质量浓度（Y）做标准曲线，求回归方程和相关系数。

3. 样品处理及测试

准确吸取 5.00mL 样品，加入 0.1 g 聚酰胺粉于 70℃ 水浴中加热脱色 5min，然后在 4000g 下离心 10min，再取上清液 1mL，用超纯水稀释至 10mL，经 0.45μm 的水系微孔滤膜过滤，滤液直接进样 20μL，进行分析。由峰面积计算各有机酸浓度。

四、计算

根据待测样液液相色谱峰面积，由标准曲线或回归方程中求得测试样中有机酸的含量，再计算出样品中的各有机酸含量，具体图谱如图 3-1 所示。

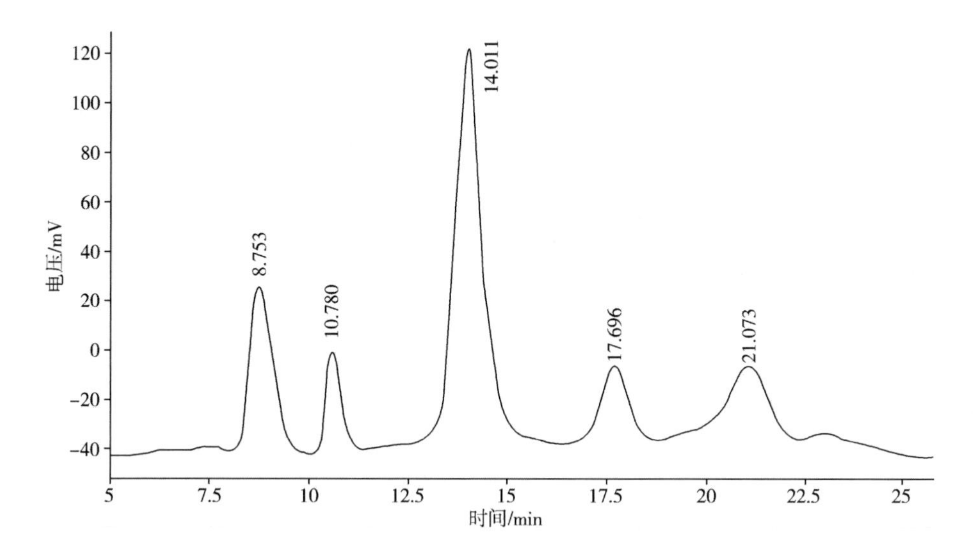

图 3-1　果醋样品中各种有机酸色谱图

从左到右依次为柠檬酸、酒石酸、苹果酸、乳酸、琥珀酸

标准曲线计算公式：

$$Y = aX + b$$

式中　Y——被测样品中各种有机酸的峰面积

a——线性相关系数

X——被测样品中各种有机酸的含量

b——截距

将计算得出的 X 乘以稀释倍数 10，得到样品中各种有机酸的含量。

五、讨论

（1）配制 5mmol/L 的硫酸时一定要注意正确的操作，将浓硫酸缓慢加入到水中，切勿将水加入到浓硫酸中。

（2）样品进液相前一定要经过 0.45μm 的水系微孔滤膜过滤。

第四章　香气成分分析

第一节　白酒中杂醇油测定

白酒中杂醇油是指一类有机醇类，它不溶于水，在水中呈油状，在酒精（乙醇）行业中作为杂质而得名为杂醇油。杂醇油包括正丙醇以上的醇类，如正丁醇、异丁醇、正戊醇、异戊醇等。

白酒在生产过程中，由于原料中蛋白质水解为氨基酸，经酵母或糖化菌分泌的脱羧酶和脱氨辅酶作用，生成与氨基酸相应的杂醇油。

杂醇油是白酒的芳香成分之一，但杂醇油本身味道并不好，除异戊醇微甜外，异丁醇、正丙醇、正丁醇等都是苦的。因此，从白酒生产工艺讲，白酒中杂醇油含量不宜过高，否则将带来难以忍受的苦涩怪味，即所谓“杂醇油味”。但白酒中如果根本没有或十分缺少杂醇油，白酒的味道将十分淡薄，所以杂醇油在不超过规定的情况下，应适当掌握好含量。

杂醇油过量，对人体有毒害作用。它能抑制人体神经中枢，饮它有头痛、头昏感觉，其毒性随相对分子质量增加而加剧。杂醇油在体内的氧化速度比乙醇慢，在机体内停留时间较长，从卫生角度讲必须限制其含量。

去除杂醇油的方法主要是在蒸馏时，虽然杂醇油的沸点比乙醇高，但由于与水的缔合作用，故在酒头部分含量较高，故应掌握好蒸馏温度，并进行截头去尾。另外原料中蛋白质含量高时酒中杂醇油含量也高，故在白酒生产中应采用含蛋白质少的原料。

白酒中杂醇油的测定方法有可见光分光光度法、填充柱色谱法及毛细管色谱法等。

一、白酒中杂醇油的可见光分光光度法测定

（一）原理

杂醇油在浓硫酸介质中脱水，与芳香醛（对二甲氨基苯甲醛）缩合生成有色物质，用可见光分光光度法测定。

标准杂醇油以异丁醇和异戊醇 4∶1 混合做标准。

（二）试剂

1. 5g/L 对二甲氨基苯甲醛浓硫酸溶液

称取 0.5g 对二甲氨基苯甲醛溶于 100mL 浓硫酸中。

2. 无杂醇油酒精制备及检查

取无水酒精 200mL（分析纯或优级纯），加 0.25g 盐酸间苯二胺，于沸水浴中回流 2h，然后用分馏柱于沸水浴中蒸馏，收取中间馏分约 100mL。

吸取 0.1mL 制备的无杂醇油酒精，置入 10mL 比色管中，加入 0.9mL 水，和 2mL 5g/

L 对二甲氨基苯甲醛浓硫酸溶液，摇匀，于沸水浴中加热 20min，取出冷却，加入 2mL 水稀释，与试剂空白比较不得呈色。

3. 标准杂醇油溶液

吸取 0.25mL 重蒸异丁醇（或直接用色谱纯异丁醇）和 0.99mL 重蒸异戊醇（或直接用色谱纯异戊醇），置入 100mL 容量瓶中，加 50mL 无杂醇油酒精，稀释，用水定容至 100mL。

使用时，吸取 1mL 上述标准溶液，用水稀释定容至 100mL，浓度为 0.1mg/L。

（三）操作步骤

1. 杂醇油标准系列管的制备

在 10mL 比色管中，按下表加入各溶液

表 4-1　杂醇油标准系列管配方

编号	0	1	2	3	4	5
标准杂醇油溶液/mL	0.0	0.2	0.4	0.6	0.8	1.0
标准杂醇油溶液/mg	0.0	0.02	0.04	0.06	0.08	0.10
水/mL	2.0	1.8	1.6	1.4	1.2	1.0

摇匀，将比色管置入冷水中，沿管壁缓慢加入 4mL 5g/L 对二甲氨基苯甲醛浓硫酸溶液，摇匀，将比色管于沸水浴中加热 20min，取出冷却，用水分别定容至 10mL，摇匀。

2. 试样管的制备

吸取 1mL 酒样，用水稀释定容至 10mL，吸取 0.5mL 或 1.0mL 稀释酒样，置入 10mL 比色管中，加水至 2mL，以下操作同标准系列管制备。

3. 可见光分光光度法测定

波长 485nm，1cm 比色皿，以 0 号管为空白，分别测定各管吸光度，以标准杂醇油含量（mg）为横坐标，以吸光度为纵坐标绘制标准曲线。

（四）计算

$$\text{杂醇油(g/L)} = A \times \frac{1}{V_1} \times V_2 \times \frac{1}{V} \times \frac{1}{1000} \times 1000$$

式中　A——试样吸光度从标准曲线上求得杂醇油含量，mg

V_1——吸取稀释酒样体积，mL

V_2——稀释酒样总体积，mL

V——吸取酒样体积，mL

1000——mg 换算成 g

1000——换算成 1000mL（1L）中酒样中杂醇油含量，g

（五）讨论

（1）白酒中不同醇类与对二甲氨基苯甲醛的显色程度很不相同，其中以异丁醇和异戊醇显色的色泽较深，而正丙醇、正丁醇、正戊醇等显色很浅，甚至无色。故本方法测定结果主要是异丁醇与异戊醇的含量。

（2）白酒中杂醇油种类很多，各醇在白酒中含量比例很不相同，故仅用某一醇类作为

标准很难表示杂醇油的含量，经研究发现白酒中杂醇油，以异丁醇和异戊醇为主，其中比例关系约为1∶3至1∶5，故采用异丁醇与异戊醇为1∶4为标准杂醇油溶液，其测定结果能较接近于白酒中杂醇油的含量。

（3）由于显色剂对二甲氨基苯甲醛是用浓硫酸配制，故加入时应将比色管于冷水中，并缓慢沿管壁加入；否则加入太快，温度过高会使显色程度不一致，使标准曲线出现偏差。

（4）标准杂醇油溶液制备时，由于异丁醇、异戊醇易挥发，用称量法配制易引入误差，故采用吸量法配制。异丁醇密度为0.806g/mL，含量为99.5%，取样0.2g，则异丁醇体积：$V = 0.2/0.806 \times 99.5\% = 0.25$（mL）。异戊醇的密度为0.813g/mL，含量为99.5%，取样0.8g，则异戊醇体积$V = 0.8/0.813 \times 99.5\% = 0.99$（mL）。

二、白酒中杂醇油的填充柱色谱法测定

（一）原理

填充柱色谱法测定白酒中杂醇油含量通常用DNP混合柱（邻苯二甲酸二壬酯-吐温80），氢火焰离子化鉴定器。内标法测定（内标为乙酸正丁酯）。结果以异丁醇和异戊醇之和表示。

（二）试剂

1.2%（体积分数）标准杂醇油溶液

分别吸取2mL异丁醇、异戊醇色谱纯标样，分别置入100mL容量瓶中，用60%（体积分数）乙醇溶液稀释定容至刻度，浓度分别为：

$$\text{异丁醇（mg/mL）} = 2\text{（mL）} \times \text{标样密度（g/mL）} \times \text{标样含量（\%）} \times 1000 \times \frac{1}{100}$$

$$= 2 \times 0.806 \times 99.5\% \times 1000 \times \frac{1}{100} = 16.0$$

$$\text{异戊醇（mg/mL）} = 2\text{（mL）} \times \text{标样密度（g/mL）} \times \text{标样含量（\%）} \times 1000 \times \frac{1}{100}$$

$$= 2 \times 0.813 \times 99.5\% \times 1000 \times \frac{1}{100} = 16.2$$

2.2%（体积分数）内标溶液

吸取2mL乙酸正丁酯色谱标准样，置入100mL容量瓶中，用60%（体积分数）乙醇溶液稀释定容至刻度，浓度为：

$$\text{内标（mg/mL）} = 2\text{（mL）} \times \text{内标密度（g/mL）} \times \text{内标含量（\%）} \times 1000 \times \frac{1}{100}$$

$$= 2 \times 0.882 \times 99.5\% \times 1000 \times \frac{1}{100} = 17.6$$

3.60%（体积分数）乙醇溶液

取60mL无水乙醇，用水稀释至100mL。

（三）操作步骤

1. 色谱条件

色谱柱：内径3mm，长1~2m，不锈钢柱。

担体：Chromasorb W，AW（酸洗），DMCS（硅烷化），60~80目。

固定相：邻苯二甲酸二壬酯（DNP）与吐温－80分别占担体的20%与7%。

色谱条件：载气（N_2）30mL/min，燃气（H_2）40mL/min，助燃气（空气）400mL/min，柱温90℃，汽化室与检测器温度150℃；

检测器：氢火焰离子化检测器（氢焰）；

进样量：1μL。

2. 校正系数的测定

分别吸取1mL 2%（体积分数）的异丁醇、戊醇、内标标准溶液，置入25mL容量瓶中，用60%（体积分数）乙醇稀释定容至刻度。浓度分别为：

$$异丁醇（mg/100mL）=16.0\times\frac{1}{25}\times100=64.0$$

$$异戊醇（mg/100mL）=16.2\times\frac{1}{25}\times100=64.8$$

$$内标（mg/100mL）=17.6\times\frac{1}{25}\times100=69.6$$

色谱稳定后进样1μL，求得各峰面积，计算校正系数：

$$f_i=\frac{A_{内}}{A_i}\times\frac{m_i}{m_{内}}$$

式中　$A_{内}$——内标峰面积

A_i——异丁醇或异戊醇峰面积

$m_{内}$——内标含量（69.6mg/100mL）

m_i——异丁醇或异戊醇含量（64.0mg/100mL或64.8mg/100mL）

3. 试样测定

吸取10mL白酒样，准确加入2%（体积分数）内标0.4mL，混匀，在相同色谱条件下进样1μL，求得异丁醇、异戊醇与内标峰面积，计算杂醇油含量。

计算

$$C_i(mg/100mL)=f_i\times\frac{A_i}{A_{内}}\times\frac{m_{内}}{10}\times100$$

式中　f_i——异丁醇或异戊醇校正系数

A_i——异丁醇或异戊醇峰面积

$A_{内}$——内标峰面积

$m_{内}$——内标含量（17.6mg/mL×0.4mL＝7.04mg）

10——取样体积，mL

（四）讨论

（1）DNP柱中固定液邻苯二甲酸二壬酯由于沸点较低，故柱温较低，一般小于90℃下使用。若柱温过高则固定液流失，使柱效降低。

采用PEG－20（聚乙二醇，相对分子质量2万）为固定液则柱温可在较高温度下使用，甚至可达180℃，但内标需用乙酸正戊酯。

（2）色谱标准试剂中，异丁醇标样（3－甲基丁醇）往往同时存在极少量的杂质2－甲基丁醇异构体，填充柱色谱又不能分离，故使测得的校正系数偏高，致使杂醇油的测定结果偏低，为消除2－甲基丁醇异构体的影响可采用毛细管色谱，它能很好将2－甲基丁醇分离，使测定结果准确。

第二节　白酒中微量成分的测定（GC－MS法）

中国白酒是世界六大蒸馏酒之一，按照主体的香气组成，中国白酒可分为浓香型、清香型、酱香型、米香型、豉香型、兼香型和其他香型，且各有特点。这些香气成分的不同与原料配方、发酵工艺有直接关系。白酒中有98%是水和乙醇，1%～2%是呈香呈味的微量成分，各种微量成分在不同白酒中不同的量比关系形成了不同香型和不同风格的白酒；这1%～2%的香气成分极大地影响了白酒的典型性及风味特征，甚至起到决定性的作用。

白酒香气成分的分析主要采用气相色谱法，包括DNP混合填充柱和毛细管色谱柱，主要通过保留时间对样品成分进行定性分析，然后单标定量，此法可以满足国标对于酒中主体香味成分的含量测定。

气相色谱—质谱联用法高灵敏度、高分离度，并且简便、快速、准确，故已广泛用作白酒中各种成分分析的检测方法。气质联用仪具备定性和定量的作用，质谱的高分辨率使得对于微量组分的定性更为准确，对于同系物的识别也更加精细。

一、原理

气相色谱—质谱联用方法是先将样品通过气相色谱分离组分，然后进入质谱仪，可以分别检测各个组分的结构信息，质谱就是用来进行结构分析的，通过对碎片离子峰的分析，推测出化合物的结构。

二、仪器和条件

7890A－5975C气相色谱质谱联用仪、DB－WAX毛细管色谱柱（60m×0.25mm×0.25μm），均为美国Agilent公司的产品。

离子源温度：230℃；四极杆温度：150℃；辅助加热：280℃；电离方式为EI，电子能量为70eV，扫描质量范围是20～500amu；进样口温度：250℃；不分流进样；流速：1.0～2.0mL/min；扫描模式：SCAN/SIM；载气：He（>99.999%）；流量：1.5mL/min。色谱柱升温程序：初始温度35℃，保持5min，以5℃/min的速率升温至180℃，保持20min；总时间为54min。进样量：1μL。

三、操作步骤

1. 开机

（1）检查质谱放空阀门是否关闭，毛细管柱是否接好；

（2）打开He钢瓶控制阀，设置分压阀压力为0.4～0.5MPa；

（3）依次启动计算机、7890A气相色谱、5975C质谱的电源，等待仪器自检完毕；

（4）在计算机桌面上，双击“5975BGCMS”图标，工作站自动与GC－MS仪器通讯，进入工作站界面；

（5）从“视图”菜单中选择“调谐和真空控制”，在调谐和真空控制界面的“真空”菜单里选择“启动真空”，观察涡轮泵运行状态。

2. 调谐

在仪器至少开机 2h 后方可进行调谐。在调谐界面，单击“调谐”菜单，选择“自动调谐”，打印并分析结果，调谐正常方可进行实验。

3. 数据采集方法编辑

气相色谱条件设定：进样口和进样参数，色谱柱、柱温（或程序升温）、载气流量、分流比等。质谱条件设定：电离方式、电离电位、溶剂延迟时间、离子源温度、扫描方式及参数等。

4. 运行方法

设定数据保存路径、文件名、样品编号等信息后，运行方法。

5. 数据分析

（1）定性分析　分析色谱图（总离子流图）及质谱图（图 4－1）。通过标准质谱图谱库的检索，推测化合物的结构，分析白酒成分。

（2）定量分析　根据已知样品中目标物质的含量大致范围，制备标准曲线，用内标或外标法进行定量，采用内标法时可用薄荷醇、丙酸辛酯、叔戊酸分别作为酒样中醇类、酯类、酸类化合物的内标化合物。

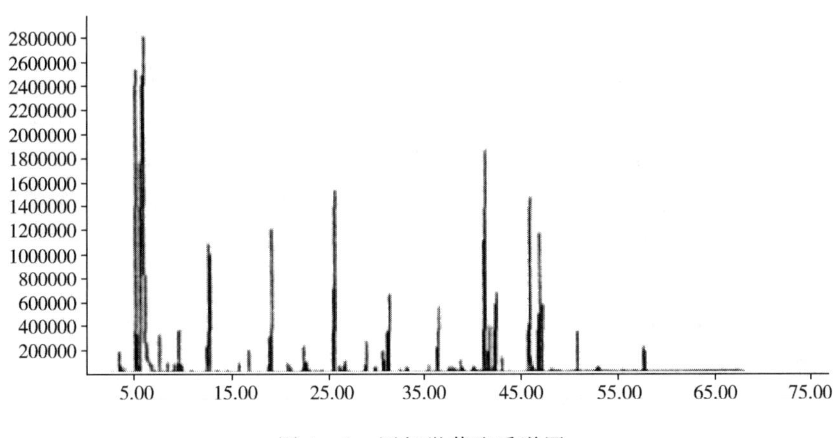

图 4－1　固相微萃取质谱图

6. 数据分析报告

根据定性/定量结果，进行数据分析，按要求打印相应报告。

7. 关机

从工作站“视图”菜单中选择“调谐和真空控制”，在调谐和真空控制界面的“真空”菜单里选择“放空”，观察涡轮泵运行状态。等到涡轮泵转速降至 0 percent，同时离子源和四极杆温度降至 100℃ 以下（大概需要 40min），方可退出工作站软件，并依次关闭 GC、MSD 电源，最后关掉载气。

四、讨论

（1）要保证仪器状态的稳定，调谐报告各参数符合要求后方可进样分析。

（2）可根据需要选择不同的前处理方法和进样方式，如液液萃取、固相萃取、固相微萃取和液体进样、顶空进样等。

（3）保证样品中目标物质的含量在标准曲线的线性范围内。

（4）谱库检索时，要注意目标物的谱图与标准图谱的匹配度，保证定性结果的准确。

（5）选择固相微萃取进行样品前处理时，要根据所测化合物的性质选择合适的固相微萃取头。

（6）为了达到理想的分离效果，色谱柱的选择至关重要。白酒样品分析一般选择WAX毛细管柱，如CP－WAX57CB柱对白酒中的醇、酯有很好的分析效果，可以将乙酸乙酯和乙缩醛、2－甲基丁醇和3－甲基丁醇等难以分离的化合物很好地分离，保证定性定量的准确性。

第三节　黄酒中挥发性香气成分的测定（GC－MS法）

黄酒是世界著名的酿造酒之一，与葡萄酒、啤酒并称为世界三大古酒，在国际上有“液体蛋糕”之称。中国黄酒源远流长，属中国独有的酒种。黄酒一般以粮食谷物为原料，中国的北方以黍米和玉米为主，而南方以糯米为主，再经过酒药、曲中所包含的有益微生物的发酵作用而酿造的一种香气浓郁、口味鲜美、营养丰富的低酒度酒。

黄酒的挥发性成分是决定黄酒质量的重要因素之一，影响黄酒的感官评价质量与风格确定。黄酒的香气来源主要有原料本身、发酵过程的微生物活动与陈化等。酒类香气成分分析技术成熟且研究较多，常见的预处理技术有液液萃取、蒸馏萃取、固相萃取和固相微萃取等。其中固相微萃取结合顶空分析建立起来的样品预处理技术集采样、萃取、浓缩于一体，绿色环保、方便快捷、成本低，已成为酒类挥发性成分分析最主流的技术之一。

一、原理

气质联用技术定量方法主要包括内标法和外标法。

内标法是一种间接或相对的校准方法。在分析测定样品中某组分含量时，加入一种内标物质以校准和消除由于操作条件的波动而对分析结果产生的影响，以提高分析结果的准确度。使用内标法时，在样品中加入一定量的标准物质，它可被色谱柱所分离，又不受试样中其他组分峰的干扰，只要测定内标物和待测组分的峰面积与相应响应值，即可求出待测组分在样品中的含量。

外标法是用待测组分的纯品作对照物质，以对照物质和样品中待测组分的响应信号相比较进行定量的方法。此法主要为工作曲线法。工作曲线法是用对照物质配制一系列浓度的对照品溶液确定工作曲线，求出斜率、截距。在完全相同的条件下，准确进样与对照品溶液相同体积的样品溶液，根据待测组分的信号，从标准曲线上查出其浓度，或用回归方程计算其浓度。工作曲线的截距为零时，可用外标一点法定量。外标一点法是用一种浓度的对照品溶液对比测定样品溶液中某组分的含量。将对照品溶液与样品溶液在相同条件下多次进样，测得峰面积的平均值以计算样品中某组分的含量。

二、材料、仪器和试剂

样品：黄酒

标准品：乙酸乙酯，丙酸乙酯，丁酸乙酯，戊酸乙酯，己酸乙酯，丙醇，正丁醇，戊醇，己醇，甲酸，乙酸，丁酸，己酸。

内标：2－辛醇。

其他试剂：氯化钠。

仪器：50/30μm DVB/CAR/PDMS（二乙烯基苯/羧乙基/聚二甲基硅氧烷）固相微萃取头；固相微萃取自动进样器（MPS2）；气相色谱－质谱联用仪（GC6890－MS5975）；色谱柱为 DB－FFAP（60m×0.25mm×0.25μm）。

三、操作步骤

1. 标准溶液的配制

内标溶液配制：取 0.1mL 内标用 10% 乙醇定容至 10mL，取 0.1mL 该溶液用 10% 乙醇定容至 10mL 制成内标溶液。

混标溶液配制：取各种标准样品 0.5mL 用 10% 乙醇定容至 50mL 配成混标原液，分别吸取 0.125、0.25、0.5、1.0、1.5、2.0mL 混标原液，用 10% 乙醇定容至 100mL。

2. 顶空固相微萃取方法

用 50/30μm DVB/CAR/PDMS 萃取头对挥发性和半挥发性成分进行萃取。用 10mL 移液管准确移取 8.0mL 黄酒样品于 20mL 顶空瓶中，再加入 3.0gNaCl 和 5μL 内标溶液，插入萃取头，50℃ 预热 15min，萃取吸附 45min，GC 解吸 5min（250℃），用于 GC－MS 分析。

3. GC－MS 条件

气相色谱条件：进样口温度 250℃，载气 He，流速 2mL/min。进样量 1μL，不分流进样。色谱柱为 DB－FFAP（60m×0.25mm×0.25μm）时的升温程序：50℃ 恒温 2min，以 6℃/min 的速度升温至 230℃，保持 10min。

质谱条件：电子电离源（EI），离子源温度 230℃，电子电离能量 70eV，质量扫描范围的质荷比范围为 30.00～350.00。

4. 定性定量分析方法

通过质谱解析与 NIST08 标准谱库对黄酒挥发性香气成分进行定性，有标准品的物质通过内标法计算各物质的含量（图 4－2）。

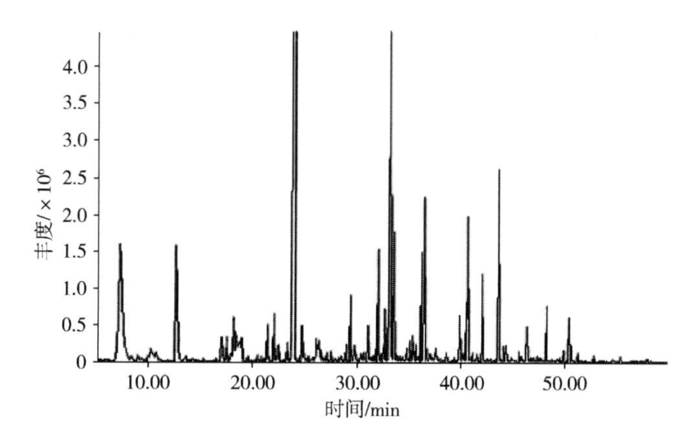

图 4－2　某品牌黄酒香气成分 GC－MS 总离子流图

内标法步骤：

（1）分别取混标液1~6各8mL，加入5μL内标溶液，用前述方法萃取并进样分析。

（2）绘制标准曲线，横坐标为某一标准待测物的浓度，纵坐标为标准待测物与内标峰面积比值，求出回归方程和线性相关系数。

（3）取黄酒样品8mL，加入5μL内标溶液，用前述方法萃取并进样分析。

（4）将黄酒样品的峰面积与内标物峰面积比值代入之前所做标准曲线中，计算得出待测物浓度。

四、计算

标准曲线计算公式：

$$Y = aX + b$$

式中 Y——被测黄酒样品中待测物峰面积与内标物峰面积比值

a——线性相关系数

X——被测黄酒样品中待测物的浓度

b——截距

五、讨论

（1）固相微萃取技术是酒精饮料挥发性组分研究中最常使用的样品前处理方法，具有无溶剂、样品前处理简单、引入外部污染物风险小、便于自动化操作等优点，是酒精饮料挥发性组分分析的首选方法。

（2）酯类物质通常具有甜香、花香、果香等感官特征，是黄酒中种类最丰富的一类挥发性风味组分。其中，乙酯类化合物是黄酒酯类物质中最主要的一类。醇类物质中，直链和支链饱和脂肪醇类是酒精饮料风味构成的骨架成分之一，在黄酒中含量较高，对黄酒整体香气具有重要的贡献。酸是黄酒酒体的重要组成部分，酸不仅能降低黄酒的甜度，还能增加黄酒的浓厚感，而且酸还是黄酒产香味的前体物质。以乙酸为主的挥发性酸是导致酒有醇厚感的主要物质；以乳酸、琥珀酸为主的非挥发性酸是使黄酒具有回味感的主要物质。

第四节　葡萄酒中香气成分的测定（GC－MS法）

香气成分是构成葡萄酒品质的重要因素，决定着葡萄酒的风味和典型性。目前葡萄酒已检测到的香气成分有800多种，这些化合物具有不同物理化学性质，如极性、挥发性，且含量有很大差异，从ng/L级到mg/L级。影响这些香气成分的因素可以分为影响葡萄果实成分的因素（如葡萄品种、气候、土壤及栽培方式）和影响葡萄酒酿造和陈酿的因素（如辅料、发酵条件、陈酿条件等）。

在葡萄酒中根据香气物质的来源，可将葡萄酒的香气分为三大类香气：源于葡萄浆果的品种香气；源于发酵的发酵香气；源于陈酿的陈酿香气。根据陈酿方式的不同，陈酿香气还可分为还原醇香和氧化醇香两类。总的来说，葡萄酒总体芳香成分的大部分是由发酵香气组成，其中酿酒酵母的发酵可形成许多醇类和酯类物质。目前，学者们常按照葡萄酒中香气成分的化学结构将其分为六大类，分别为醇类、酯类、有机酸、羰基化合物（醛和酮）、酚类、萜烯类化合物和含硫化合物。

葡萄酒中香气成分的分析是葡萄酒质量评价的重要方法。目前关于香气成分的分析方法主要有气相色谱法、电子鼻法、感官分析法等，其中最常用的是气相色谱法。在对香气成分进行气相色谱分析时，必须对香气成分进行提取。香气成分提取分离普遍采用的液液萃取法、蒸馏法等操作烦琐、灵敏度低且需要使用有机溶剂。以固相微萃取技术为代表的非溶剂萃取技术，近年来广泛被应用于葡萄酒的检测中。固相微萃取法具有简便、灵敏度高、重现性及线性好、无需高温高压及有机溶剂、样品处理时间短、用量少和绿色环保等优点。

一、仪器、试剂与设备

样品：葡萄酒

标准品：己醇、2－甲基－1－丙醇、戊醇、3－甲基－1－丁醇、乳酸乙酯、辛酸乙酯、癸酸乙酯、异戊酸、丁二酸二乙酯、己酸、苯甲醇、苯乙醇、2，5－二甲基－4－羟基－3（二氢）呋喃酮、辛酸、癸酸；内标物质：4－甲基－1－戊醇；氯化钠。

仪器：HS－SPME 取样装置，聚丙烯酸酯（PA）萃取头，HP6890－5973I 气相色谱—质谱联用仪，DB－WAX 色谱柱。

二、操作步骤

1. 香气成分的提取

取 10mL 试样置入 15mL 的顶空瓶中，加入 3.0g NaCl，促进香气成分的挥发，再加入 10μL 内标（4－甲基－1－戊醇），45℃用 PA 萃取头萃取 30min，GC 解吸 5min（270℃），用于 GC－MS 分析（图 4－3）。

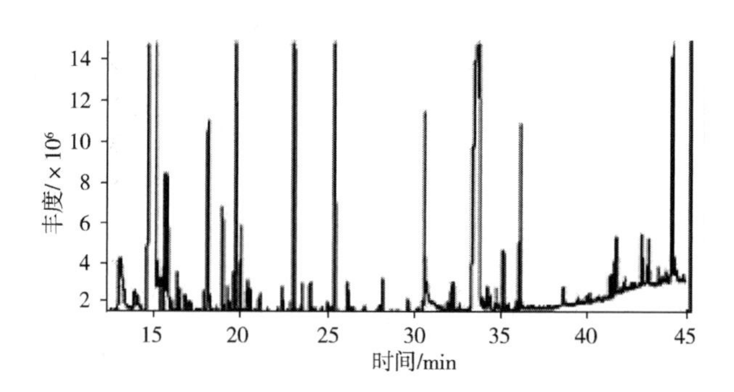

图 4－3　葡萄酒香气成分 GC－MS 总离子流图

2. 色谱质谱条件

气相色谱条件：升温程序以 40℃保持 5min，以 5℃/min 的升温速度升至 230℃，保持 10min，载气为氮气，流量为 1mL/min。检测器温度 260℃，进样口温度 270℃。

质谱条件：EI 电离源，电子能量为 70eV，扫描范围 30～500amu，离子源温度 250℃。分析结果运用 NIST98 标准谱库进行检索。

3. 香气成分的定性与定量分析

定性分析：香气成分经气相色谱分离，不同组分形成各自的色谱峰，分析结果运用计算机谱库（NIST98）进行初步检索及资料分析，再结合文献进行人工谱图解析，确认香气物质的各个化学成分。

定量分析：采用内标法进行定量。

三、计算

1. 计算校正系数

$$f_i = \frac{A_{内}}{A_i} \times \frac{m_i}{m_{内}}$$

式中 $A_{内}$——内标峰面积

A_i——标准品峰面积

$m_{内}$——内标含量

m_i——标准品含量

2. 待测物浓度计算：

$$C_i(\mathrm{mg/L}) = f_i \times \frac{A_i}{A_{内}} \times \frac{m_{内}}{10} \times 1000$$

式中 f_i——校正系数

A_i——样品中待测物峰面积

$A_{内}$——内标峰面积

$m_{内}$——内标含量

10——取样体积，mL

四、讨论

醇类化合物是葡萄酒酵母发酵的主要产物，其主要成分是乙醇及微量的其他醇类。醇类化合物对葡萄酒的香味具有重要影响，适量的高级醇会给葡萄酒带来良好香气。葡萄酒中的酯类物质是酵母发酵的产物，酯类物质特有的类似水果味道赋予葡萄酒特殊香气。葡萄酒中含有多种有机酸，如酒石酸、苹果酸、乙酸、乳酸、琥珀酸、柠檬酸、葡萄糖酸等。这些酸类一部分来源于葡萄果实，大部分由微生物发酵生成，由有机酸引起的香气较为稳定。葡萄酒中大多数羰基化合物都是由微生物发酵生成的，还有部分羰基化合物是在葡萄酒的贮藏过程中通过美拉德反应和醇类的氧化反应生成。葡萄酒中的萜烯类化合物和酿酒葡萄密切相关，各种萜类广泛存在于葡萄植株及浆果中，但作为香气物质的主要是具有挥发性的游离型单萜和倍半萜。葡萄酒中含硫化合物具有较高的挥发性和极低的阈值，适量的含硫化合物使葡萄酒具有特殊的和谐香气，而当含量较高时对葡萄酒的香气具有负面影响。

第五章　添加剂分析

第一节　食品中核苷酸的测定（HPLC 法）

一、原理

离子交换层析是根据各种物质带电状态（或极性）的差别来进行分离的。电荷不同的物质对离子交换剂有不同的亲和力，因此，要成功地分离某种混合物，必须根据其所含物质的解离性质，带电状态选择适当类型的离子交换剂，并控制吸附和洗脱条件（主要是洗脱液的离子强度和 pH）使混合物中各组分按亲和力大小顺序依次从层析柱中洗脱下来。

在离子交换层析中，分配系数或平衡常数（K_d）是一个重要的参数：

$$K_d = C_s / C_m$$

式中　C_s——某物质在固定相（交换剂）上的摩尔浓度

C_m——该物质在流动相中的摩尔浓度

可以看出，与交换剂的亲和力越大，C_s越大，K_d也越大。各种物质 K_d差异的大小决定了分离的效果。差异越大，分离效果越好。而影响 K_d的因素很多，如被分离物带电荷多少、空间结构因素、离子交换剂的非极性亲和力大小、温度高低等。实验中必须反复摸索条件，才能得到最佳分离效果。核苷酸分子中各基团的解离常数（pK）和等电点（pI）见表 5－1。

表 5－1　　四种核苷酸的解离常数（pK）和等电点（pI）

核苷酸	第一磷酸基 pK_{a_1}	第二磷酸基 pK_{a_2}	含氮环的亚氨（$-NH^+=$）pK_{a_3}	等电点 pI
脲苷酸 UMP	1.0	6.4	—	
鸟苷酸 GMP	0.7	6.1	2.4	1.55
腺苷酸 AMP	0.9	6.2	3.7	2.35
胞苷酸 CMP	0.8	6.3	4.5	2.65

注：$pI = (pK_{a_1} + pK_{a_3})/2$。

由表可见，含氮环亚氨基的解离常数（pK）相差较大，它在离子交换分离四种核苷酸中将起决定作用。用离子交换树脂分离核苷酸，可通过调节样品溶液的 pH 使它们的可解离基团解离，带上正电荷或负电荷。同时减少样品溶液中除核苷酸外的其他离子的强度。这样，当样品液加入到层析柱时，核苷酸就可以与离子交换树脂相结合。洗脱时，通过改变 pH 或增加洗脱液中竞争性离子的强度，使被吸附的核苷酸的相应电荷降低，与树脂的亲和力降低，结果使核苷酸得到分离。

实验采用经冷却的 $HClO_4$提取食品中的4种核苷酸，然后用HPLC阴离子色谱柱分离测定食品中的4种核苷酸的含量。

二、仪器及试剂

（1）高效液相色谱仪。

（2）标准品　CMP、AMP、UMP、GMP。

（3）KH_2PO_4，$HClO_4$，KOH均为分析纯。

（4）5mmol/L $NH_4H_2PO_4$　准确称取0.575g $NH_4H_2PO_4$于烧杯中，加入950mL超纯水溶解，然后用 H_3PO_4调节溶液pH至2.8，转移到1L的容量瓶中，用超纯水定容。

（5）750mmol/L $NH_4H_2PO_4$　准确称取86.270 g $NH_4H_2PO_4$于烧杯中，加入900mL超纯水溶解，然后用 H_3PO_4调节溶液pH至3.7，转移到1 L的容量瓶中，用超纯水定容。

（6）5% $HClO_4$　准确称取50.000 g $HClO_4$于烧杯中，加入一定量超纯水混匀后，转移到1 L的容量瓶中，用超纯水定容。

（7）3mol/L KOH　准确称取16.830 g KOH于烧杯中，加入一定量超纯水溶解后转移到100mL的容量瓶中，用超纯水定容。

（8）标准使用液的配制　分别准确称取CMP、AMP、UMP、GMP的标准品各0.500 g，混合后用超纯水溶解后，定容至50mL，各核苷酸的质量浓度分别为10.0mg/mL，此液为混合核苷酸标准使用液。另需配制10.0mg/mL的单一核苷酸的标准溶液用于核苷酸的定性。

三、操作步骤

1. 色谱条件

色谱柱：Hypersil SAX，直径4.6mm×150mm×5μm；

柱温：25℃；

流动相：A. 5mmol/L $NH_4H_2PO_4$，pH 2.8；B. 750mmol/L $NH_4H_2PO_4$，pH 3.7；

流速：1.0mL/min；

进样量：20μL；

检测波长：254nm。

梯度洗脱条件：见表5－2

表5－2　梯度洗脱条件

时间/min	A/%	B/%	流速/mL/min
0	100	0	1
3	0	100	1

2. 标准曲线的绘制

取标准使用液0mL、0.01mL、0.05mL、0.50mL、1.00mL、2.00mL、5.00mL，用超纯水稀释至10mL，混匀。得到0.01～5mg/mL的系列混合标准溶液。将系列混合标准溶液经 0.45μm 微孔滤膜过滤后进样 20μL，以峰面积（X）对质量浓度（Y）绘制标准曲线，求回归方程和相关系数。

3. 样品溶液制备

市售新鲜食品绞碎，混匀，称取约 5.0 g 放入 100mL 烧杯中，加入冷却的 5% $HClO_4$溶液 30mL，混匀，4℃冰箱内放置 1h。取出后，均质，将匀浆液移入 50mL 容量瓶中，用 5% $HClO_4$溶液定容至 50mL，3000 g 离心，取上清液 5.0mL，移入 10mL 容量瓶中，用 3mol/L KOH 溶液调 pH 至中性，用超纯水稀释至 10mL 混匀。离心，上清液用 0.45μm 的水系滤膜过滤，滤液用高效液相色谱仪按照前述方法进样分析（图 5－1），依据所得工作曲线的回归方程计算试样核苷酸含量。

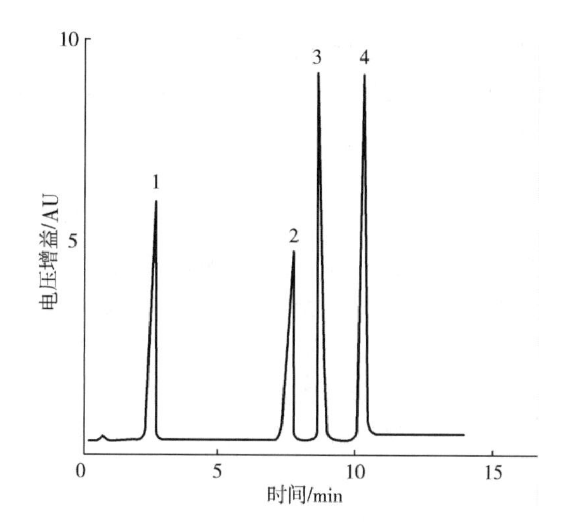

图 5－1　食品中核苷酸检测液相色谱图

1—CMP　2—AMP　3—UMP　4—GMP

四、计算

根据样品液峰面积，由回归方程式计算出样液中各核苷酸含量，再换算成样品核苷酸含量（mg/g）。

$$X = A \times 10 \times \frac{1}{5} \times 50 \times \frac{1}{M}$$

式中　X——样品中各种核苷酸的含量，mg/g

A——10mL 滤液中各种核苷酸的含量，mg/mL

5——取上清液体积，mL

50——$HClO_4$试液总体积，mL

M——样品的质量，g

五、讨论

1. 配制 $NH_4H_2PO_4$溶液时，注意调节 pH，且必须用磷酸调节。
2. $HClO_4$具有腐蚀性，使用时应注意安全，切勿吸入或与皮肤接触。
3. 若 $HClO_4$不慎与眼睛接触，请立即用大量清水冲洗并征求医生意见。

第二节　甜味素的测定（HPLC 法）

一、原理

甜味素是一种低热型甜味剂，化学名称为天冬酰苯丙氨酸甲酯。其甜度为蔗糖的 180 倍，甜味与砂糖十分相似，并有清凉感，无苦味或金属味。0.8% 的甜味素水溶液 pH 为

4.5～6.0。长时间加热或高温可致破坏。在水溶液中不稳定，易分解而失去甜味，低温时和 pH3.0～5.0 较稳定。其在低紫外区 200nm 附近有紫外吸收，利用高效液相色谱法紫外检测器可以快速测定样品中的甜味素。

二、仪器及试剂

（1）高效液相色谱仪，高速离心机，恒温水浴锅。

（2）0.02mol/L 硫酸铵溶液　准确称取 2.640 g 硫酸铵，用少量水将其溶解于烧杯中，然后转移至 1000mL 容量瓶中，加超纯水至近刻度，用 H_3PO_4 调节 pH 至 4.4，用超纯水定容，经 0.45μm 醋酸纤维薄膜抽滤。

（3）甜味素标准液　准确称取 0.1000g 干燥的甜味素于 100mL 容量瓶中，溶于超纯水中，并定容，浓度为 1mg/mL。

（4）乙腈　色谱纯。

三、操作条件

1. 色谱条件

色谱柱 ODS－C_{18}（250mm×4.6mm，5μm）；流动相 A 为 0.02mol/L 硫酸铵，B 为乙腈；柱温：30℃；检测波长：200nm；进样量：20μL。梯度洗脱条件见表 5－3。

表 5－3　梯度洗脱条件

时间/min	A/%	B/%	流速/mL/min
0	95	5	0.8
2	95	5	0.8
30	50	50	0.8

2. 样品处理

（1）基质简单的样品　例如碳酸饮料、果酒、葡萄酒等。准确吸取 10.00mL 样品（如样品中含 CO_2，则应先于 60～70℃水浴上加热除去 CO_2；如样品中含有酒精，则加 4% 氢氧化钠溶液使其呈碱性，在沸水浴中加热除去），置于 25mL 容量瓶中，用超纯水定容至刻度，混匀，经 0.45μm 滤膜过滤，滤液备用。

（2）介质复杂的样品　例如茶饮料、果汁等。准确吸取 6.00mL 样品（如样品中含 CO_2，则应先于 60～70℃水浴上加热除去 CO_2；如样品中含有酒精，则加 4% 氢氧化钠溶液使其呈碱性，在沸水浴中加热除去），置于 25mL 容量瓶中，用超纯水定容至刻度，4000 g 离心 10min，上清液经 0.45μm 滤膜过滤，滤液备用。

（3）介质为固体的样品　例如蜜饯、酱腌菜等。将样品粉碎，准确称取 2.00 g 样品，置于 25mL 比色管中，加水后并超声振荡 20min，加超纯水定容至 25mL。4000 g 离心 10min，上清液经 0.45μm 滤膜过滤，滤液备用。

3. 试样的净化

取上述（1）、（2）、（3）上清液 3mL 经固相萃取柱（事先经 3mL 乙腈活化，再用 3mL 超纯水平衡）萃取。然后依次用 3mL 0.02mol/L 硫酸铵和 3mL 乙腈洗脱，收集洗脱液于 10mL 容量瓶中，用超纯水定容至刻度，混匀，经 0.45μm 滤膜过滤，滤液待上机测定。

4. 标准曲线的测定

分别取标准溶液 0.4、0.8、1.2、1.6、2.0mL 至 10mL 容量瓶中，用超纯水定容至刻度。此时标准溶液稀释液中含甜味素分别为 0.04、0.08、0.12、0.16、0.20mg/mL，分别取 20μL 注入高效液相色谱仪进样测定。以色谱峰面积为纵坐标，对应的浓度为横坐标，绘制标准曲线，建立回归方程，甜味素浓度 0 ~ 0.20mg/mL 呈线性关系。

5. 样品测定

取净化后的样品溶液 20μL 注入高效液相色谱仪进行测定，以保留时间定性，峰面积进行外标法定量（图 5 - 2）。

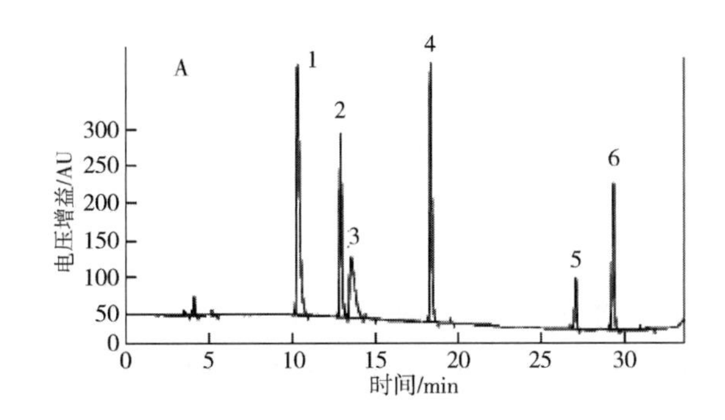

图 5 - 2　甜味素检测液相色谱图

1—安赛蜜　2—糖精钠　3—甜蜜素　4—甜味素　5—甜菊糖苷　6—纽甜

四、计算

根据待测样液相色谱峰面积，由标准曲线或回归方程中求得样液中甜味素含量，再计算出试样中含量。

$$X = A \times 10 \times \frac{1}{3} \times 25 \times \frac{1}{M}$$

式中　X——样品中甜味素的含量，mg/g 或 mg/mL

A——10mL 洗脱液中甜味素的含量，mg/mL

3——取上清液体积，mL

25——试样总体积，mL

M——样品的质量或体积，g 或 mL

五、讨论

（1）如样品中含 CO_2、酒精等，应先水浴加热除去，避免影响后续结果。

（2）固相萃取柱必须经活化后使用。

第三节　糖精钠的测定（HPLC 法）

一、原理

糖精钠是一种食品甜味剂，但食用过量会对人体健康造成损害，国家强制性标准对糖精钠的使用有严格限制。糖精钠在 230nm 附近有紫外吸收，国家标准中仅规定了碳酸饮料、果汁、配制酒这三类产品中糖精钠含量的测定可采用高效液相色谱法。如样品中含 CO_2，则应先于 60 ~ 70℃ 水浴上加热除去 CO_2；如样品中含有酒精，则加 4% 氢氧化钠溶液使其呈碱性，在沸水浴中加热除去，然后调 pH 至近中性，经 0.45μm 滤膜过滤后进高效液相色谱仪，经反相色谱柱 C_{18} 分离后，根据保留时间和峰面积进行定性和定量。

二、仪器及试剂

（1）高效液相色谱仪，紫外检测器。

（2）甲醇　色谱纯。

（3）氨水（1 +1）　氨水加等体积超纯水混合。

（4）0.02mol/L 乙酸铵溶液　称取 1.54 g 乙酸铵，加超纯水至 1000mL 溶解，经滤膜（0.45μm）过滤备用。

三、操作步骤

1. 样品前处理

（1）汽水　准确吸取 5.00 ~ 10.00mL，放入小烧杯中，于 60 ~ 70℃ 水浴上加热除去二氧化碳，用氨水（1 +1）调 pH 为 7。加超纯水定容至 50mL，经 0.45μm 滤膜过滤。

（2）果汁类　吸取 5.00 ~ 10.00mL，用氨水（1 +1）调 pH 为 7，加超纯水定容至 50mL，离心沉淀，上清液经 0.45μm 滤膜过滤。

（3）配制酒类　吸取 10.00mL，放入小烧杯中，水浴加热除去乙醇，用氨水（1 +1）调 pH 为 7，加超纯水定容至 50mL，经 0.45μm 滤膜过滤。

2. 标准品制备

（1）糖精钠标准储备溶液　准确称取经 120℃ 烘干 4h 后的糖精钠 10g，加超纯水溶解定容至 100mL。糖精钠含量为 100mg/mL，以此作为储备溶液。

（2）糖精钠标准使用溶液　分别吸取糖精钠标准储备溶液 0.5、1.0、2.0、4.0、10.0mL 放入 100mL 容量瓶中，加超纯水至刻度。配制成 5 ~ 100mg/mL 浓度的标准溶液，经滤膜（0.45μm）过滤。

3. 色谱条件

色谱柱：YWG - C_{18} 柱 4.6mm × 250mm × 5μm。流动相：甲醇 + 乙酸铵溶液（0.02mol/L） = 5 + 95。流速：1mL/min。检测器：紫外检测器，波长 230nm。进样量：10μL。

4. 测定

首先将配制的标准品溶液进行色谱分析，以色谱峰面积为纵坐标，对应的浓度为横坐标，绘制标准曲线，建立回归方程，计算线性相关系数。

取样品处理液 10μL 注入高效液相色谱仪进行分析，以保留时间进行定性，峰面积进行定量，求出样液中被测物质的含量（图 5－3）。

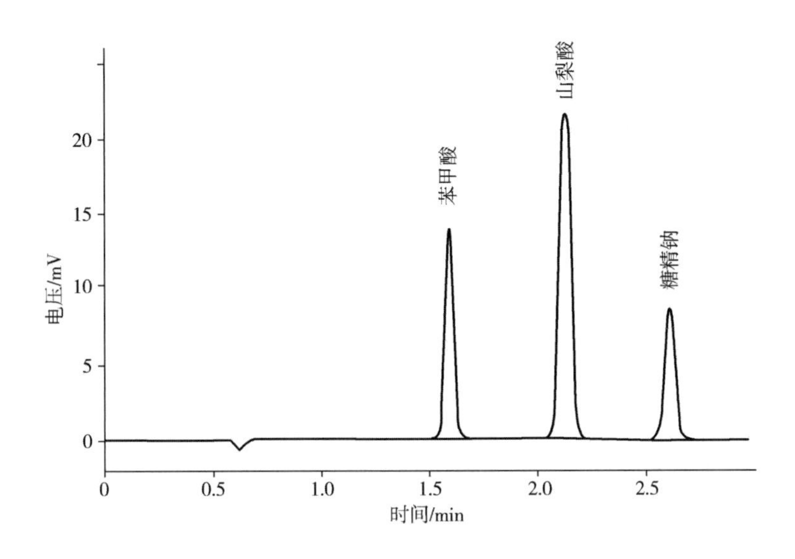

图 5－3　糖精钠检测液相色谱图

四、计算

根据待测样液相色谱峰面积，由标准曲线或回归方程中求得样液中糖精钠含量，再计算出样品中糖精钠的含量。

计算公式：

$$X = A \times 50 \times \frac{1}{V} \times 1000 \times \frac{1}{1000}$$

式中　X——试样中糖精钠含量，mg/mL

A——50mL 稀释样液中糖精钠的浓度，mg/mL

50——试样稀释液总体积，mL

V——试样体积，mL

注：

（1）计算结果保留三位有效数字。

（2）重复实验时，获得的两次独立测定结果的绝对差值不得超过算术平均值的 10%。

（3）应用上述高效液相分离条件可以同时测定苯甲酸、山梨酸和糖精钠。

（4）本法取样量为 10mL，稀释至 50mL，进样量为 10μL 时检出量为 1.5ng。

五、讨论

（1）氨水吸入后对鼻、喉和肺有刺激性，引起咳嗽、气短和哮喘等，如果身体皮肤有伤口一定要避免接触伤口以防感染。

（2）食品样品往往含有大量的油脂、蛋白质，对提取极为不利；如处理不干净也会污染色谱柱，影响检测工作。

（3）注意样品中除去二氧化碳、酒精，以免影响后续结果。

（4）如样品为固体，可直接称量，然后溶于水，进行测定。

第六章　元素分析

第一节　水硬度的测定（络合滴定法）

水的硬度主要由于水中钙盐、镁盐等所引起，故硬度通常以钙、镁量表示。水的总硬度指水中钙、镁离子的总浓度，其中包括碳酸盐硬度（即通过加热能以碳酸盐形式沉淀下来的钙、镁离子，故又称为暂时硬度）和非碳酸盐硬度（即加热后不能沉淀下来的那部分钙、镁离子，又称永久硬度）。碳酸盐硬度和非碳酸盐硬度，经长期烧煮后，都能形成锅垢，这样既浪费燃料，又易堵塞水管，严重时会引起锅炉爆炸。同时，硬水不易作为酿造用水。

水硬度单位有两种常用表示方法：一种是质量浓度表示方法，毫克/升（mg/L）；另一种是物质的量浓度表示方法，毫摩尔/升（mmol/L）。后者是推荐使用的硬度单位。

硬度的表示方法尚未统一，下面是常见的几种表示方法。

（1）德国度（°dH）：1L 水中含有相当于 10mg 的 CaO，其硬度即为 1 个德国度（1°dH）。

（2）美国度（mg/L）：1L 水中含有相当于 1mg 的 $CaCO_3$，其硬度即为 1 个美国度。

（3）法国度（°fH）：1L 水中含有相当于 10mg 的 $CaCO_3$，其硬度即为 1 个法国度（1°fH）。

（4）英国度（°eH）：1L 水中含有相当于 14.28mg 的 $CaCO_3$，其硬度即为 1 个英国度（1°eH）。

（5）1L 水中含有相当于 100mg 的 $CaCO_3$，称为 lmmol/L 的硬度。

我国使用较多的硬度表示方法有两种：一种是将所测得的钙、镁折算成 CaO 的含量，以每升水中含有 CaO 的毫克数（mg/L）或毫摩尔数（mmol/L）表示；另一种是以德国度（°dH）表示。

评价水质硬度级别以碳酸钙浓度表示的硬度大致分为：0～75mg/L，极软水；75～150mg/L，软水；150～300mg/L，中硬水；300～450mg/L，硬水；450～700mg/L，高硬水；700～1000mg/L，超高硬水；>1000mg/L，特硬水。

我国《GB5749—2006 生活饮用水卫生标准》规定，总硬度（以 $CaCO_3$ 计）限值为 450mg/L。

一、原理

EDTA（乙二胺四乙酸，Ethylenediamine Tetraacetic Acid），其二钠盐与水中钙、镁生成可溶性无色络合物，指示剂络黑 T 与钙、镁能形成酒红色络合物，但 EDTA 与钙、镁的络合物更稳定。当在水样中加入蓝色的铬黑 T 后，生成铬黑 T 钙、镁络合物，而使溶液呈酒红色。当用EDTA滴定时，生成无色的EDTA钙、镁络合物，由于EDTA与钙、镁络合能力较铬黑T强，故仍能将铬黑T钙、镁络合物中的钙、镁络合，使铬黑T被游离出来，溶液从酒红色突变为蓝色，以指示终点。

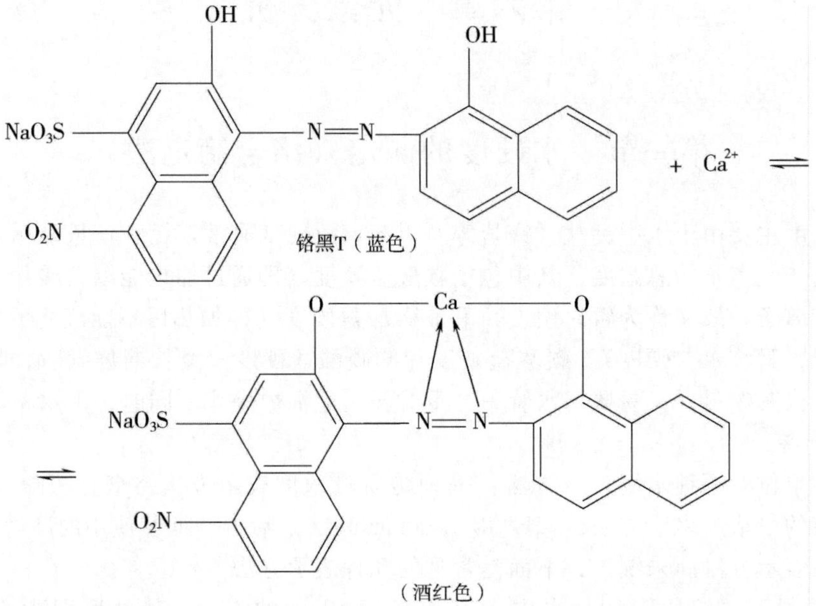

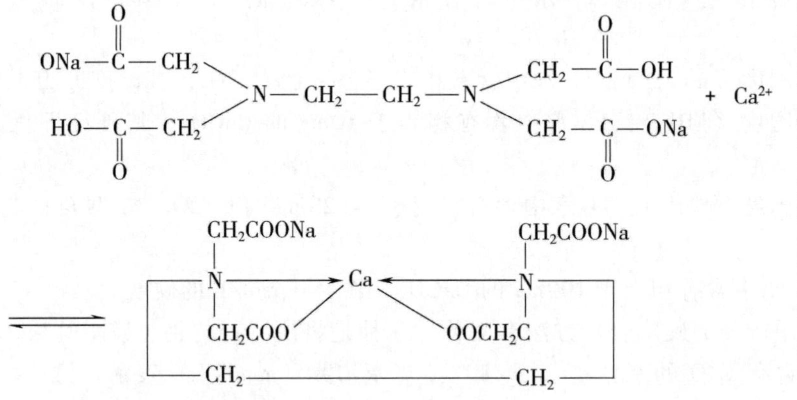

铬黑T（蓝色）

（酒红色）

EDTA-Ca络合物（无色）

二、试剂

1. 0. 01mol/L EDTA溶液

（1）配制　称取3. 72g EDTA - $Na_2 \cdot 2H_2O$（乙二胺四乙酸二钠），用水溶解并稀释至1000mL。

（2）标定　准确称取800℃灼烧至恒重的基准氧化镁0. 4g，溶于5mL 1 +4硫酸溶液（1体积硫酸加入4体积水中），溶解后转入1000mL容量瓶中，用水定容至刻度，即为标准氧化镁溶液。

吸取20mL标准氧化镁溶液，置入250mL三角瓶中，加约50mL水稀释，加10mL

pH10 氢氧化铵—氯化铵缓冲液和 5 滴 10g/L 铬黑 T 指示剂，用配制的 EDTA 溶液滴定至蓝色。

计算：

$$\text{EDTA}-\text{Na}_2\ (\text{mol/L}) = \frac{m}{M}\times 20\times\frac{1}{V}$$

式中　m——称取氧化镁质量，g

M——氧化镁相对分子质量，40.31

20——吸取标准氧化镁溶液体积，mL

V——消耗 EDTA - Na_2溶液体积，mL

2. pH10 氢氧化铵—氯化铵缓冲溶液

称取 54g 氯化铵，溶于水中，加 350mL 浓氨水，用水稀释至 1000mL。

3. 10g/L 铬黑 T 指示剂

称取 1g 铬黑 T 和 1g 盐酸羟胺，溶于 100mL 无水乙醇中。

三、操作步骤

1. 总硬度的测定

吸取 50mL 水样，置入 250mL 三角瓶中，加 5mL pH10 氢氧化铵—氯化铵缓冲溶液和 5 滴 10g/L 铬黑 T 指示剂，用 0.01mol/L EDTA 溶液滴定至溶液由酒红色为蓝色。

2. 永久硬度的测定

吸取 50mL 水样，置入 250mL 三角瓶中，煮沸 10min，用滤纸过滤，滤液用 250mL 三角瓶接收，用水充分洗涤，使滤液约为 50mL，加 5mL pH10 的氢氧化铵—氯化铵缓冲溶液和 5 滴 10g/L 铬黑 T 指示剂，用 0.01mol/L EDTA 溶液滴定至溶液由酒红色为蓝色。

四、计算

硬度定义：1L 水中含氧化钙 10mg 称为 1 度。

$$\text{总硬度} = MV_1\times 56.08\times\frac{1}{50}\times\frac{1}{10}\times 1000$$

$$\text{永久硬度} = MV_2\times 56.08\times\frac{1}{50}\times\frac{1}{10}\times 1000$$

$$\text{暂时硬度} = \text{总硬度} - \text{永久硬度}$$

式中　M——EDTA 溶液的摩尔浓度

V_1——总硬度测定时消耗 EDTA 溶液体积，mL

V_2——永久硬度测定时消耗 EDTA 溶液体积，mL

56.08——氧化钙的相对分子质量，mg

50——水样取样体积，mL

五、讨论

（1）铬黑 T 指示剂易被空气氧化而失效，故配制时加入还原剂（如盐酸羟胺）则可延长使用期限。若采用固体指示剂可长期保存。固体指示剂配制方法：称取 0.5g 铬黑 T，加 100g 氯化钠，研磨均匀，用时加 1 小匙。

（2）EDTA溶液用标准氧化镁溶液标定时，标准氧化镁溶液配制一定要在1+4硫酸溶液中溶解后再稀释，否则所配制的氧化镁溶液为白色浑浊液体。

（3）水样中含有少量铁、铝、锰等离子的干扰，可加1~3mL 1+2三乙醇胺溶液掩蔽。

（4）若水中Fe^{3+}超过10mg/L，则掩蔽困难，应先将水样稀释后测定。

（5）若水中锰离子含量超过1mg/L，在碱性条件下易氧化生成高价锰，使指示剂变灰白或变成浑浊的玫瑰色。应在水样中加入0.5~2mL 10g/L盐酸羟胺溶液，还原高价锰，以消除干扰。

（6）若水样中含微量Cu^{2+}，使指示剂终点不清楚，应先在水样中加0.5~4.5mL 20g/L硫化钠溶液，使生成硫化铜沉淀加以掩蔽。

第二节　白酒中重金属铅的测定（原子吸收分光光度法）

白酒中铅的来源主要是冷却器和贮存容器等中铅的溶出。铅对人体是有害的，白酒中铅含量一般需控制在1mg/L以下。

一、原理

试样经处理后，铅离子在一定pH条件下与二乙基二硫代氨基甲酸钠（DDTC）形成络合物，经4-甲基-2-戊酮萃取分离，导入原子吸收光谱仪中，火焰原子化后，吸收283.3nm共振线，其吸收量与铅含量成正比，与标准系列比较定量。

二、试剂

（1）混合酸　硝酸—高氯酸（5+1）。

（2）硫酸铵溶液（300 g/L）　称取30 g硫酸铵，用水溶解并稀释至100mL。

（3）柠檬酸铵溶液（250 g/L）　称取25 g柠檬酸铵，用水溶解并稀释至100mL。

（4）溴百里酚蓝水溶液（1 g/L）。

（5）二乙基二硫代氨基甲酸钠（DDTC）溶液（50 g/L）　称取5 g二乙基二硫代氨基甲酸钠，用水溶解并稀释至100mL。

（6）氨水（1+1）。

（7）4-甲基-2-戊酮（MIBK）。

（8）盐酸（1+11）　取10mL盐酸加入110mL水中，混匀。

（9）磷酸溶液（1+10）　取10mL磷酸加入100mL水中，混匀。

（10）铅标准储备液（1.0mg/mL）　铅的标准溶液按GB/T 602方法配制，或直接使用国家认可的标准物质。

准确称取1.000g金属铅（99.99%），分次加少量硝酸，加热溶解，总量不超过37mL，移入1000mL容量瓶，加水至刻度，混匀。此溶液每毫升含1.0mg铅。

（11）铅标准使用液（1.0μg/mL）　准确吸取铅标准储备液，逐级稀释至1.0μg/mL。

三、仪器

（1）原子吸收分光光度仪，附火焰原子化器及铅空心阴极灯。

（2）可调式电热板、可调式电炉。

四、操作步骤

1. 样品处理

（1）取25mL或适量白酒样品于烧杯中，先在水浴上蒸去酒精，于电热板上先蒸发至一定体积后，加入混合酸消化完全后，转移、定容于100mL容量瓶中。

每个样品同时做平行试验及空白试验。

（2）萃取分离　吸取25～50mL上述制备的样液及试剂空白液，分别置于125mL具塞比色管中，补加水至60mL。加2mL柠檬酸铵溶液，溴百里酚蓝水溶液3～5滴，用氨水调pH至溶液由黄变蓝，加硫酸铵溶液10mL，DDTC溶液10mL，摇匀。放置5min左右，加入10mL MIBK，剧烈振摇提取2min，静置分层后，有机相吸入进样杯中，备用。

（3）铅标准溶液的制备　分别吸取浓度为1μg/mL铅标准使用液0.00mL、0.25mL、0.50mL、1.00mL、1.50mL、2.00mL（相当于0.0μg、0.25μg、0.5μg、1.0μg、1.5μg、2.0μg铅）于125mL具塞比色管中，与试样相同方法萃取。

2. 测定

（1）标准曲线绘制　吸取上面配制的铅标准系列液各20μL，进样分析，测得其吸光值并求得吸光值与浓度关系的一元线性回归方程。

（2）试样测定　分别吸取样液和试剂空白液各20μL，进样分析，测得其吸光值，代入标准系列的一元线性回归方程中求得样液中铅含量。

3. 仪器参考条件

分析线波长	283.3nm
灯电流	10mA
通带宽度	1.0nm
干燥温度和时间	150℃，20s
灰化温度和时间	800℃，23s
原子化温度和时间	2400℃，2s
清洗温度和时间	2500℃，2s
氩气流量	0.1 L/min

五、计算

$$X = (C_1 - C_0) \times V_1 \times \frac{1}{V_3} \times V_2 \times \frac{1}{m} \times 1000 \times \frac{1}{1000}$$

式中　X——试样中铅的含量，mg/kg或mg/L

C_1——试液中铅的含量，μg/mL

C_0——试剂空白液中铅的含量，μg/mL

m——试样质量或体积，g或mL

V_1——试样萃取液体积，mL

V_2——试样处理液的总体积，mL

V_3——测定用试样处理液的体积，mL

六、讨论

（1）由于白酒主要成分为水、乙醇及微量的挥发性的醇、醛、酮、酸等，故试样可用硫酸—高氯酸消化处理，甚至可直接进样分析。

（2）试验用水采用去离子水，玻璃器皿在使用前用30%硝酸浸泡24h以上。

第三节　白酒中重金属锰的测定（原子吸收分光光度法）

锰是人体正常代谢必需的微量元素，但过量的锰进入机体可引起中毒，白酒中锰的主要来源是高锰酸钾处理时带入的，高锰酸根离子在碱性或中性溶液中，锰的原子价由7价降到4价，反应生成二氧化锰。在锰的化合物中，原子价越低毒性越大。在卫生标准中要求酒中锰的含量不超过2μg/mL（以Mn计）。

一、原理

试样经湿法消解后，稀释定容到一定体积，导入原子吸收分光光度仪中，经石墨炉原子化后，锰吸收279.5nm的共振线，其吸收量与锰的含量成正比，与标准系列比较定量。

二、试剂

（1）硝酸。

（2）高氯酸。

（3）混合酸消化液　硝酸+高氯酸（5+1）。

（4）硝酸5%（体积分数）　取5份硝酸与95份水混合。

（5）锰标准储备液（1000μg/mL）　锰的标准溶液按GB/T 602方法配制，或直接使用国家认可的标准物质。

（6）锰标准使用液（100μg/mL）　吸取10mL锰标准储备液于100mL容量瓶中，加5%硝酸水溶液定容至刻度。

三、操作步骤

1. 试样预处理

（1）湿式消解法　取25mL白酒试样于250mL高型烧杯中，在水浴上蒸发至近干，加入10mL混合酸消化液，置于电热板上加热消化，当棕色气体消失并冒白烟时，取下冷却，补加2mL 5%（体积分数）硝酸继续消化，再冒白烟为止。此时溶液变清，加热以除去多余的硝酸，待烧杯中的液体接近2~3mL时，取下冷却。用去离子水洗并转移于25mL容量瓶中，加水定容至刻度。摇匀，待测。同时做试剂空白。

（2）微波消解法　取10mL白酒试样于消化罐中，在水浴中蒸至近干，加入5mL 5%（体积分数）硝酸于消化罐中，按微波消解炉设定最佳消解条件进行消化，消化完毕后在电热板上除酸，待干涸时取下，用水定容至10mL待测。同时做试剂空白。

2. 测定

（1）标准曲线绘制　吸取0、0.5、1.0、2.0、3.0、4.0mL锰标准使用液分别于100mL容量瓶中，用5%（体积分数）硝酸溶液定容，此标准溶液每毫升含0、0.5、1.0、2.0、3.0、4.0μg锰。

将配制好的锰标准溶液分别导入调至最佳条件的原子吸收分光光度仪中，以锰含量对应吸光度值绘制标准曲线。

（2）试样测定　将处理好的试样和空白样液导入原子吸收分光光度仪中，试样吸光值代入标准曲线求得锰含量。

（3）参考仪器分析参数

分析线波长：279.5nm。

火焰：空气—乙炔。

其他实验条件：仪器狭缝、空气及乙炔的流量、灯头高度、元素灯电流等均按使用的仪器说明调至最佳状态。

四、计算

$$X = \frac{(C_1 - C_0) \times V_2 \times 1000}{V_1 \times 1000}$$

式中　X——试样中锰含量，mg/L

C_1——测定试样中锰含量，μg/mL

C_0——试剂空白液中锰含量，μg/mL

V_2——试样消化液定容体积，mL

V_1——试样体积，mL

第四节　酱油中重金属的同时测定（ICP-MS法）

酱油食盐含量高达15%~20%，高浓度的食盐中的钠、钾、钙、镁、氯等可引起严重的电离抑制和多原子离子干扰。因此，酱油是ICP-MS测定中公认干扰复杂的基体样品。

一、原理

试样经湿法消化后，导入ICP-MS中，待测溶液雾化再被氩原子高能等离子体解离，最后用质谱仪分析，其峰面积与待测金属的含量成正比。

二、试剂

（1）混合标准溶液（10mg/L）　含Ni、Cu、Zn、As、Cr、Cd、Ge元素的标准贮备液（10mg/L），购自美国Agilent。

（2）标准液配制　用1%（体积分数）硝酸将混合标准溶液10mg/L稀释成1.0mg/L的标准中间液，0~4℃避光保存。

（3）硝酸。

（4）30%过氧化氢。

（5）Li、Co、In、U质谱调谐液，质量浓度为1000mg/L。

三、操作步骤

1. 样品消化

准确吸取样品10mL置于处理干净的聚四氟乙烯微波溶样杯中，敞口放到电子控温加热板上，控制温度调到100℃（实测样品温度约80℃），加热蒸发至样品少于1mL，冷却后，加入5mL硝酸，再放到电子控温加热板上加热5min，使样品与硝酸充分浸润，取下冷却，加入1mL过氧化氢，安装好消解罐消解样品，消解完毕后取出，用超纯水转移至25mL容量瓶中，并定容至刻度。测定时再稀释5倍。

2. 标准曲线绘制

吸取适量的标准中间液，用1%硝酸分别稀释成0、0.2、0.5、1.0、2.0、5.0、10、20、50、100μg/L。

设置仪器至最佳分析条件，并调节仪器至最佳工作状态（参考仪器分析参数），将标准溶液一次进样分析，绘制标准工作曲线。

3. 样品测定

在选择的最佳测定条件下，测定空白溶液和试样溶液，从工作曲线上计算出相应组分的浓度，对于元素含量超出标准曲线浓度范围的样品，可定量稀释后测定。

四、计算

$$\text{金属的含量（mg/100mL）} = \frac{(C - C_0) \times V \times F \times 100}{V_0 \times 1000}$$

式中 C——测定用试样液元素浓度，μg/L

C_0——试剂空白液元素浓度，μg/L

V——试样定容体积，mL

F——稀释倍数

V_0——试样的体积，mL

表6-1　ICP-MS仪器的分析参数

参数	设定值	参数	设定值
雾化室温度	2℃	射频功率	1500W
提取透镜1电压	0V	载气流速	0.8L/min
提取透镜2电压	200V	补偿气流速	0.3L/min
偏转透镜1电压	-80V	采样深度	8.0mm
偏转透镜2电压	-8.0V	上样速率	0.3mL/min
反应池进口电压	-30V	待分析元素的质量数	53Cr、63Cu、65Zn、75As、111Cd、62Ni、72Ge
反应池出口电压	-50V		
氦气流速	4.0mL/min		

五、讨论

（1）实验中所用到的试剂均为优级纯；水均为 Millipore 超纯水。

（2）实验用到的玻璃容器在使用前均用 10% HNO_3浸泡 24h 以上，使用前用自来水和去离子水反复冲洗，防尘贮藏备用。

第七章　农药残留及其他有害物分析

第一节　啤酒中农药残留的测定（GC - MS 法）

农药残留是指在农业生产中施用农药后而残存于生物体、农产品以及周围环境中的农药亲体及其具有毒理学意义的杂质、代谢转化物和反应物等所有衍生物的总称。啤酒以大麦、大米、玉米等为主要原料酿造而成，而大麦、大米、玉米的种植者在田间管理过程中，有时会喷洒一些农药，这就会造成农药残留。有实验表明大麦、大米、玉米这些原料中的农药残留经过制麦、糖化和发酵等加工工艺之后大部分被分解掉，但仍有残留，因此有必要对啤酒中农药残留加以监测。

酒类样品农药残留检测的前处理方法有液液萃取、固相萃取以及固相微萃取法等。液液萃取是提取液体样品时最常用的方法，但消耗溶剂量大，且对水溶性较大的物质提取效率不高。目前，在农药检测的方法研究中，固相萃取法以其高选择性，使用方便快速、回收率高、溶剂用量少、重复性好、安全、便于自动化操作等优点开始担当着越来越重要的角色。分析方法主要有气相色谱法，液相色谱法，气相色谱—质谱联用技术，液相色谱—质谱联用技术。其中，气相色谱—质谱联用技术已成为农药残留分析的有效手段，用化合物的质谱图鉴定组分的保留时间优于色谱，用色谱保留时间和质谱指纹数据对化合物进行分析，最大限度地保证了分析的可靠性。

一、仪器和试剂

仪器：Agilent 7890A - 5975C 型 GC - MS 分析仪，固相萃取装置（美国 Supelco），C_{18} 小柱（1000mg，6mL），刻度离心管（10mL）。

试剂：乙酸乙酯（农残级），农药标准品，啤酒。

二、操作步骤

1. 农药标准储备溶液的配制

准确称取 10.0mg 农药各标准品分别于 50mL 容量瓶中，用乙酸乙酯—环己烷（体积为 1 + 1）定容，配制成 200μg/mL 的单标储备液，于 - 18℃条件下贮存。

2. 样品前处理

（1）SPE 柱活化　C_{18}小柱使用之前先用 5mL 甲醇活化（用注射器抽取甲醇，连接 C_{18} 柱，缓慢推注使甲醇连续滴出），再用 10mL 超纯水分两次活化（每次用注射器抽取超纯水 5mL，连接 C_{18}柱，缓慢推注使水连续滴出），然后使小柱保持润湿状态，备用。

（2）农药的提取和纯化　取 2mL 啤酒样品加到已活化好的 C_{18}小柱上，待酒样缓慢通过小柱后用 5mL 超纯水洗涤小柱，然后真空抽干。最后用 2mL 乙酸乙酯洗脱保留在小柱上的农药，收集洗脱液供气相色谱—质谱分析。

3. 色谱、质谱条件

（1）色谱条件　毛细管柱为 HP－5MS 柱（30m×0.25mm×0.25μm）；色谱柱温度 60℃（保持1min），以 20℃/min 升至 165℃，再以 40℃/min 升至 240℃，最后以 15℃/min 升至 280℃（保持 4min）；载气为氦气，纯度大于 99.999%；流速为 1.0mL/min；进样口温度 260℃；进样量 1μL；进样方式为不分流进样。

（2）质谱条件　电子轰击源 70eV；离子源温度为 230℃；GC－MS 接口温度为 280℃；测定模式为选择离子检测（SIM）。各农药的定量、定性离子见表 7－1。

表 7－1　各农药的保留时间、定性及定量离子

农药种类	保留时间/min	定量离子/（*m/z*）	定性离子/（*m/z*）
敌敌畏	6.417	109	185、220
乐果	8.801	87	125、143、229
异稻瘟净	9.202	91	204、246、288
杀螟硫磷	9.608	125	109、260、277
毒死蜱	9.768	197	258、286、314
水胺硫磷	9.827	136	121、230、289
喹硫磷	10.130	146	156、157、298
三唑磷	11.062	161	172、257、313
苯硫磷	11.911	157	169、185、323

4. 定性定量分析

定性方法：通过标准品的出峰时间结合计算机谱库（NIST08）为啤酒样品所含农药定性（图 7－1）。

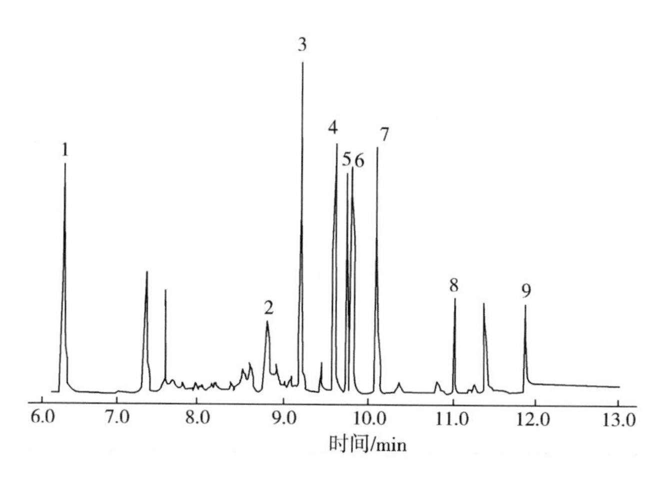

图 7－1　9 种农药标准品的总离子流图

1—敌敌畏　2—乐果　3—异稻瘟净　4—杀螟硫磷　5—毒死蜱
6—水胺硫磷　7—喹硫磷　8—三唑磷　9—苯硫磷

定量方法：外标法定量，将各种农药用空白啤酒基质液准确配制含量分别为0.01、0.05、0.1、0.5、1.0μg/mL的标准溶液，以农药含量对色谱峰面积制作标准曲线，求出回归方程和线性系数，用标准曲线定量啤酒中的农药成分。

三、计算

标准曲线计算公式：

$$Y = aX + b$$

式中 Y——被测啤酒样品中待测农药峰面积

a——线性相关系数

X——被测啤酒样品中待测农药的浓度

b——截距

四、讨论

啤酒中农药残留含量低，当这些化合物分离不完全时，定性定量方面都会存在问题。为提高对目标化合物检测的灵敏度和准确性，避免相邻微量组分或杂质的干扰，实验中对各待测农药样品的2~3个特征离子进行选择性扫描，通过离子比例确定样品中的目标化合物。此外，实验中采用了空白啤酒基质溶液配制标准溶液进行定量，降低了农药残留基质效应带来的误差。

第二节　葡萄酒中农药残留的测定（GC－MS法）

葡萄酒是葡萄或葡萄汁经过发酵后生产的，其营养价值高且含有氨基酸、矿物质元素、维生素、多酚等多种营养成分，适当饮用有利于人体健康。然而在葡萄种植过程中，为了提高产量，喷施农药是防治病虫害的常用手段。一些农药施用后不易分解，残留在葡萄上。然而酿酒过程并不能使所有农药全部降解，残留的农药被人长期进食后，就会在体内积累，引起慢性中毒。目前许多国家已经制定了葡萄中农药残留的限量标准，如欧盟制定了葡萄中65种农药残留的限量标准，我国制定了葡萄中多菌灵（3.0mg/kg）、百菌清（0.5mg/kg）、甲霜灵（1.0mg/kg）、腐霉利（5.0mg/kg）、马拉硫磷（8.0mg/kg）等农药的最大残留量。

目前，葡萄酒中农药残留的测定方法主要有气相色谱法、气相色谱—电子轰击电离源质谱法和液相色谱法。样品前处理方法主要有液液萃取、液液微萃取、固相萃取、固相微萃取、基质分散固相萃取。气相色谱—电子轰击电离源质谱法易受样品基质干扰，需要在样品前处理时进行严格而烦琐的净化过程，选择性和灵敏度差。由于多数农药都含有电负性基团，因此，气相色谱—负化学离子源质谱法（GC－NCI/MS）可称为此类农药残留的特征分析方法。GC－NCI/MS技术成功地应用于蔬菜、水果、茶叶、海产品等食品中农药残留的检测，证明其在分析电负性物质方面更具优势。在前处理方面，根据农药的性质采用固相萃取、固相微萃取或基质分散固相萃取较为简便，而液液萃取对水溶性较大的农药提取效果不理想。

一、仪器与试剂

（1）仪器　气相色谱－质谱仪（配化学离子源，Agilent 6890N－5975B GC－MSD），纯水发生器（Elix5 型），固相萃取装置（美国 Supelco），C_{18}固相萃取柱（1000mg，6mL）

（2）试剂　各种农药标准储备液（每种农药浓度为 100μg/mL），葡萄酒，乙酸乙酯（色谱级），甲醇（色谱级）。

（3）混合标准储备液　量取 0.5mL 各种农药标准储备液于 10mL 容量瓶中，用乙酸乙酯溶解定容，混合标准储备液中每种农药浓度为 5μg/mL。

二、操作步骤

1. 样品前处理

取 C_{18}小柱，使用前分别用 3mL 甲醇预淋洗（用注射器抽取甲醇，连接 C_{18}小柱，缓慢推注使甲醇连续滴出）、再用 3mL 纯水预淋洗（淋洗方法同甲醇）。取 2mL 葡萄酒，加入到已预淋洗过的 C_{18}柱上，待自然重力过柱后，用 3mL 水洗涤柱子，真空抽干，然后用 1mL 乙酸乙酯洗脱，收集洗脱液供气相色谱—负化学离子源质谱测定。

2. 色谱及质谱条件

（1）气相色谱　HP－5MS 毛细管柱（30m × 0.25mm × 0.25μm）；柱温：60℃保持 1min，以 15℃/min 升至 200℃，保持 1min，以 15℃/min 升至 280℃，保持 7.5min；载气：氦气，纯度≥99.999%，流速为 1.0mL/min；进样口温度：260℃；接口温度：280℃；进样方式为脉冲不分流，压力为 0.11MPa，持续时间为 0.8min；进样量：2μL。

（2）质谱　反应气：甲烷，纯度≥99.999%。主要质谱参数：四极杆温度：150℃；离子源温度：150℃；发射电流：49.4μA；电离电压：114.4eV。每种农药选择 2～3 个离子，其中包括 1 个定量离子，依据农药的保留时间分组检测。农药的保留时间、监测离子参见表 7－2。

表 7－2　　保留时间及选择离子扫描参数

农药	保留时间/min	监测离子/（m/z）
百菌清	8.299	266、264、268
杀螟硫磷	8.910	277、168、141
马拉硫磷	8.698	157、159、172
毒死蜱	9.134	313、315、214
对硫磷	9.150	291、154、292
三唑酮	9.170	127、166、169
腐霉利	9.716	283、285
4，4′－DDE	10.219	35、37
腈菌唑	10.287	288、289、290
虫螨腈	10.464	349、347、351

续表

农药	保留时间/min	监测离子/（m/z）
4，4′-DDD	10.712	35、37
2，4′-DDT	10.765	35、37、71
4，4′-DDT	11.148	35、37、71
甲氰菊酯	11.833	141、142
氯菊酯	13.328、13.464	207、209
氯氰菊酯	14.459、14.585、14.718、14.747	207、209、171
氰戊菊酯	16.110、16.392	211、213

3. 定性定量分析

定性方法：通过标准品的出峰时间结合计算机谱库（NIST08）为葡萄酒样品所含农药定性。

定量方法：将不同种类农药用乙酸乙酯配制浓度分别为10、20、50、100、200μg/mL的系列标准溶液，处理空白葡萄酒样品，获得2mL空白基质液，取5份，每份各取200μL于室温下在氮气流下缓慢蒸干乙酸乙酯；分别各加入200μL配制好的5个不同浓度的系列标准溶液，振荡混匀后获得系列基质匹配标准溶液，进样测定，制作标准曲线外标法定量。

三、计算

标准曲线计算公式：

$$Y = aX + b$$

式中 Y——被测样品中待测农药峰面积

a——线性相关系数

X——被测样品中待测农药的浓度

b——截距

四、讨论

（1）葡萄酒样品是液体，选择液液萃取提取农药比较烦琐，固相微萃取需要针对不同农药采用相应材料制成的萃取头，应用性受到限制，而选择合适填料的固相萃取柱进行提取则比较方便。本实验根据目标农药的极性为中等至弱极性，选择C_{18}固相萃取小柱进行提取，可将葡萄酒中残留的农药吸附在小柱上。用水淋洗小柱除去水溶性的极性杂质，最后用乙酸乙酯洗脱吸附在小柱上的农药，提取和净化一步完成，操作简便快捷。

（2）上样量为2mL时回收率最高，继续增大上样量会使柱子过载导致回收率下降。乙酸乙酯洗脱用量为1mL时洗脱效果最好，能洗脱各种农药。

第三节　黄酒中氨基甲酸乙酯的测定（GC－MS法）

氨基甲酸乙酯（EC）天然存在于发酵食品中。发酵食品在加工与贮存过程中产生大量的EC前体物如氢氰酸、尿素、瓜氨酸，这些前体物在一定的条件下与发酵产生的乙醇发生反应生成EC。氨基甲酸乙酯在人体代谢过程中可以被细胞色素P450氧化成DNA加聚物，造成DNA双链破坏；同时细胞色素P450还能将其氧化成*N*－羟基氨基甲酸乙酯；这种物质能诱导Cu^{2+}调控的DNA损伤，可导致癌变。因此氨基甲酸乙酯是危害人类健康的一个不可忽视的因素。2002年联合国粮农组织开始重点监控氨基甲酸乙酯，规定其含量不能超过20μg/L，并制定了国际标准。针对发酵食品中EC的测定，目前主要有高效液相色谱法、气相色谱—质谱联用法等。样品预处理方法主要有液液萃取法、固相萃取法和顶空固相微萃取法。本实验采用固相萃取法预处理样品，用气相色谱—质谱联用法检测黄酒中EC。

一、仪器与试剂

（1）Agilent 7890A－5975C型GC－MS分析仪

（2）硅藻土固相萃取柱　5.3g，5mL。

（3）甲醇、二氯甲烷、乙酸乙酯、无水硫酸钠、氯化钠、氨基甲酸乙酯标准品、氨基甲酸丁酯标准品（色谱纯）。

（4）氨基甲酸乙酯标准溶液　准确称取氨基甲酸乙酯50.0mg，用乙酸乙酯定容至100mL，配制成0.5mg/mL的氨基甲酸乙酯母液，再逐级稀释配制氨基甲酸乙酯系列浓度为25、50、100、200、350、500μg/mL的标准溶液。

（5）氨基甲酸丁酯内标工作液　准确称取氨基甲酸丁酯25mg，用乙酸乙酯定容至10mL，配制成2.5mg/mL的氨基甲酸丁酯内标工作液。

（6）饱和NaCl溶液　称取50g氯化钠，置烧杯中，加入100mL水，边加边振摇，静置后取上清液。

二、操作步骤

1. 样品前处理

准确吸取黄酒5.0mL于25mL比色管中，加入氨基甲酸丁酯内标工作液1mL，饱和NaCl溶液溶解并定容至刻度，振荡提取30min，混匀待用。准确吸取该样液5.0mL加到5.0g的硅藻土固相萃取柱上，静置吸附5min，然后每次用5mL二氯甲烷洗脱硅藻土色谱柱，洗脱6次，收集所有洗脱液，将洗脱液用无水硫酸钠过滤后于30℃下旋干，然后用乙酸乙酯定容至5.0mL，混匀待测。

2. 分析条件

（1）色谱条件　色谱柱为Rtx－Wax（30m×0.25mm×0.5μm）；进样口温度为220℃；柱温程序为初温40℃保持1.0min，然后以10℃/min升至60℃，再以5℃/min升至160℃，保持1min，最后在220℃下后运行10min；载气为高纯氦气（99.999%）；流速为1.0mL/min；不分流进样，进样体积1μL。

（2）质谱条件　离子源温度230℃；电子轰击能量70eV；接口温度220℃；电子倍增器电压1157V；选择离子监测方式，氨基甲酸乙酯定量离子m/z为62，特征离子m/z为62、74、89，内标物氨基甲酸丁酯定量离子m/z为62，特征离子m/z为62、74、56；溶剂延迟时间19.0min。

三、计算

内标法步骤：绘制标准曲线，横坐标为标准品的浓度，纵坐标为标准品与内标峰面积比值，求出回归方程和线性相关系数。将黄酒样品中氨基甲酸乙酯的峰面积与内标物峰面积比值代入之前所做标准曲线中，计算得出黄酒样品中氨基甲酸乙酯浓度。

标准曲线计算公式：

$$Y = aX + b$$

式中　Y——被测黄酒样品中氨基甲酸乙酯峰面积与内标物峰面积比值

a——线性相关系数

X——被测黄酒样品中氨基甲酸乙酯的浓度

b——截距

四、讨论

黄酒中氨基甲酸乙酯的形成主要有3种途径，分别是发酵代谢产生的氨甲酰磷酸、尿素、瓜氨酸与乙醇反应产生；其中尿素与乙醇反应产生的占主要部分。可选用产尿素能力差的菌株进行纯种发酵或利用酸性脲酶分解酵母菌产生尿素的方法来降低黄酒中EC的含量。贮酒和煎酒是EC的形成重要过程，适当改变黄酒的生产工艺是减少EC含量的一个有效的途径。由于胺类化合物是形成氨基甲酸乙酯的前驱物之一，所以降低酒中胺类化合物的含量也会减少EC的生成量。

第四节　氨基甲酸酯类农药残留的测定（HPLC法）

一、原理

氨基甲酸酯类农药（Carbamates）用作农作物的杀虫剂、除草剂、杀菌剂等。这类杀虫剂分为五大类：①萘基氨基甲酸酯类，如西维因；②苯基氨基甲酸酯类，如叶蝉散；③氨基甲酸肟酯类，如涕灭威；④杂环甲基氨基甲酸酯类，如呋喃丹；⑤杂环二甲基氨基甲酸酯类，如异索威。除少数品种如呋喃丹等毒性较高外，大多数属中、低毒性。

使用Supelco C_{18}或石墨化碳/氨基复合型固相萃取小柱对食品中氨基甲酸酯类农药进行分离提取，采用高效液相色谱—串联质谱法进行检测，氨基甲酸酯类农药在0.005～0.1mg/kg范围内线性良好，具有灵敏度高、选择性强、可确证等优点，可满足国际上对食品中氨基甲酸酯类农药残留量的检测要求。

二、仪器与试剂

（1）Agilent 1200高效液相色谱仪；API 4000三重四极杆—线性离子阱串联质谱仪；

配电喷雾离子源（ESI）。

（2）Supelco C_{18}固相萃取小柱（规格 250mg/3mL）；石墨化碳/氨基复合型固相萃取小柱（规格 500mg/6mL）。

（3）灭害威、涕灭威、涕灭威亚砜、涕灭威砜、乙硫苯威、二氧威、久效威亚砜、久效威、灭多威、甲萘威、异丙威、抗蚜威、克百威、残杀威、仲丁威、甲硫威、恶虫威、灭除威、猛杀威、混杀威 20 种氨基甲酸酯类农药标品。

（4）氨基甲酸酯类农药标准储备液　准确称取适量的上述标准品，用乙腈配制成质量浓度为 10mg/L 的标准储备液，避光冷冻保存。

（5）氨基甲酸酯类农药混合标准工作溶液　分别吸取 1mL 的每种标准储备溶液于 1 L 容量瓶中，用乙腈定容至刻度，稀释后的混合标准工作溶液中含有各种农药浓度均为 0. 01mg/L，避光冷冻保存。

（6）0. 1%（体积分数）乙酸　准确吸取 1mL 冰乙酸于 1 L 容量瓶中，用超纯水定容到 1 L。

（7）乙腈、甲醇均为色谱纯；氯化钠、无水硫酸钠等均为分析纯。

三、操作步骤

1. 样品提取

准确称取粉碎均匀的样品 5. 00g 于 50mL 离心管中，加入 2g 氯化钠和 10mL 乙腈，于快速混匀器上混匀 3min，5000g 离心 5min，将上层清液转移至另一支离心管。再用 10mL 乙腈按上述步骤提取残渣，合并提取液，于 40℃下通氮气浓缩提取液至约 2mL，待纯化。

2. 纯化

大米和牛奶等：在 C_{18}固相萃取小柱上端装入 1 cm 高的无水硫酸钠，先用 5mL 乙腈预淋洗小柱，弃去淋洗液。然后，将大米和牛奶的提取液完全转移至该固相萃取柱，当提取液液面达到固定相顶端时向柱内加入 8mL 乙腈进行洗脱，控制流速为 0. 5mL/min。收集所有流出液，在 40℃下通氮气浓缩至近干，用甲醇—水溶液（50 + 50，体积分数）定容至 1mL，过 0. 45μm 滤膜后供液相色谱—串联质谱测定。

柑橘、板栗、菠菜和猪肝：在石墨化碳/氨基复合型固相萃取小柱上端装入 1 cm 高的无水硫酸钠，先用 10mL 甲苯—乙腈溶液（75 + 25，体积分数）预淋洗小柱，弃去淋洗液。将柑橘、板栗、菠菜和猪肝等的提取液完全转移至该固相萃取柱中，当提取液液面达到固定相顶端时向柱内加入 25mL 甲苯—乙腈溶液（75 + 25，体积分数）进行洗脱，控制流速为 0. 5mL/min。收集所有流出液，在 40℃下通氮气浓缩至近干，用甲醇—水溶液（50 + 50，体积分数）定容至 1mL，过 0. 45μm 滤膜后供液相色谱—串联质谱测定。

3. 分析条件

（1）色谱条件　色谱柱：Agilent C_{18}柱（150mm × 4. 6mm × 5μm）。流动相 A：0. 1%乙酸溶液；流动相 B：乙腈。流速：0. 5mL/min。柱温：30℃。进样量：10μL。

梯度洗脱程序见表 7 – 3。

表 7－3　　梯度洗脱程序

时间/min	A/%	B/%	流速
0	90	10	0.5
6	60	40	0.5
10	15	85	0.5
17	15	85	0.5
18	90	10	0.5
20	90	10	0.5

（2）质谱条件　电喷雾离子源，正离子扫描，多反应监测（MRM）；电喷雾电压5000V；离子源温度500℃；雾化气压力310.26kPa；辅助加热气压力344.74kPa；气帘气压力68.95kPa；碰撞气压力：48.26kPa。

四、计算

用标准溶液确定氨基甲酸酯类农药的保留时间，根据各类物质的特征碎片离子的质谱图进行定性（图7－2）。

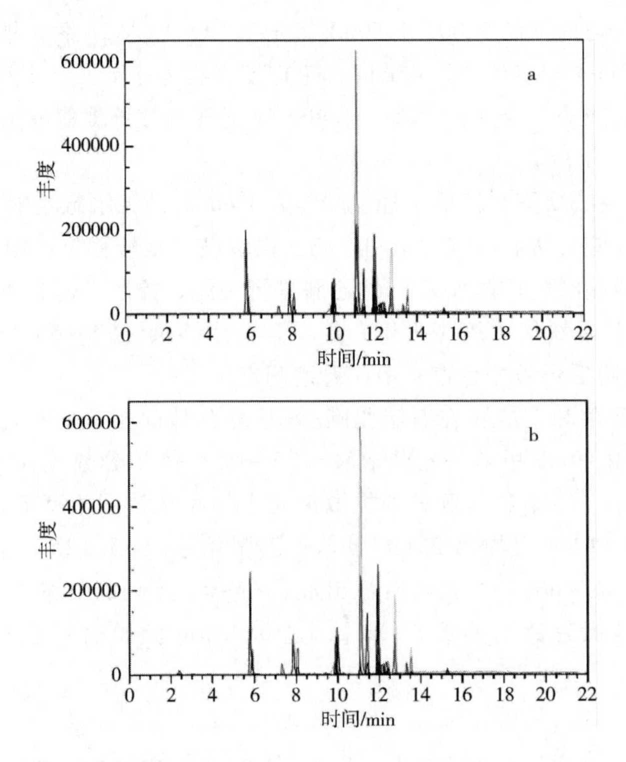

图 7－2　20种氨基甲酸酯类农药混合标准品（0.01mg/L）（a）和添加混合标准品（0.01mg/kg）的大米样品（b）的总离子流图

计算公式：

$$X = \frac{A \times V}{A_s \times m \times 1000} \times X_s$$

式中　X——样品中农药的含量，mg/g

m——称样量，g

A——样品溶液中被测农药的峰面积

A_s——农药标准溶液中被测农药的峰面积

X_s——标准溶液中被测农药的浓度，mg/L

V——样品溶液定容体积，mL

五、讨论

（1）使用固相萃取小柱需注意淋洗流速，过大时萃取效果不好。

（2）氨基甲酸酯类农药严禁带出实验室外，以免造成危险。

第五节　酱油中黄曲霉毒素的测定（HPLC 法）

一、原理

黄曲霉毒素是曲霉和青霉属的代谢产物，属于致癌物质，对人、畜、禽的肝、肾有毒害作用，酱油又是用曲霉和青霉发酵生产的，因此，对其测定具有重要意义。试样经过甲醇提取，提取液经过过滤、稀释后通过免疫亲和柱，黄曲霉毒素特异性抗体选择性地与存在的黄曲霉毒素 B_1、B_2、G_1、G_2、M_1、M_2（抗原）键合，形成抗体—抗原合体。甲醇—乙腈混合溶液洗脱，经荧光检测器的高效液相色谱仪测定黄曲霉毒素 B_1、B_2、G_1、G_2、M_1、M_2的含量，以外标法定量。

二、仪器与试剂

（1）高效液相色谱仪，荧光检测器（$E_x = 340$nm，$E_m = 425$nm）。

（2）甲醇　色谱纯。

（3）乙腈　色谱纯。

（4）黄曲霉毒素总量免疫亲和柱　免疫亲和柱应含有黄曲霉毒素 B_1、B_2、G_1、G_2、M_1、M_2的抗体。亲和柱的最大容量不小于 100 ng 黄曲霉毒素 B_1、B_2、G_1、G_2、M_1、M_2（相当于 50mL 浓度为 2μg/L 的试样）。

（5）黄曲霉毒素 B1、B2、G1、G2、M1、M2 标准物质　纯度大于等于 99%。

（6）黄曲霉毒素 B1、B2、G1、G2、M1、M2 标准储备溶液　将黄曲霉毒素 B_1、B_2、G_1、G_2、M_1、M_2标准物质分别用色谱纯甲醇配成 60 ng/mL 的标准储备液。储备液于 -4℃保存。

（7）黄曲霉毒素（B1、B2、G1、G2、M1、M2）混合标准溶液　根据需要用流动相将黄曲霉毒素 B_1、B_2、G_1、G_2、M_1、M_2用色谱纯甲醇稀释成 10ng/mL 的混合标准工作溶液，混合标准工作溶液现用现配。

（8）PBS 缓冲溶液　准确称取 8.0 g 氯化钠、1.2 g 磷酸氢二钠、0.2 g 氯化钾，用

990mL 超纯水溶解，然后用浓盐酸调节 pH 为 7.0，最后用超纯水定容至 1 L。

（9）0.1 % 的吐温 -20/PBS　准确吸取 1mL 吐温 -20，加入 PBS 缓冲液并定容至 1L。

三、操作步骤

1. 样品处理

准确称取酱油试样 25.0 g 于 250mL 具塞锥形瓶中，加入 2.5 g 氯化钠及 100mL 甲醇—水（80 +20），以均质器高速搅拌提取 1min。定性滤纸过滤，准确移取 10.0mL 滤液，加入 40.0mL 超纯水稀释，用玻璃纤维滤纸过滤至滤液澄清，备用。

2. 样品纯化

将免疫亲和柱连接于 20mL 玻璃注射器下。移取上一步得到的样品滤液过免疫亲和柱，用 10mL 0.1 % 的吐温 -20/PBS 清洗。再以 10mL 超纯水清洗柱子 2 次，弃去全部流出液，并使 2 ~3mL 空气通过柱体。准确加入 1.0mL 色谱纯甲醇洗脱，流速为 1 ~2mL/min，收集洗脱液于玻璃试管中，供检测用。

3. 色谱条件

色谱柱：Intersil ODS -3，5μm，250mm ×4.6mm 或相当者；流动相：水 + 甲醇 + 乙腈（11 +4 +5）；流速：1.0mL/min；柱温：30℃；检测波长：激发波长 340nm，发射波长：425nm；进样量：10μL。

四、计算

根据样液中黄曲霉毒素 B_1、B_2、G_1、G_2、M_1、M_2 的含量情况，选定浓度相近的混合标准工作液，混合标准工作液中 B_1、B_2、G_1、G_2、M_1、M_2 的响应值在仪器检测的线性范围内。对混合标准工作液和样液等体积进样测定。在上述色谱条件下，黄曲霉毒素 B_1、B_2、G_1、G_2、M_1、M_2 参考保留时间分别为 7.1min、8.0min、9.2min、10.6min、11.4min、13.3min。

计算公式：

$$X = \frac{A}{A_s} \times \rho \times \frac{1}{V_1} \times V_2 \times \frac{1}{m}$$

式中　X——样品中黄曲霉毒素的含量，mg/g

m——称样量，g

A——样品溶液中被测黄曲霉毒素的峰面积

A_s——农药标准溶液中被测黄曲霉毒素的峰面积

ρ——标准溶液中黄曲霉毒素的浓度，ng/mL

V_1——过免疫亲和柱的样品体积，mL

V_2——均质器高速搅拌提取液的体积，mL

五、讨论

（1）本实验应有相应的安全防护措施，并不得污染环境。

（2）残留有黄曲霉毒素的废液或废渣的玻璃器皿，应置于专用贮存容器（装有 10% 次氯酸钠溶液）内，浸泡 24h 以上，再用清水将玻璃器皿冲洗干净。实验废液也需加入次

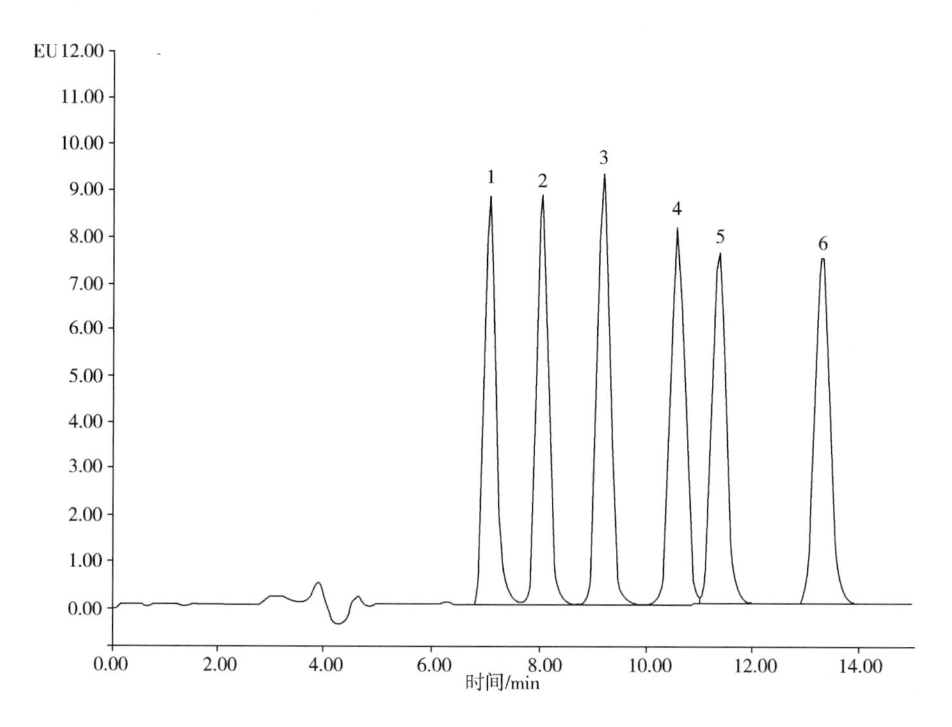

图 7－3　酱油样品中各类黄曲霉毒素的总离子流图

1—黄曲霉毒素 M_2　2—黄曲霉毒素 M_1　3—黄曲霉毒素 G_2

4—黄曲霉毒素 G_1　5—黄曲霉毒素 B_2　6—黄曲霉毒素 B_1

氯酸钠进行处理。

（3）紫外线对低浓度黄曲霉毒素有一定的破坏性，所以混合黄曲霉毒素对照品储备液应配制在棕色容量瓶中，并避光保存。混合黄曲霉毒素对照品溶液则现用现配，并注意避光。

第六节　腐乳中橘霉素的测定（HPLC 法）

一、原理

橘霉素是抗菌素的一种，金黄色结晶体，不溶于水，溶于酒精和氯仿，呈酸性，有抑制细菌生长的作用。熔点 178～179℃，分子式为 $C_{13}H_{14}O_5$，相对分子质量为 250，对荧光敏感，在酸性及碱性溶液中皆可热解。它是橘霉等的毒性代谢产物，主要污染大米。据报道橘霉素能与人血中蛋白结合，引起人体中毒。

由于橘霉素本身具有在激发态下产生荧光的特性（E_x = 331nm，E_m = 500nm），而其他色素在这一波长范围内不具备发生荧光的条件，因而采用荧光检测器对橘霉素进行测定不易受到其他物质的干扰。而且荧光检测的灵敏度较高，样品只需经过简单的萃取，稀释倍数较大也能检测，可进一步减少样品中的杂质对测定引起的干扰。

二、仪器与试剂

（1）高效液相色谱仪，荧光检测器（E_x = 331nm，E_m =500nm）。

（2）甲醇　色谱纯。

（3）乙腈　色谱纯。

（4）乙酸乙酯　分析纯。

（5）甲酸　分析纯。

（6）甲醇 - 乙酸乙酯 - 甲酸（7 +3 +1，体积比）　将 70mL 甲醇、30mL 乙酸乙酯、10mL 甲酸混合并搅拌均匀。

（7）0.03% 磷酸溶液　准确吸取 0.3mL 磷酸，用超纯水定容到 1 L。

三、操作步骤

1. 腐乳的预处理

准确称取经均质的腐乳样品 5.00 g 置于锥形瓶中，采用 15mL 甲醇 - 乙酸乙酯 - 甲酸（7 +3 +1，体积比）提取样品中的橘霉素，50℃下超声萃取 10min，提取 3 次，合并提取液。提取液经减压旋转蒸发浓缩至干后，用甲醇溶解并定容到 5mL，然后用孔径为 0.45μm 的有机膜过滤，滤液备用。

2. 色谱条件

色谱柱为 WondaSil C_{18}色谱柱，150mm ×4.6mm ×5μm；柱温：28℃；检测波长：E_x = 331nm，E_m = 500nm；流动相 A 为 0.03% 磷酸溶液，流动相 B 为乙腈，A∶B =55∶45（体积比），流速：1mL/min；进样量：10μL。

3. 橘霉素标准曲线的绘制

准确称取橘霉素标准品 5.00mg，用甲醇溶解并定容至 50mL，配制成 100μg/mL 的储备溶液，4℃冰箱保存备用。临用时，用甲醇稀释上述标准储备溶液，用甲醇分别稀释为 100.00、10.00、1.00、0.10、0.01μg/mL 的橘霉素标准溶液，进行高效液相色谱测定，以峰面积为纵坐标，橘霉素浓度为横坐标，绘制标准曲线（图 7 -4）。

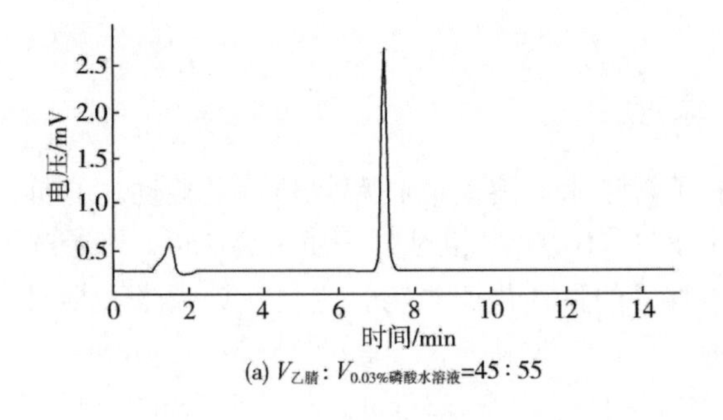

(a) $V_{乙腈}$: $V_{0.03\%磷酸水溶液}$=45 : 55

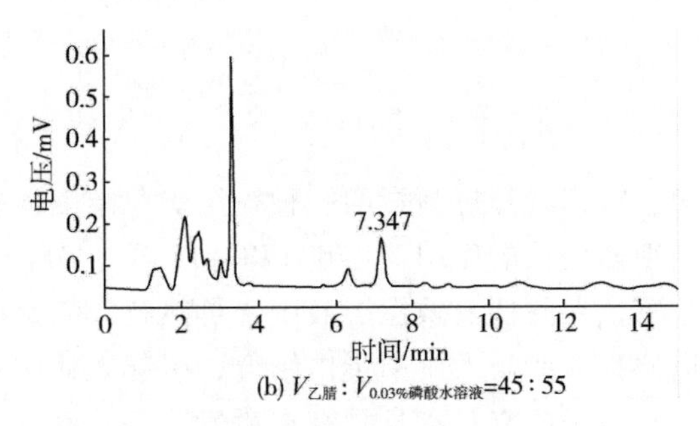

(b) $V_{乙腈}$: $V_{0.03\%磷酸水溶液}$=45 : 55

图 7 -4　标准样品（a）及样品（b）中橘霉素的 HPLC - FLD 色谱

四、计算

根据试样中橘霉素色谱峰面积，从标准曲线中求得试样中橘霉素的含量。

计算公式：

$$X = \frac{A \times V}{m}$$

式中　X——样品中橘霉素的含量，μg/g

m——称样量，g

A——样品溶液中被测橘霉素的含量，μg/mL

V——样品处理后的定容体积，mL

五、讨论

（1）取用橘霉素时应避免脏乱和强光的环境，以免造成污染和失效。

（2）使用甲酸时应避免接触皮肤和明火。

（3）使用后废液应集中处理，切勿直接倒入水池或下水道，避免污染环境。

第七节　啤酒中无机阴离子的测定（离子色谱法）

一、原理

啤酒中的无机阴离子主要来源于酿造水、麦芽、酒花及酿造辅料，某些阴离子的存在对啤酒的质量有一定的好处，但是过量的阴离子的存在会影响酵母的生长并进而影响啤酒的口感。采用离子色谱法测定啤酒中的无机阴离子，具有样品前处理简单、操作方便、分析时间短等优点。

二、仪器与试剂

（1）ICS－1100 型离子色谱仪　电导检测器，自动再生型抑制器。

（2）F^-、Cl^-、SO_4^{2-}、NO_3^-、NO_2^-、PO_4^{3-} 标准贮备液，浓度均为 10μg/mL。

（3）超纯水（18.2MΩ）。

（4）4.5mmol/L 碳酸钠　准确称取 0.4769 g 无水碳酸钠于烧杯中，用超纯水溶解，然后转移到 1L 容量瓶中，用超纯水定容到 1L。

（5）0.8mmol/L 碳酸氢钠　准确称取 0.0672 g 碳酸氢钠于烧杯中，用超纯水溶解，然后转移到 1L 容量瓶中，用超纯水定容到 1L。

三、操作步骤

1. 色谱条件

色谱柱：分析柱 Ion Pac AS23（4mm × 250mm），保护柱：Ion Pac AG23（4mm × 50mm）；抑制器：ASRS300；流动相：4.5mmol/L Na_2CO_3 － 0.8mmol/L $NaHCO_3$（50 + 50，体积比）淋洗；流速：1.0mL/min；抑制器电流：25mA；进样量：25μL；柱温：30℃；池温：35℃；检测器：电导池。

2. 标准曲线的绘制

分别准确吸取 F^-、Cl^-、SO_4^{2-}、NO_3^-、NO_2^-、PO_4^{3-}标准贮备液 0.2、0.4、0.6、0.8、1.0mL 于 10mL 容量瓶中，用超纯水定容到 10mL，使其浓度分别为 0.2、0.4、0.6、0.8、1.0μg/mL。以质量浓度为横坐标，峰面积为纵坐标分别绘制各离子的标准曲线。

3. 样品前处理

取啤酒样品 100mL 于烧杯中，置于 60℃恒温水浴中，加热 30min 以上，然后用孔径为 0.45μm 的有机膜过滤，滤液备用。

四、计算

测量各阴离子对应的峰面积，用外标法定量（图 7－5）。根据样品的峰面积，通过标准曲线得出各种阴离子的浓度。计算公式：

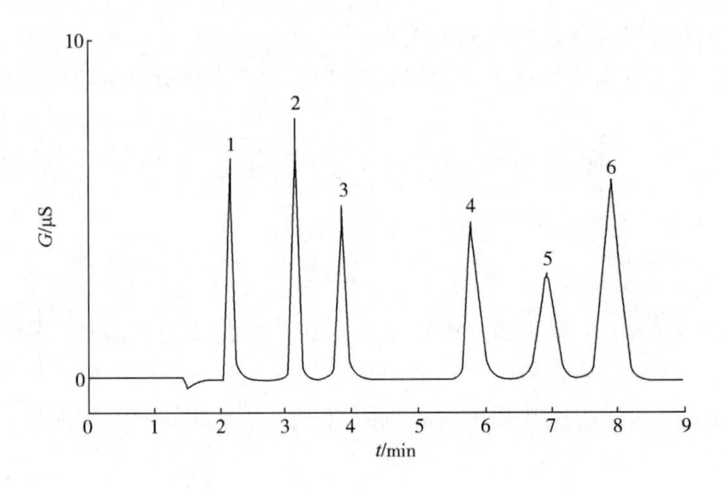

图 7－5　啤酒中无机阴离子色谱

1—F^-　2—Cl^-　3—NO_2^-　4—NO_3^-　5—$HPO_3{}^{2-}$　6—SO_4^{2-}

$$X = \frac{A \times P}{A_s}$$

式中　X——样品中无机阴离子的含量，μg/mL

A——样品溶液中被测无机阴离子的峰面积

A_s——标准溶液中被测无机阴离子的峰面积

P——标准溶液中无机阴离子的浓度，μg/mL

五、讨论

（1）样品中含有大于 0.45μm 的颗粒物及试剂溶液中含有大于 0.2μm 的颗粒物时，必须用微孔滤膜过滤除去，以免颗粒物堵塞仪器流路。

（2）标准储备溶液贮于聚乙烯塑料瓶中，在 4℃保存时，贮备液至少可稳定一个月。标准使用液应现用现配。

（3）在每次进样时，必须用新的样品彻底冲洗进样环路。标准溶液和样品要使用同样大小的样品环。

第八节　酱油中氯丙醇的测定（GC－MS法）

随着对调味品的需求量大大增加，酱油工艺近年来发生了很大的变化，水解植物蛋白被广泛应用于酱油工业，在提高产量、降低成本的同时也带来了有毒有害物质氯丙醇。氯丙醇主要是在水解植物蛋白的生产过程中产生的污染物，凡是以酸水解植物蛋白为原料的食品都会含有不同水平的氯丙醇。食品中的氯丙醇类污染物包括3－氯－1，2－丙二醇（3－MCPD）、1，3－二氯－2－丙醇（1，3－DCP）和2，3－二氯－1－丙醇（2，3－DCP）3种甘油羟基氯代物，其中3－MCPD含量最高，达70%。氯丙醇主要伤害神经系统和血液循环系统，容易诱发精神病和心脏病。氯丙醇类化合物的检测主要采用气相色谱法（ECD或FID检测）、GC/MS和GC/MS/MS法、毛细管电泳法和分子印记法等。本实验采用GC/MS法测定酱油中的氯丙醇。

一、仪器与试剂

仪器：Agilent 5973N－GC/MSD，HP－5柱（30m×0.32mm×0.25μm），旋转蒸发仪，N_2浓缩器，气密针，旋涡振荡器。

试剂：

（1）40mg/L 3－氯－1，2－丙二醇标准溶液：（取40.0mg 3－氯－1，2－丙二醇用正己烷定容至100mL，取10mL该溶液用正己烷定容至100mL）。

（2）12mg/L d5－3－氯－1，2－丙二醇内标溶液：（取12.0mg d5－3－氯－1，2－丙二醇用正己烷定容至100mL，取10mL该溶液用正己烷定容至100mL）。

（3）饱和NaCl溶液：称取50g氯化钠，置烧杯中，加入100mL水，边加边振摇，静置后取上清液。

（4）乙醚、正己烷、无水硫酸钠、氯化钠、七氟丁酰基咪唑（色谱纯）、Extrelut 20柱填料。

二、操作步骤

1. 样品处理

称取试样4.00g，加d5－3－氯－1，2－丙二醇内标溶液（12.0mg/L）50μL，加饱和氯化钠溶液6.0mL，加10g Extrelut柱填料混匀后，倒入装有玻璃棉及10g Extrelut的玻璃层析柱，上层加1cm高度的无水硫酸钠，用正己烷∶乙醚（9＋1）80mL洗脱非极性成分，用125mL乙醚洗脱3－氯－1，2－丙二醇，用无水硫酸钠脱水后旋转蒸发至约2mL，转移至试管中，在室温下用N_2浓缩器吹至近干，立即加入1mL正己烷，用气密针加入七氟丁酰基咪唑50μL，立即密塞，旋涡振荡后，于75℃保温30min，放至室温，加1mL正己烷，再加3.0mL饱和氯化钠溶液，旋涡振荡后将有机相用无水硫酸钠脱水，移至2.0mL样品瓶中，供GC－MS测定，同时做试剂空白。

2. 标准曲线绘制

将3－氯－1，2－丙二醇标准溶液用正己烷稀释成0、0.04、0.12、0.40、1.2、2.4mg/L系列（取6mL 40mg/L3－氯－1，2－丙二醇标准溶液，用正己烷定容至100mL配制成2.4mg/L溶液；取3mL 40mg/L 3－氯－1，2－丙二醇标准溶液，用正己烷定容至100mL配制成1.2mg/L溶液；取1mL 40mg/L 3－氯－1，2－丙二醇标准溶液，用正己烷定容至100mL配制成0.4mg/L溶液；取10mL 1.2mg/L溶液，用正己烷定容至100mL配制成0.12mg/L溶液；取10mL 0.4mg/L溶液，用正己烷定容至100mL配制成0.04mg/L溶液，正己烷作为0mg/L浓度溶液）各取0.1mL，分别加d5－3－氯－1，2－丙二醇内标溶液（12.0mg/L）50μL，加正己烷0.9mL，用气密针加50μL七氟丁酰基咪唑，立即密塞，与样品同法衍生、处理。绘制标准曲线，横坐标为标准品的浓度，纵坐标为标准品与内标峰面积比值，求出回归方程和线性相关系数。

3. 测定条件

进样口温度250℃，升温程序为50℃保持1min，以2℃/min速率升温至90℃，之后以40℃/min速率升至250℃保持5min，以 m/z 253作为3－氯－1，2－丙二醇的定量离子，m/z 257作为d5－3－氯－1，2－丙二醇的定量离子，用内标法计算3－氯－1，2－丙二醇含量。

三、计算

将酱油样品中氯丙醇的峰面积与内标物峰面积比值代入标准曲线中，计算酱油样品中氯丙醇浓度。计算公式：

$$Y = aX + b$$

式中　Y——被测酱油样品中氯丙醇峰面积与内标物峰面积比值

a——线性相关系数

X——被测酱油样品中氯丙醇的浓度

b——截距

四、讨论

氯丙醇检测的前处理是将样品经盐析、吸附、预洗脱、洗脱、脱水、浓缩、氮吹、定容、衍生，九步前处理步骤。吸附是将样品通过含吸附剂的小柱将样品中氯丙醇与色素、脂肪和蛋白质等杂质分离的重要步骤。目前使用的吸附剂有硅胶、弗罗里硅土、硅藻土。洗脱是用溶剂将氯丙醇洗脱下来，采用的是乙醚或乙酸乙酯。脱水处理一般用无水硫酸钠，乙醚沸点为34.8℃，所以减压浓缩时洗脱液应在40℃以下。浓缩及后续氮吹时不能将溶液蒸干，否则将会造成较大损失。一般采用正己烷定容。此外，采用测定前衍生的方法既可使分析物易于挥发并获得良好的峰形，同时提高检测的灵敏度。可供氯丙醇衍生的试剂有七氟丁酰试剂、丙酮、三氟乙酸酐、硼酸类试剂等，其中常用的是七氟丁酰基咪唑。温度对衍生影响较大，在70℃以上趋于稳定，70～75℃效果最佳。

第九节　白酒中邻苯二甲酸酯的测定（GC－MS法）

食品安全关乎人民健康和国计民生。邻苯二甲酸酯是一类结构比较相似的邻苯二甲酸酯同系物，是一种具有类似雌激素作用的环境激素，是工业上被广泛应用的高分子材料助剂，这类塑化剂并非食品或食品添加剂，且具有一定的毒性。研究表明，邻苯二甲酸酯会影响人体的内分泌系统，干扰人体正常的荷尔蒙分泌，对男性而言，长期接触可能导致精子减少、精子活力降低，从而导致不育；对女性而言则会干扰胎儿的内分泌，影响胎儿的性别。

近年来，由于某些食品中被检测出含有邻苯二甲酸酯类成分，已经引起社会对于塑化剂的广泛关注。在2011年6月，中国卫生部将17种邻苯二甲酸酯类物质列入《食品中可能违法添加的非食用物质和易滥用的食品添加剂名单（第六批）》名单。此后，卫生部及时发布了《关于通报食品及食品添加剂邻苯二甲酸酯类最大残留量的函》，即卫办监督函［2011］551号文件，严禁作为食品原料和食品添加剂进行人为添加，同时规定了邻苯二甲酸二（α－乙基己酯）（DEHP）、邻苯二甲酸二异壬酯（DINP）和邻苯二甲酸二正丁酯（DBP）最大残留量分别为1.5mg/kg、9.0mg/kg和0.3mg/kg。2014年6月，国家食品安全风险评估中心公布白酒产品中塑化剂风险评估结果，认为白酒中DEHP和DBP的含量分别在5mg/kg和1mg/kg以下时，对饮酒者的健康风险处于可接受水平。

白酒产品中的塑化剂可能属于特定迁移，主要可能源于生产运输及包装等环节，如塑料接酒桶、塑料输酒管、酒泵进出乳胶管、成品酒塑料瓶包装、成品酒塑料桶包装等。掌握白酒中邻苯二甲酸酯类塑化剂的检测方法，对保障产品质量至关重要。

一、原理

样品经水浴加热去除酒精后用适量的正己烷萃取，离心静置后取上层清液，用GC－MS进行测定。

二、试剂

（1）正己烷。

（2）丙酮。

（3）16种邻苯二甲酯标准品　邻苯二甲酸酯标准品：邻苯二甲酸二甲酯（DMP）、邻苯二甲酸二乙酯（DEP）、邻苯二甲酸二异丁酯（DIBP）、邻苯二甲酸二丁酯（DBP）、邻苯二甲酸二（2－甲氧基）乙酯（DMEP）、邻苯二甲酸二（4－甲基－2－戊基）酯（BMPP）、邻苯二甲酸二（2－乙氧基）乙酯（DEEP）、邻苯二甲酸二戊酯（DPP）、邻苯二甲酸二己酯（DHXP）、邻苯二甲酸丁基苄基酯（BBP）、邻苯二甲酸二（2－丁氧基）乙酯（DBEP）、邻苯二甲酸二环己酯（DCHP）、邻苯二甲酸二（2－乙基）己酯（DEHP）、邻苯二甲酸二苯酯（DPP）、邻苯二甲酸二正辛酯（DNOP）、邻苯二甲酸二壬酯（DNP）。

（4）标准储备液　准确称取上述16种标准品，用正己烷配制成1000mg/L的贮备液，于4℃冰箱避光保存。

（5）标准系列溶液　将16种邻苯二甲酸酯标准贮备液用正己烷稀释至浓度为0.5、1.0、2.0、4.0、8.0mg/L的标准系列溶液待用。

除另有说明外，本方法中所用水均为全玻璃重蒸馏水，试剂均为色谱纯。

（6）仪器

①气相色谱—质谱联用仪（GC－MS）。

②涡轮振荡器。

③玻璃器皿：所有玻璃器皿清洗后，用重蒸水淋洗三次，丙酮浸泡 1h，蒸干后在 200℃下烘烤 2h，冷却至室温备用。

三、操作步骤

1. 分析条件

色谱柱：HP－5MS，30m×0.25mm×0.25μm。

柱温程序：60℃（1min），20℃/min，220℃（1min），5℃/min，280℃（4min）。

进样方式：不分流进样（1μL）。

进样口温度：280℃。

进样体积：1μL。

载气：He。

接口温度：280℃。

溶剂延迟时间：5min。

监测方式：离子扫描模式（SIM）。

2. 样品制备

准确移取 5mL 白酒样品至 25mL 具塞试管中，85℃水浴 30min（期间振荡混匀数次），向其中准确加入 2mL 正己烷，涡旋振荡 1min，静置分层，取上层进样分析。

四、计算

1. 定性确证

在分析条件下，试样待测液和标准品的选择离子色谱峰在相同保留时间处（±0.5%）出现，并且对应质谱碎片离子的质荷比与标准品一致，其丰度比与标准品相比应符合：相对丰度＞50%时，允许±10%偏差；相对丰度 20%～50%时，允许±15%偏差；相对丰度 10%～20%时，允许±20%偏差；相对丰度＜10%时，允许±50%偏差，此时可定性确证目标分析物。各邻苯二甲酸酯类化合物的保留时间、定性离子、定量离子见表 7－4。

表 7－4　　邻苯二甲酸酯类化合物定量和定性选择离子表

序号	中文名称	保留时间/min	定性离子及其丰度比	定量离子	辅助定量离子
1	邻苯二甲酸二甲酯	7.79	163:77:135:194（100:18:7:6）	163	77
2	邻苯二甲酸二乙酯	8.66	149:177:121:222（100:28:6:3）	149	177
3	邻苯二甲酸二异丁酯	10.41	149:223:205:167（100:10:5:2）	149	223
4	邻苯二甲酸二丁酯	11.17	149:223:205:121（100:5:4:2）	149	223
5	邻苯二甲酸二（2－甲氧基）乙酯	11.51	59:149:193:351（100:33:28:14）	59	149，153
6	邻苯二甲酸二（4－甲基－2－戊基）酯	12.26	149:251:167:121（100:5:4:2）	149	251
7	邻苯二甲酸二（2－乙氧基）乙酯	12.59	45:72:149:221（100:85:46:2）	45	72

续表

序号	中文名称	保留时间/min	定性离子及其丰度比	定量离子	辅助定量离子
8	邻苯二甲酸二戊酯	12.95	149:237:219:157 (100:22:5:3)	149	237
9	邻苯二甲酸二己酯	15.12	104:149:76:251 (100:96:91:8)	104	149.76
10	邻苯二甲酸丁基苄基酯	15.28	149:91:206:238 (100:72:23:4)	149	91
11	邻苯二甲酸二（2－丁氧基）乙酯	16.74	149:223:205:278 (100:14:9:3)	149	223
12	邻苯二甲酸二环己酯	17.40	149:167:83:249 (100:31:7:4)	149	167
13	邻苯二甲酸二（2－乙基）己酯	17.65	149:167:279:113 (100:29:10:9)	149	167
14	邻苯二甲酸二苯酯	17.78	225:77:153:197 (100:22:4:1)	225	77
15	邻苯二甲酸二正辛酯	20.06	149:279:167:251 (100:7:2:1)	149	279
16	邻苯二甲酸二壬酯	22.60	57:149:71:167 (100:94:48:13)	57	149，71

2. 定量分析

本标准采用外标校准曲线法定量测定。以各邻苯二甲酸酯化合物的标准溶液浓度为横坐标，各自定量离子的峰面积为纵坐标，作标准曲线线性回归方程，与试样的峰面积与标准曲线比较定量（图7－6）。

邻苯二甲酸酯化合物的含量下式计算：

$$X = \frac{(C_1 - C_0) \times V \times K}{m}$$

式中　X——试样中某种邻苯二甲酸酯含量，mg/kg、mg/L

C_1——试样中某种邻苯二甲酸酯峰面积对应的浓度，mg/L

C_0——空白试样中某种邻苯二甲酸酯的浓度，mg/L

V——试样定容体积 mL

K——稀释倍数

m——试样质量，g 或 mL

计算结果保留三位有效数字。

邻苯二甲酸酯含量在0.05～0.2mg/kg范围时，本标准在重复性条件下获得两次独立测定结果的绝对值不得超过算术平均值的30%；在0.2～20mg/kg范围时，本标准在重复性条件下获得两次独立测定结果的绝对值不得超过算术平均值的15%。

五、讨论

（1）在整个实验过程中，应尽量避免与塑料器皿接触，避免塑化剂的迁移，影响实验结果。

（2）所有玻璃器皿要用丙酮浸泡清洗干净，确保没有塑化剂残留。

（3）衬管内部的活性位点对样品中的塑化剂有一定的吸附性，所以要根据情况适时采

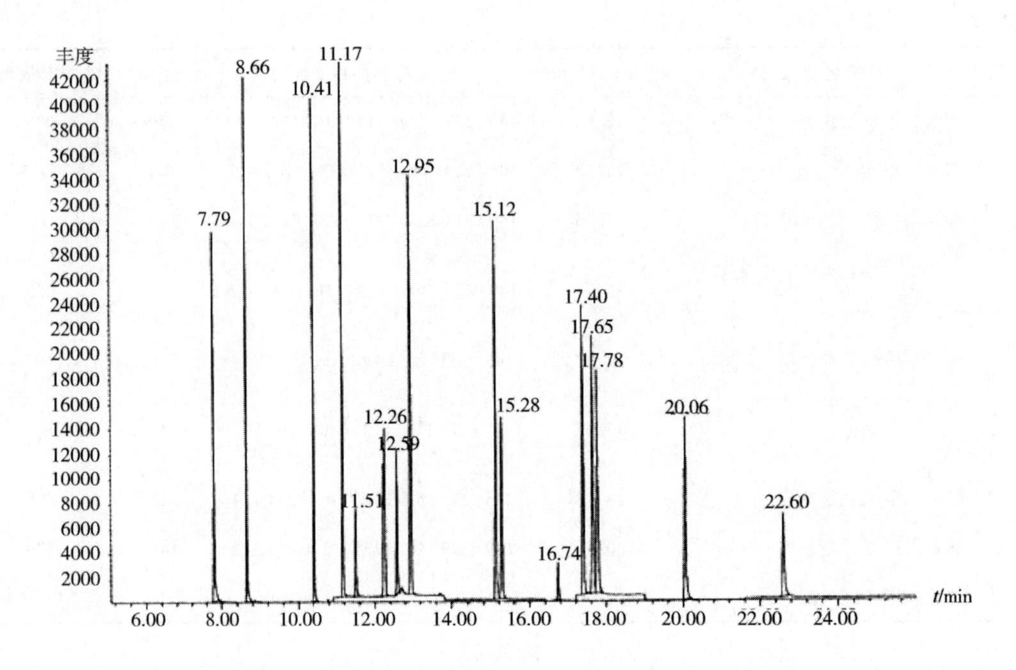

图 7－6　邻苯二甲酸酯类化合物标准物质的气相色谱—质谱选择离子色谱图

注：16 种邻苯二甲酸酯类的出峰顺序依次为：邻苯二甲酸二甲酯（DMP）、邻苯二甲酸二乙酯（DEP）、邻苯二甲酸二异丁酯（DIBP）、邻苯二甲酸二丁酯（DBP）、邻苯二甲酸二（2－甲氧基）乙酯（DMEP）、邻苯二甲酸二（4－甲基－2－戊基）酯（BMPP）、邻苯二甲酸二（2－乙氧基）乙酯（DEEP）、邻苯二甲酸二戊酯（DPP）、邻苯二甲酸二己酯（DHXP）、邻苯二甲酸丁基苄基酯（BBP）、邻苯二甲酸二（2－丁氧基）乙酯（DBEP）、邻苯二甲酸二环己酯（DCHP）、邻苯二甲酸二（2－乙基）己酯（DEHP）、邻苯二甲酸二苯酯、邻苯二甲酸二正辛酯（DNOP）、邻苯二甲酸二壬酯（DNP）。

取更换衬管、隔垫、切除柱子进样口端等方法提高检测结果的准确性。

（4）为了提高结果的准确度，采用同位素内标法进行定量，可以大大减少实验操作过程对结果的影响。

参考文献

[1]天津轻工业学院等．工业发酵分析[M]．北京:中国轻工业出版社，1980.

[2]天津轻工业学院等．工业发酵分析(续篇)[M]．北京:中国轻工业出版社，1992.

[3]邱德仁．原子光谱分析[M]．复旦大学出版社，2002.

[4]朱明华,胡坪．仪器分析[M]．北京:高等教育出版社,2008.

[5]牟世芬,刘克纳．离子色谱方法及应用[M]．北京:化学工业出版社,2000.

[6]朱佳，孙杰．液相色谱法测定果汁中糖精钠的不确定度研究[J]．食品研究与开发，2012，33(2):156－158.

[7]卢丽明，周日东，黄诚,等．含乳饮料中苯甲酸、山梨酸、糖精钠测定的样品前处理方法探讨[J]．华南预防医学，2005，31(6):43－44.

[8]郭佳玺，王旭静．食品中糖精钠测定方法的研究[J]．科技创新与应用，2013(4):4－4.

[9]曾雪灵，叶明立，陈永欣,等．加速溶剂萃取—离子色谱法测定肉制品中的硝酸根及亚硝酸根[J]．分析测试学报，2006，25(3):92－94.

[10]李良，王晴，江勇，等．离子色谱法同时测定奶粉中亚硝酸根、硝酸根、氯离子和磷酸根[J]．理化检验—化学分册，2007，43(10):835－837.

[11]钟莺莺，陈平，俞雪钧，等．改进的离子色谱法测定乳制品中亚硝酸盐和硝酸盐[J]．色谱，2012，30(6):635－640.

[12]雒婉霞．新疆地产葡萄酒中氨基甲酸乙酯检测方法的建立及测定分析[D]．新疆农业大学，2014.

[13]罗杰，敖宗华，邓波，等．氨基甲酸乙酯检测方法研究进展[J]．酿酒科技，2012(8):101－105.

[14]范春艳．葡萄酒中生物胺和氨基甲酸乙酯检测方法的建立及其在发酵过程中的应用[D]．中国农业大学，2007.

[15]郭(龚)茹，朱岩，叶明立．离子色谱法测定啤酒中的无机阴离子和阳离子[J]．食品科学，2006，27(4):174－176.

[16]皮向荣，杨朝霞，郝俊光，等．利用强疏水性阴离子交换柱 AS15 测定啤酒中氟离子[J]．啤酒科技，2008(12):28－29.

[17]刘玉芬，夏海涛，徐玲玲．离子色谱法测定啤酒中的 F^-、Cl^-、SO_4^{2-}、NO_3^- 和 PO_4^{3-}[J]．化学分析计量，2003，12(6):31－32.

[18]马良，李培武，张文．高效液相色谱法对农产品中黄曲霉毒素的测定研究[J]．分析测试学报，2007，26(6):774－778.

[19]卢志雁，叶锦文，苑文平，等．七种药物中黄曲霉毒素测定与分析[J]．中华中医药学刊，2001，19(5):527－528.

[20]刘坚，余敦年，熊宁，等．高效液相色谱法对稻谷及稻谷籽粒中黄曲霉毒素的测定研究[J]．中国粮油学报，2011，26(4):107－111.

[21]高学英．食品中黄曲霉毒素测定方法的优化研究[J]．医学动物防制，2016(5).

[22]许赣荣，李凤琴，陈蕴，等．红曲霉橘霉素的检测方法及红曲霉产橘霉素的判别方法[J]．微生物学通报，2004，31(3):16－20.

[23]班昭，王昌禄，陈勉华，等．红曲霉发酵液中橘霉素快速检测方法的优化[J]．氨基酸和生物资源，2010，32(2):70－73.

[24]周娟，陈滋青．葡萄糖测定方法的比较研究[J]．工业微生物，1999(4):34－36.

[25]朱懿德，梁国庆，包守懿．工业发酵分析[M]．北京:中国轻工业出版社，1991.

[26]马乃良，许思昭，陈美洪，等．食品中糖类的测定方法探讨[J]．现代食品科技，2006，22(1):139－141.

[27]杨柳，王建立，王淑英，等．糖类物质测定方法评价[J]．北京农学院学报，2009，24(4):68－71.

[28]陆德胜，刘翠英，陆英洲. 还原滴定法测定食用菌中多糖的研究[J]. 中国卫生检验杂志，1999(4):260-262.

[29]张胜珍，马艳芝. 苹果总糖含量测定方法比较[J]. 江苏农业科学，2009(2):252-253.

[30]王宪泽. 生物化学实验技术原理和方法[M]. 北京:中国农业出版社，2002.

[31]丛峰松. 生物化学实验[M]. 上海:上海交通大学出版社，2012.

[32]黎涛. 影响总糖测定的几个重要因素[J]. 热带农业工程，1999(4):20-22.

[33]王俊丽，聂国兴，曹香林，等. 不同DNS试剂测定木糖含量的研究[J]. 食品研究与开发，2010，31(7):1-4.

[34]张龙翔，等. 生化实验方法和技术[M]. 北京:人民教育出版社，1981.

[35]熊素敏，左秀凤，朱永义. 稻壳中纤维素、半纤维素和木质素的测定[J]. 粮食与饲料工业，2005(8):40-41.

[36]周春丽，钟贤武，范鸿冰，等. 果蔬及其制品中可溶性总糖和还原糖的测定方法评价[J]. 食品工业，2012(5):89-92.

[37]陈智慧，史梅，王秋香，等. 用凯氏定氮法测定食品中的蛋白质含量[J]. 新疆畜牧业，2008(5):22-24.

[38]王璋，等. 食品化学[M]. 北京:中国轻工业出版社，1999.

[39]费丽娜. 浅谈凯氏定氮法测定食品中蛋白质的原理及注意事项[J]. 中国药物经济学，2014(1).

[40]穆华荣，于淑萍. 食品分析[M]. 北京:化学工业出版社，2004.

[41]万凌燕. 凯氏定氮法测定食品中蛋白质的探讨[J]. 计量与测试技术，2012，39(8):89-90.

[42]陈志慧. 酿造酱油中氨基氮含量测定的新方法[J]. 中国调味品，2004(9):44-46.

[43]鲍会梅. 酱油中氨基氮测定方法的比较[J]. 食品与发酵科技，2007，43(4):60-62.

[44]蒲云月，陈少波. 氨基酸分析仪法测定奶粉中色氨酸[J]. 农产品加工月刊，2015(8):42-43.

[45]莫润宏，汤富彬，丁明，等. 氨基酸分析仪法测定竹笋中游离氨基酸[J]. 化学通报，2012，75(12):1126-1131.

[46]井然，冯雷，陈丽梅. 茶叶中游离氨基酸分析方法的研究进展[J]. 安徽农业科学，2010，38(17):9186-9187.

[47]车兰兰，李卫华，林勤保，等. 氨基酸分析检测方法的研究进展[J]. 氨基酸和生物资源，2011，33(2):39-42.

[48]邢健，李巧玲，耿涛华，等. 氨基酸分析方法的研究进展[J]. 中国食品添加剂，2012(5):187-191.

[49]谢文逸. 酒类酸度及有机酸分析进展[J]. 酿酒科技，2002(2):81-82.

[50]何凤云，朱子丰，汤丽丽，等. 啤酒总酸测定方法的改进[J]. 酿酒科技，2008(3):93-94.

[51]卢中明，张宿义，余峰. 白酒总酸测量的不确定度评定[J]. 食品与发酵科技，2009，45(3):10-13.

[52]鲁周民，刘月梅，赵文红，等. 工艺条件对柿果醋中主要有机酸含量的影响[C]. 智能化农业信息技术国际学术会议. 2009.

[53]高海燕，王善广，胡小松. 利用反相高效液相色谱法测定梨汁中有机酸的种类和含量[J]. 食品与发酵工业，2004，30(8):96-100.

[54]李金昶，石晶. 高效液相色谱法测定果酸[J]. 分析化学，1993(8):878-881.

[55]马训，殷晓明，王强. 滴定法测定食品中的总酸度[J]. 品牌与标准化，2008(22):14-14.

[56]林文如，林忠平，范泽华. 双点电位滴定法测定啤酒总酸度[J]. 福州大学学报，1991(3):127-128.

[57]金春钰. 白酒中杂醇油分析方法的研究进展[J]. 酿酒科技，2005(10):113-116.

[58]吕国良. 白酒中杂醇油测定误差的原因及改进措施[J]. 中国酿造，2006，25(4):72-73.

[59]穆文斌，刘国英，郭增，等. 杂醇油测定误差原因和改进措施[J]. 酿酒科技，2004(2):87-88.

[60]郝恩，白慧芝. 白酒中杂醇油的毛细管柱气相色谱法测定[J]. 上海预防医学，2004，16(7):345-346.

[61]任立菊，狄芳，亓明. 气相色谱法与化学法测定白酒中甲醇、杂醇油含量差异的分析[J]. 山

东食品科技，2003(2):7-7.

[62]戴鑫．基于气相色谱—质谱的黄酒香气分析和酒龄、产地鉴别[D]．上海应用技术学院，2014.

[63]苏海荣．黄酒中挥发性风味物质的研究[D]．青岛科技大学，2013.

[64]孔程仕．干型葡萄酒挥发性风味物质GC-MS研究[D]．青岛科技大学，2013.

[65]游义琳，王秀芹，战吉宬，等．HS-SPME-GC/MS方法在白兰地香气成分分析中的应用研究[J]．中外葡萄与葡萄酒，2008(6):8-13.

[66]盛龙生，苏焕华，郭丹滨．色谱质谱联用技术[M]．北京:化学工业出版社，2006

[67]Panosyan AG, Mamikonyan GV, Torosyan M. Determination of the Composition of Volatiles in Cognac (Brandy) by Headspace Gas Chromatography-Mass Spectrometry[J]. Journal of Analytical Chemistry, 2001, 56(10):945-952.

[68]成晓玲，庄玉婷，李艳．气相色谱及气质联用在葡萄酒香气成分分析检测中的应用进展[J]．酿酒科技，2010(11):83-86.

[69]高运华，黎朋，侯东军，等．配方奶粉中核苷酸含量高效液相色谱测定[J]．中国测试，2012，38(1):44-47.

[70]张燕婉，鲁红军．高效液相色谱法测定食品中核苷酸的含量[J]．食品科学，1994，15(6):59-62.

[71]杨小琪．食品中甜味剂、有机酸的高效液相色谱分析方法研究及其应用[D]．四川大学，2007.

[72]王小如．电感耦合等离子体质谱应用实例[J].2005(4):310-310.

[73]崔小军．关于运用HPLC同时测定饮料中安赛蜜、糖精钠、苯甲酸、山梨酸以及合成色素的研究[J]．食品研究与开发，2004，25(3):117-118.

[74]吕国良．高效液相色谱法测定白酒中甜蜜素[J]．酿酒科技，2008(3):95-96.

[75]朱莉萍，张晓琳，济宁．高效液相色谱法测定甜菊糖苷中的甜蜜素[J]．食品安全质量检测学报，2014(6):1765-1770.

[76]尹艳春，李智红．反相高效液相色谱法同时测定食品中甜蜜素、糖精钠和苯甲酸钠[J]．理化检验—化学分册，2003，39(8):469-470.

[77]杨大进，方从容，赵凯，等．固相萃取—高效液相色谱法测定乳饮料中纽甜的研究[J]．中华预防医学杂志，2008，42(5):353-355.

[78]曹丽芬，姚黎霞，茹巧美．高效液相色谱法测定饮料中糖精钠含量的不确定度评定[J]．安徽农业科学，2014(8):2457-2459.

[79]项雷文，朱玲梅，陈文韬，等．高效液相色谱法测定玉米制品中糖精钠的研究[J]．中国食品添加剂，2012(5):238-241.

[80]周鹏，罗晓宇，陈治梁，等．几种市售矿泉水硬度的测定[J]．广州化工，2016，44(14):123-124.

[81]修景会，权迎春，关丽萍．配位滴定法测定不同来源水的硬度[J]．时珍国医国药，2007，18(9):2323-2324.

[82]詹萍．EDTA滴定法测定水中总硬度的几点体会[J]．中国实用医药，2011，06(22):251-251.

[83]王书兰，王永，陈尚龙，等．直接进样—石墨炉原子吸收光谱法测定白酒中铬、铜、铅含量[J]．食品安全质量检测学报，2012，3(4):96-99.

[84]杨春梅．火焰原子吸收光度法测定白酒中锰含量的检测研究[J]．计量与测试技术，2011，38(12):6-6.

[85]吴通华，田真，孟江．共沉淀—火焰原子吸收光谱法同时测定白酒中的Pb和Mn[J]．微量元素与健康研究，2004，21(3):46-46.

[86]殷忠，蒋励，张卫国．测定食品标准物质中铅含量的不确定度评定[J]．职业与健康，2011，27(5):517-520.

[87]王玲，郝晓宏，王彩云，等．石墨炉原子吸收光谱法测定食品中铅含量的不确定度分析[J]．实用医技杂志，2011，18(4):387-387.

[88]陈红梅，张滨．ICP-MS法测定茶叶中铅、铬、镉、砷、铜等重金属元素[J]．食品安全质量检测学报，2011，02(4):19-23.

[89]刘开庆，张晓南，曹红云，等．采用ICP-MS同时测定十七种酒中8种重金属元素的含量[J]．广州化工，2016，44(20):93-95.

[90]潘一，郭泽，王春龙，等．酱油成分检测方法的研究进展[J]．中国调味品，2013，38(3):

14 - 17.

[91]陈楠楠，高红波，钟其顶，等．分散固相萃取 GC - MS 法快速测定葡萄酒和葡萄中 22 种农药残留[J]．酿酒科技，2012(7)：119 - 123.

[92]王蓉，袁东，付大友，等．气相色谱/质谱法测定白酒中的有机氯农药残留[J]．酿酒科技，2007(12)：102 - 104.

[93]胡贝贞，沈国军，邵铁锋．固相萃取—气质联用法测定啤酒中 9 种有机磷农药残留[J]．化学分析计量，2008，17(1)：35 - 37.

[94]吴帅，李湘南，王开宇，等．气相色谱—质谱法测定葡萄酒中 33 种农药残留[J]．食品工业科技，2015，36(17)：305 - 311.

[95]张帆，黄志强，张莹，等．高效液相色谱—串联质谱法测定食品中 20 种氨基甲酸酯类农药残留[J]．色谱，2010，28(4)：348 - 355.

[96]刘秀清，李冬玲，杨桂玲，等．超高效液相色谱法测定酱油中黄曲霉毒素 B1，B2，G1，G2 的含量[J]．中国调味品，2016，41(11).

[97]王芳．食品中橘霉素的检测、降解特性及其控制技术研究[D]．浙江工商大学，2013.

[98]徐渊金，王向阳．腐乳中橘霉素提取条件优化及检测方法研究[J]．食品与机械，2015(2)：102 - 105.

[99]李秀利，曹学丽．红腐乳中橘霉素的 HPLC - FLD 分析方法研究[J]．食品科学技术学报，2014，32(4)：75 - 80.

[100]刘玉芬，夏海涛，尹福军，等．离子色谱法同时分析啤酒中的有机酸和无机阴离子[J]．分析试验室，2006，25(11)：70 - 73.

[101]史亚利，刘京生，蔡亚岐，等．离子交换色谱法同时测定啤酒中有机酸和无机阴离子[J]．分析化学，2005，33(5)：605 - 608.

[102]吴小琼，陈中文，管健，等．固相萃取—同位素内标 GC - MS 法测定酱油中的 4 种氯丙醇[J]．中国卫生检验杂志，2014(10).

[103]马金波，张琦，栾燕，等．MSPD - GC - MS 同时测定酱油及调味液中多组分氯丙醇[J]．中国卫生检验杂志，2007，17(4)：583 - 585.

[104]冯笑军．GC/MS 测定酱油中 3 - 氯丙醇含量的不确定度评定[J]．广州化工，2012，40(19)：92 - 94.

[105]孙明，张正尧．GC—MS 法测定酱油中的氯丙醇[J]．预防医学论坛，2007，13(4)：337 - 338.

[106]许欣欣，康莉，陈慧玲，等．GC - MS 法测定酱油及调味液中的氯丙醇[J]．中国调味品，2013，38(4)：93 - 95.

[107]邵栋梁．GC - MS 法测定白酒中邻苯二甲酸酯残留量[J]．化学分析计量，2010，19(6)：33 - 35.

[108]芮鸿飞，李凯利，张晓瑜，等．黄酒中氨基甲酸乙酯测定方法优化及含量分析[J]．酿酒科技，2015(10)：114 - 117.

[109] Basu C, Chowdhury S, Stoeckli - Evans H. A new chromogenic agent for iron(III): Synthesis, structure and spectroscopic studies [J]. Journal of Chemical Sciences, 2010, 122(2):217 - 223.

[110]宋辉．比色分析显色反应和影响的因素及消除方法[J]．企业标准化，2008(Z3)：82 - 82.

[111]田冰式．呈色反应(比色分析基础知识)[J]．浙江工业大学学报，1978(s1)：110 - 137.

[112]张俊生，李纯毅，王晓莉．浅谈紫外吸收光谱在有机化学中的应用[J]．内蒙古石油化工，2010，36(9)：27 - 28.

[113]殷海青．光度分析中工作曲线偏离朗伯 - 比尔定律的原因[J]．青海师专学报：教育科学版，2004，24(5)：63 - 66.

[114]华东师范大学等．分析化学(第 3 版)[M]．北京：高等教育出版社，2001.

[115]张锡瑜，等．化学分析原理[M]．北京：科学出版社，1991.

[116]彭崇慧，等．定量化学分析简明教程(第 2 版)[M]．北京：北京大学出版社，1997.

[117]武汉大学，等．分析化学(第 4 版)[M]．北京：高等教育出版社，2000.

[118]罗庆尧，等．分光光度分析[M]．科学出版社，1992.

[119]郭景文．现代仪器分析技术[M]．化学工业出版社，2011.

[120]罗安平，张金万．光电比色计的使用与维护[J]．工业卫生与职业病，1980(4).

[121]曾繁清，金利凡，海汇，等．紫外吸收温差光谱特性与化合物的电子跃迁类型[J]．光谱学与光谱分析，2001，21(2)：218 - 221.

[122]任智勇．浅谈比色分析中入射光的选择

[J]. 粮油仓储科技通讯, 1992(2):49.

[123]王洁. 光电比色计与分光光度计[M]. 北京:中国计量出版社, 1993.

[124]林中,范世福. 光谱仪器学[M]. 北京:机械工业出版社, 1989.

[125]陈国珍,等. 荧光分析法[M]. 北京:科学出版社, 1990.

[126]李全臣,蒋月娟. 光谱仪器原理[M]. 北京:北京理工大学出版社, 1999.

[127]郁道银,谈恒英. 工程光学[M]. 北京:机械工业出版社, 2006

[128]Artamonov O M, Samarin S N, Smirnov A O. An application of the electron mirror in the time - of - flight spectrometer[J]. Journal of Electron Spectroscopy & Related Phenomena, 2001, 120(1 - 3):11 - 26.

[129]张建辉. 食品中无机砷、镉和锌的原子荧光光谱分析方法研究[D]. 湖南农业大学, 2010.

[130]邓勃. 应用原子吸收与原子荧光光谱分析[M]. 北京:化学工业出版社, 2007.

[131]丁杏春. 我国无机分析及荧光分析的成就和进展[J]. 矿冶, 1998(2):86 - 89.

[132]黄润均, 蔡卓, 李斯光. 荧光分析法在食品分析中的应用[J]. 轻工科技, 2007, 23(8):15 - 16.

[133]张美芳, 龚娴, 樊孝俊. 荧光分析法及其在有机磷农药分析检测中的应用[J]. 广东化工, 2016, 43(1):141 - 142.

[134]马冬梅. 5 - 羟基色氨酸的制备及分析方法研究[D]. 西北大学, 2006.

[135]高春燕. 荧光猝灭新方法的研究及分析应用[D]. 延安大学, 2015.

[136] Zhao X, Song N, Jia Q, et al. Determination of Cu, Zn, Mn, and Pb by microcolumn packed with multiwalled carbon nanotubes on - line coupled with flame atomic absorption spectrometry[J]. Microchimica Acta, 2009, 166(3):329 - 335.

[137]胡金望, 饶黎冰. 原子吸收分光光度计在比色分析中的应用[J]. 中国城乡企业卫生, 2015(5):93 - 94.

[138]肖艳. 原子吸收光谱联用技术的建立及应用研究[D]. 广西师范大学, 2008.

[139]李昌厚. 原子吸收分光光度计仪器及应用[M]. 北京:科学出版社, 2006.

[140]Ghaedi M, Shokrollahi A, Kianfar A H, et al. The determination of some heavy metals in food samples by flame atomic absorption spectrometry after their separation - preconcentration on bis salicyl aldehyde, 1,3 propan diimine (BSPDI) loaded on activated carbon[J]. Journal of Hazardous Materials, 2008, 154(1 - 3):128 - 134.

[141]邓勃. 原子吸收光谱分析的原理、技术和应用[J]. 2004.

[142]赵志强. 原子吸收光谱法测定微量元素的方法探讨[J]. 计量与测试技术, 2013, 40(9):19 - 20.

[143]颜琳琦, 戚绿叶, 刘晨晨. 石墨炉与火焰原子吸收光谱法测定洗发液中铅的比较[J]. 中国卫生检验杂志, 2013(17):3332 - 3333.

[144]朱明华. 仪器分析[M]. 北京:高等教育出版社, 1993.

[145]陈万明. 重金属原子吸收分析中的干扰及消除[D]. 湖南农业大学, 2005.

[146]L'Vov B V. Progress in atomic absorption spectroscopy employing flame and graphite cuvette techniques[J]. Pure and Applied Chemistry, 2014, 23(1):11 - 34.

[147]邱德仁. 原子光谱分析[M]. 北京:复旦大学出版社, 2002.

[148]陈新坤,魏振澄,等. 原子发射光谱分析原理[M]. 天津:天津科学技术出版社, 1991.

[149]陈杭亭, 曾宪津, 曹淑琴. 电感耦合等离子体质谱方法在生物样品分析中的应用[J]. 分析化学, 2001, 29(5):592 - 600.

[150]Hieftje G M, Norman L A. Plasma source mass spectrometry[J]. International Journal of Mass Spectrometry & Ion Processes, 1992, 118 - 119(2):519 - 573.

[151]聂西度. 碰撞/反应池—电感耦合等离子体质谱在食品分析中的研究[D]. 中南大学, 2013.

[152]Voica C, Dehelean A, Kovacs M H. The use of inductively coupled plasma mass spectrometry (ICP - MS) for the determination of toxic and essential elements in different types of food samples[J]. Food Chemistry, 2009, 112(3):727 - 732.

[153] Bandura DR, Baranov VI, Tanner SD. Effect of collisional damping and reactions in a dynamic reaction cell on the precision of isotope ratio measurements[J]. Journal of Analytical Atomic Spectrometry, 1999, 20(2):69 - 72.

[154]李金英，石磊，鲁盛会，等. 电感耦合等离子体质谱(ICP - MS)及其联用技术研究进展[J]. 中国无机分析化学，2012，02(2):1 - 5.

[155]张祥. ICP - MS 半定量法快速检测食品中微量重金属的方法研究[J]. 安徽农业科学，2016(5):107 - 108.

[156]赵君威，梅坛，鄢国强，等. 电感耦合等离子体原子发射光谱分析中的光谱干扰及其校正的研究进展[J]. 理化检验:化学分册，2013，49(3):364 - 369.

[157]陈新坤. 电感耦合等离子体光谱法原理和应用[M]. 天津:南开大学出版社，1987.

[158]辛仁轩. 等离子体发射光谱分析[M]. 北京:化学工业出版社，2011.

[159]高鸿. 分析化学前沿[M]. 北京:科学出版社，1991.

[160]魏良江. 电感耦合等离子体原子发射光谱分析研究进展[J]. 广东微量元素科学，2010，17(4):1 - 8.

[161]王福荣. 生物工程分析与检验[M]. 北京:中国轻工业出版社,2005.